建筑工程机械

主　编　潘银松　张玉林　徐漫琳
副主编　李立成　牛苗苗

重庆大学出版社

内容提要

本书主要介绍建筑工程中广泛使用的各种建筑工程机械的基本构造、工作原理、技术性能和管理方法。全书共分为9章,内容包括绪论、机械与动力装置基础、土方工程机械、起重机械、钢筋机械、混凝土机械、桩工机械、装饰机械和建筑工程机械管理。

本书适用于应用型大学土木工程、建筑工程技术、工程管理等专业学生的教材,也可供建设单位、施工企业、建设监理等部门工程技术人员、管理人员以及其他相关专业技术人员参考。

图书在版编目(CIP)数据

建筑工程机械/潘银松,张玉林,徐漫琳主编. —重庆:重庆大学出版社,2015.8(2022.3重印)

ISBN 978-7-5624-9086-9

Ⅰ.①建… Ⅱ.①潘… ②张… ③徐… Ⅲ.①建筑机械—高等学校—教材 Ⅳ.①TU6

中国版本图书馆CIP数据核字(2015)第140376号

建筑工程机械

主　编　潘银松　张玉林　徐漫琳

副主编　李立成　牛苗苗

策划编辑:杨粮菊

责任编辑:李定群　高鸿宽　　版式设计:杨粮菊

责任校对:关德强　　　　　　责任印制:张　策

*

重庆大学出版社出版发行

出版人:饶帮华

社址:重庆市沙坪坝区大学城西路21号

邮编:401331

电话:(023) 88617190　88617185(中小学)

传真:(023) 88617186　88617166

网址:http://www.cqup.com.cn

邮箱:fxk@cqup.com.cn (营销中心)

全国新华书店经销

POD:重庆新生代彩印技术有限公司

*

开本:787mm×1092mm　1/16　印张:12.75　字数:318千

2015年8月第1版　2022年3月第3次印刷

ISBN 978-7-5624-9086-9　定价:39.80元

前言

本教材主要面向应用型大学土木工程专业、工程管理、工业与民用建筑、道路桥梁、市政工程、能源开发、国防工程、水利水电等建设类专业学生学习建筑工程机械相关知识，通过本教材的学习使学生了解常用机构、通用零件和液压传动的基本知识，并掌握土方工程机械、起重机械、桩工机械、钢筋和预应力机械、混凝土机械和装修机械等的构造、特点、工作原理和使用要点。掌握建筑机械在施工组织、安全使用和维修保养方面的管理知识。熟悉建筑施工机械的主要技术经济指标和一般管理方法。

本书结合编者在教学中的实际经验，同时积极吸收和借鉴其他院校的相关教学成果，在知识点的把握上按照应用型人才培养要求进行合理取舍和难易控制。在教材内容的编排上，注重理论联系实际，着重介绍目前广泛使用的建筑机械，尤其是更新换代产品，并参照最新的国家和行业标准。同时注重培养学生学习的主动性和创造性，培养学生的自主学习能力。全书共9章，按建筑工程机械的应用范围归类编章。第1章为绪论；第2章为机械与动力装置基础，主要内容包括工程机械中常用零件、机构、传动、联接及常用的动力装置等；第3－8章为建筑工程机械，包括土方工程机械、起重机械、钢筋机械、混凝土机械、桩工机械、装饰机械；第9章为建筑工程机械管理。

本书编写分工如下：潘银松编写第1章和第9章；张玉林编写第3章和第4章；徐漫琳编写第2章；李立成编写第7章和第8章；牛苗苗编写第5章和第6章。全书由潘银松统稿。

本书在编写过程中参阅和借鉴了许多优秀书籍，并得到了相关部门和专家的大力支持和帮助，在此一并致谢！限于编者水平有限，书中难免存在错误及疏漏之处，恳请广大读者批评指正。

编　者

2015年3月

目录

第 1 章　绪　论 …… 1

1.1　建筑工程机械与机械化施工 …… 1

1.2　建筑工程机械的类型、技术参数和产品型号 …… 2

1.3　建筑工程机械的发展趋势 …… 4

1.4　建筑工程机械的学习任务、要求和方法 …… 6

思考题与习题 …… 6

第 2 章　机械与动力装置基础 …… 7

2.1　金属材料及热处理 …… 7

2.2　常用机构与零部件 …… 11

2.3　液压与液力传动 …… 21

2.4　动力装置概述 …… 24

2.5　内燃机 …… 25

2.6　电动机 …… 26

2.7　空压机 …… 26

2.8　卷扬机 …… 27

思考题与习题 …… 28

第 3 章　土方工程机械 …… 30

3.1　概述 …… 30

3.2　挖掘机 …… 31

3.3　铲土运输机械 …… 37

3.4　压实机械 …… 54

思考题与习题 …… 61

第 4 章　起重机械 …… 62

4.1　概述 …… 62

4.2　施工升降机 …… 66

4.3　塔式起重机 …… 70

4.4　自行式起重机 …… 83

思考题与习题 …… 85

第 5 章　钢筋机械 …… 86

5.1　概述 …… 86

5.2　钢筋强化机械 …… 86

5.3　钢筋切断机械 …… 93

5.4　钢筋调直剪切机 ………………………………… 96
5.5　钢筋弯曲机械 ………………………………… 97
5.6　钢筋连接机械 ………………………………… 99
5.7　预应力钢筋加工机械……………………………… 106
思考题与习题 ………………………………………… 114

第 6 章　混凝土机械 …………………………… 116
6.1　概述……………………………………………… 116
6.2　混凝土制备机械………………………………… 117
6.3　混凝土运输机械………………………………… 129
6.4　混凝土密实成型与喷射机械…………………… 136
思考题与习题 ………………………………………… 143

第 7 章　桩工机械 ……………………………… 144
7.1　概述……………………………………………… 144
7.2　预制桩施工机械………………………………… 146
7.3　灌注桩施工机械………………………………… 159
思考题与习题 ………………………………………… 165

第 8 章　装饰机械 ……………………………… 166
8.1　概述……………………………………………… 166
8.2　灰浆机械………………………………………… 166
8.3　地面修整机械…………………………………… 176
8.4　手持机具………………………………………… 179
思考题与习题 ………………………………………… 183

第 9 章　建筑工程机械管理 …………………… 184
9.1　概述……………………………………………… 184
9.2　建筑工程机械的选型与购置…………………… 185
9.3　建筑工程机械的资产管理……………………… 188
9.4　建筑工程机械的维修管理……………………… 190
思考题与习题 ………………………………………… 197

参考文献 ………………………………………… 198

第 1 章 绪论

1.1 建筑工程机械与机械化施工

1.1.1 建筑工程机械与机械化施工的含义

建筑工程机械是指用于工程建设和城镇建设的机械与设备的总称。在我国,由于以前归口部门不同,有工程机械、建筑机械、筑路机械、施工机械等称号,名称不同,实际上内容大同小异。

机械化施工是指应用现代科学管理手段,在对各种建筑工程组织施工时,充分利用成套机械设备进行施工作业的全过程,以达到优质、高效、低耗地完成施工任务的目的。

1.1.2 机械化施工的意义

机械化施工是解决施工速度的根本出路,是衡量各国建筑行业水平的主要标志,对加速发展国民经济起着重要作用。实现机械化施工,将人们从落后的手工操作和繁重的体力劳动中解救出来,能从根本上改变我国建筑企业施工水平相对落后的现状。

1.1.3 建筑工程施工与作业对建筑工程机械的基本要求

由于建筑工程机械的使用条件多变,工作环境恶劣,受施工场地、自然环境等各种条件影响大,工程作业中受冲击和振动载荷作用,直接影响到机械设备的稳定性和寿命。因此,要求建筑工程机械应具有良好的工作性能,主要包括以下4个方面的要求:

(1)适应性

建筑工程机械的使用地区广阔,自然条件和地理条件差别大,施工环境恶劣。建筑工程机械设备常年受到粉尘、风吹、日晒的影响,必须具有良好的防尘和耐腐蚀性能。因此,建筑工程机械既要满足一般施工要求,还要满足各种特殊施工的需要。

(2)可靠性

大多数建筑工程机械是在移动中作业的,工作对象有泥土、沙石、碎石、沥青、混凝土等。建筑工程机械作业条件严酷,机器受力复杂,振动与磨损剧烈,构件易于变形,底盘和工作装置动作频繁,经常处于满负荷工作状态,常常因疲劳而损坏。因此,要求建筑工程机械具有良好的可靠性。

(3)经济性

建筑工程机械制造的经济性体现在工艺上合理,加工方便和制造成本低;使用经济性则应体现在高效率、能耗少和较低的管理及维护费用等。

(4)安全性

建筑工程机械在现场作业易出现意外危险。因此,对建筑工程机械的安全保护装置有严格要求,不按规定配置安全保护装置的不允许出厂。

1.1.4 机械化施工水平的主要指标

通常以以下4项指标来作为衡量机械化施工水平的主要指标:

(1)机械化程度

我国一般都采用机械施工工程量统计的方法来计算机械化程度指标,即采用机械完成的工作量占总工作量的比率作为衡量机械化程度的指标。

(2)装备率

装备率一般以每千(或每个)施工人员所占有的机械台数、马力数、质量或投资额来计算。

(3)设备完好率

设备完好率是指机械设备的完好台数与总台数之比。设备完好率是反映机械本身的可靠性、寿命和维修保养、管理与操作水平的一项综合指标。

(4)设备利用率

设备利用率是指实际运转的台班数与全年应出勤的总台班数的比率。设备利用率与施工任务的饱满程度、调度水平及设备完好率等都有密切的关系。

1.2 建筑工程机械的类型、技术参数和产品型号

1.2.1 建筑工程机械的类型

建筑工程机械根据其用途、功能、结构特点以及某些具体特性进行分类。类、组、型、特性的定义如下:类:按应用范围或作业对象划分的产品类别;组:按产品的用途与功能划分的产品种类;型:是指同一类、组的产品,按其作业方式、工作原理、动力装置、传动系统、操纵系统和控制系统等不同特征划分的产品形式;特性:用以区分同组、同型产品的特征。

按照中国标准规定,建筑机械分为以下11种类型:

(1)挖掘机械

挖掘机械包括单斗挖掘机、多斗挖掘机和挖掘装载机。

(2)铲土运输机械

铲土运输机械包括推土机、铲运机和翻斗机等。

(3)压实机械

压实机械包括压路机和夯实机等。

(4)起重机械

起重机械包括塔式起重机、履带起重机和施工升降机等。

(5)桩工机械

桩工机械包括振动桩锤、液压锤和压桩机等。

(6)路面机械

路面机械包括沥青洒布机和沥青混凝土摊铺机等。

(7)混凝土机械

混凝土机械包括混凝土搅拌机、混凝土搅拌输送车和混凝土泵等。

(8)混凝土制品机械

混凝土制品机械包括混凝土砌块成型机和空心板挤压成型机等。

(9)钢筋及预应力机械

钢筋及预应力机械包括钢筋强化机械、钢筋成型机械、钢筋连接机械及钢筋预应力机械等。

(10)装修机械

装修机械包括灰浆制备及喷涂机械、涂料喷刷机械、地面修整机械、装修吊篮以及手持机动工具等。

(11)高空作业机械

高空作业机械包括高空作业车和高空作业平台等。

1.2.2 建筑工程机械的技术参数

建筑工程机械的技术参数是表征机械性能、工作能力的物理量。它主要包括以下4类：

(1)尺寸参数

尺寸参数包括工作尺寸、整机外形尺寸和工作装置尺寸等。

(2)质量参数

质量参数包括整机质量、主要零部件质量、结构质量及作业质量等。

(3)功率参数

功率参数包括动力装置功率、力、力矩和速度，以及液压和气动装置的压力、流量和功率等。

(4)经济指标参数

经济指标参数包括作业周期、生产率等。

建筑工程机械的技术参数是表明建筑工程机械产品基本性能或基本技术特征的参数。技术参数是选择或确定产品功能范围、规格和尺寸的基本依据，在产品说明书中必须有明确的注明，以便于用户选用。技术参数中最重要的参数称为主参数。它是在建筑工程机械产品的技术参数中起主导作用的参数，一般情况下主参数为一个，最多不超过两个。建筑工程机械的主参数是建筑工程机械产品代号的重要组成部分，它直接反映出该机械的级别。

1.2.3 建筑工程机械的产品型号

为了促进建筑工程机械的发展,我国对各类建筑工程机械制订了基本参数系列标准。产品型号是建筑机械产品名称、结构形式和主参数的代号,以供设计、制造、使用和管理等有关部门选用。

①建筑工程机械的型号是用以表示某一产品的代号。它由产品的类、组、型、特性、主参数代号组成,必要时。可以增加、更新、变换代号,如图 1.1 所示。

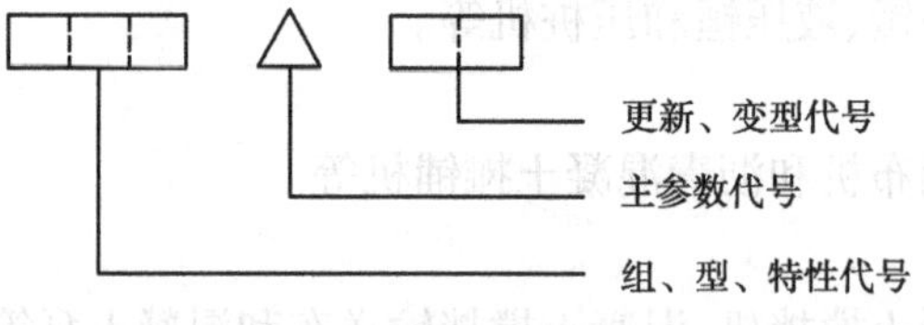

图 1.1 建筑工程机械型号代号表示

②产品型号中组、型、特性代号一般由产品的组、型、特性名称有代表性汉字的汉语拼音字头(大写印刷体字母)表示;I,O,X 3 个字母不得使用;字母不得加脚注。

③产品的组、型、特性代号组成的产品型号的字母总数不得超过 3 个字母(阿拉伯数字除外)。若其中有阿拉伯数字,则阿拉伯数字置于产品型号之前。

④同类产品型号不得重复。为避免同类产品型号重复,对于重复代号必须用该产品组、型、特性名称的汉字中其他汉语拼音字母代替。

⑤主参数代号一般用阿拉伯数字并采用整数表示。对于具有小数或过大数值的主参数,规定用其实际的主参数乘上 10^n($n = -2, -1, 1, 2$ 等)表示。

⑥每一个型号原则上用一个主参数。型号中有两个以上主参数代号时,计量单位相同的主参数间有“X”号分隔,计量单位不相同的主参数间用“-”号分隔。

⑦产品若有技术更新或变型,其更新、变型代号置于主参数代号之后。

⑧建筑工程机械标记示例。整机质量等级为 25t 的履带式液压单斗挖掘机:WY25。额定重力矩为 800 kN·m 的上回转自升式塔式起重机:QTZ80。发动机功率为 120 kW 的液压式平地机:PY120。铲斗几何容量为 7 m^3 的自行轮胎式铲运机:GX7。

1.3 建筑工程机械的发展趋势

现代建筑工程机械的发展趋势不仅与机械化施工的需要密切相关,而且与其他领域的科学技术发展相关。建筑工程机械的发展必然对机械化施工和管理提出新的要求,其中包括:

(1)机动性要求的提高

建筑业是产品固定的,施工机械是流动的。建筑工程机械的机动性能可大大提高设备的利用率和生产率,为设备在不同施工场地之间的快速转移、工程迅速衔接提供了必要的手段,而且也是机械作业所必需的。

(2)容量向两极发展

在工业迅速发展、建筑规模越来越大的今天,一方面为大型机械的采用提供了先决条件,使工程机械的大型化得到了较快的发展。另一方面为了提高工效,缩短工期,提高质量,过去那些由人工辅助完成的各种零星分散、工作面窄小的小量工程也都设法采用机械施工。于是,又产生了各种小型的,甚至是超小型的施工机械。

(3)机电液一体化技术的应用

机电液一体化技术在建筑工程机械中的应用大大提高了建筑工程机械的可靠性、实用性,特别是液压传动使建筑工程机械得到极大的增力比值,自动调节操作轻便,易于实现大幅度无级调速。容量大、结构简单、操作方便等特点使机电液一体化技术的应用已成为建筑工程机械的主流。

(4)满足多样化作业环境及一机多用形式

随着施工作业条件的多样化,施工机械的适应能力要相应提高,以便大幅度地提高机械的利用率,节约投资、降低成本。因此,世界各国都在积极研制开发一机多用以及能够适应各种特殊作业环境的机型。

(5)提高作业质量和加工精度

随着建筑事业的发展,对工程质量的要求越来越高。例如,调整公路施工中使用的平地机与摊铺机等平整机械,其作业精度要求限制在几毫米的偏差范围内,人工操作已无法满足这样的要求,必须采用自动调平控制装置。

(6)改善操纵性能,减轻司机劳动强度

建筑工程机械的操纵手柄和踏板多,有的机械操作时需要手脚并用,不仅劳动强度大,而且操纵复杂,要求操纵技能高。例如,在装载机循环作业中,在单位时间内的换挡极为频繁,劳动强度大。如果采用电控及电磁阀来进行换挡,可大大降低换挡给操纵人员带来的劳动强度。

(7)充分利用发动机功率,提高作业效率

通过对液压系统的自动负荷控制,可使发动机在最佳工况下工作,并防止液压系统超载。例如,在挖掘机的液压系统中,采用多泵多回路液压控制系统,工作时经常多泵驱动和多个油缸同时动作,各泵的总吸收扭矩和发动机扭矩相匹配,充分利用发动机功率,还要求各作用油缸的功率按作业需要合理分配,以提高其作业效率,同时防止发动机过载熄火。

(8)降低燃油消耗量,进行节能控制

根据国外相关试验资料表明,熟练司机比不熟练司机可节省燃油10%,而采用自动换挡又能比熟练司机节约燃油20% ~25% 。

(9)提高安全性,防止事故发生

目前,起重机械(塔式、轮胎式和汽车式起重机)均装有力矩限制器,限制超载现象。在狭窄地区工作时,起重机有回转机构可设定转角范围和限位装置,以免碰撞事故的发生。此外,还装有接近高压电线时自动报警的装置,能防止触电事故的发生。

(10)机械运行状态监控和自动报警

建筑工程机械采用电子监控装置,对发动机、传动系统、控制系统和液压系统等的运行状态进行实时监控。一旦出现异常情况,能根据故障状况进行判断,并发出警报或及时采取相应措施。通过这些电子监控装置,司机在驾驶座上能够一目了然地了解到机械的各种运行状态。

(11)机械故障的自动诊断

电子故障诊断装置用于诊断现场工作的建筑工程机械是否有故障,性能是否降低,零部件是否过度磨损,并及早发现和防止事故扩大,从而提高机械出勤率,降低修理费用。

(12)机器人功能的发展

在建筑工程机械的发展中,根据不同的需要,或为了满足危险作业现场、人无法接近的场地、作业环境十分恶劣的场所、海洋开发海底作业等,需要远距离操纵和无人驾驶建筑工程机械。

1.4 建筑工程机械的学习任务、要求和方法

“建筑工程机械”是土木工程类各专业的一门专业选修课。其目的是使学生能便捷地熟悉和掌握施工机械的性能和使用维护要求,做到合理选用,正确使用和维护,更好地发挥机械效能,使学生具有一定的实践技能和应用能力。该课程的基本要求如下:

①认识建筑工程机械与机械化施工,了解建筑工程机械的类型、技术参数与产品型号,了解建筑工程机械的发展概况。

②了解土方工程机械的分类,熟悉土方工程机械构造及工作原理,理解土方工程机械的生产率的计算,掌握土方机械的选用原则。

③了解钢筋混凝土工程机械的分类,熟悉钢筋混凝土工程机械构造及工作原理,掌握钢筋混凝土工程机械选用方法。

④了解起重机械的分类,熟悉各种起重机械的构造及工作原理,掌握起重机械的选用原则。

⑤了解桩工机械的分类,熟悉各种桩工机械的构造及工作原理,掌握桩工机械的选用方法。

⑥了解装修(饰)机械的分类,熟悉各装修机械的构造及工作原理,能正确选用装修机械。

⑦了解建筑工程机械管理。

由于该课程实用性较强且内容较多,学生学习起来可能比较枯燥。教师可根据实际情况安排认识实习,也可在网上下载相关工程机械工作视频,让学生身临其境,加深学生对所学内容的理解。学生在学习该课程时,应着重掌握工程机械的类型、结构特点和选用原则等,做好课堂笔记,认真完成作业,为今后从事相关工作打好坚实的理论基础。

思考题与习题

1.1 建筑工程施工对建筑工程机械的基本要求有哪些?

1.2 机械化施工水平的主要指标有哪些?

1.3 型号 WY25 的含义是什么?

第2章 机械与动力装置基础

2.1 金属材料及热处理

2.1.1 常用金属的材料和牌号

常用的金属材料是钢和铸铁，其次是某些有色金属及其合金。钢和铸铁是铁、碳合金。含碳量小于2%者为钢；大于2%者为铸铁。黑色金属以外的金属统称为有色金属。

（1）钢

钢具有良好的机械性能（即强度、硬度、塑性、韧性、抗疲劳性等），还可经过热处理进一步改善其机械性能和工艺性能（即铸造、锻造、焊接、切削及热处理等）。工业用钢品种繁多，常按其品质、用途、化学成分等特点进行分类。

钢的品质优劣是按残存于钢中的有害元素硫、磷的含量高低来鉴别的。

钢的机械性能与其含碳量高低有关。一般来说，钢中含碳量越高，钢的硬度、强度上升；韧性、塑性下降，按钢中含碳量高低又分为低碳钢（含碳量小于0.25%）、中碳钢（含碳量在0.25% ~0.6%）、高碳钢（含碳量大于0.6%）。

以下仅介绍建筑机械的零部件常用的钢：

1）普通碳素钢

普通碳素钢分为甲（A）、乙（B）、特（C）3类。

甲类钢按机械性能供应。按其含碳量高低分为7级，1级含碳量最低，逐级升高。钢的强度也相应增加而塑性降低。它用于制造不重要的机械零件和建筑、桥梁的结构件。其中，Q215，Q235，Q275最为常用。

乙类钢是按化学成分供应，它也有7种钢号，用B1—B7表示，钢号越大含碳量越高。

特种钢既能按机械性能又能按化学成分供应。

2）优质碳素钢

优质碳素钢有害杂质硫、磷含量较小，机械性能优于普通碳素钢，广泛用于制造较重要的机械零件。使用时,需要进行热处理。“45 号”优质碳素钢(平均含碳量为 0.45%)常选作轴、键、活塞销等重要零件的材料。按钢中含锰量不同,可分为普通含锰量和较高含锰量两种优质碳素钢。

3)普通低合金钢

普通低合金钢即在普通碳素钢中加入少量合金元素(如 Al,B,Cr,Mn 等),其合金元素的总量不大于5% ,以改善钢的综合性能,或使钢具有某种特殊性能。由于其强度比同等含碳量的普通碳素钢高得多,常可代替普通碳素钢作大型厂房、公共建筑、桥梁、船舶、车辆等大型钢结构以及大型建筑机械的构件、零件的材料。

4)优质合金钢

合金元素总含量大于5% ~10% 者称中合金钢;合金元素总含量大于 10% 者称高合金钢。由于高含量合金元素的加入,使其更具有耐磨、不锈、耐酸、耐碱、耐油脂、耐热、耐腐蚀等特殊性能。经过热处理后,可用作制造弹簧、轴承、轴等重要零件。

5)铸钢

它是将钢水浇注到铸模中,形成具有一定形状和尺寸的毛坯材料。主要用于制造一些形状复杂、体积较大,难以进行锻造和切削加工而又要求强度和韧性较高的零件。它的编号方法,采用相应的钢号前冠以 ZG 符号,如 ZG45,ZG40Mn2 等。

(2)铸铁

与钢相比,铸铁的机械性能较差,性脆不能辗压或锻造,但铸造、切削性能好,可铸成形状复杂的零件。此外,其抗压强度较高,减振性、耐磨性好,成本低廉,因而在建筑机械制造中应用甚广。常用的铸铁有:

1)灰铸铁

断口呈灰色,应用极其广泛。

2)球墨铸铁

以铸铁中的石墨球状化而得名。耐磨性、减振性也优于铸钢,且价廉。

(3)有色金属及其合金

铝、镁、铜、锡、铅、锌等及其合金统称为有色金属。有色金属由于具有某些特殊性质,因而成为现代工业技术中不可缺少的材料之一。在机械制造中,多采用有色金属的合金材料,常用的有铜合金、铝合金、铸造轴承合金等。

(4)高分子材料

高分子材料为有机合成材料,也称聚合物。它具有较高的强度,良好的塑性,较强的耐腐蚀性,很好的绝缘性,以及质量轻等优良性能,在工程上是发展最快的一类新型材料。

高分子材料种类很多,工程上根据机械性能和使用状况将其分为以下 3 大类:

1)塑料

塑料主要是指强度、韧性和耐磨性较好的,可制造某些机械零件或构件的工程塑料。它可分为热塑性塑料和热固性塑料两种。

2)橡胶

橡胶通常是指经硫化处理,弹性特别优良的聚合物。它可分为通用橡胶和特种橡胶两种。

3)合成纤维

合成纤维是指由单体聚合、强度很高的聚合物,通过机械处理所获得的纤维材料。

(5)复合材料

所谓复合材料,是由两种或更多种物理和化学性质不同的物质由人工制成的一种多相固体材料。实际上它存在于自然界中,有的已被广泛应用。例如,木材就是纤维素和木质素的复合物;钢筋混凝土则是钢筋与砂、石、水泥和水经人工复合的材料等。

由于它能集中组成材料的优点,并能实行最佳结构设计,所以具有许多优越的特性:

1)强度和刚度高

复合材料的强度和刚度是各类材料中最高的。

2)抗疲劳性能好

如复合材料的碳纤维增强树脂的疲劳强度为拉伸强度的70% ~80%。

3)减振能力强

构件的自振频率与结构有关,并且同材料弹性模量与密度之比(即比模量)的平方根成正比。复合材料的比模量大,所以它的自振频率很高,在一般加大速度和频率的情况下,不容易发生共振而快速脆断。

4)高温性能好

增强纤维多有较高的弹性模量,因而常有较高的熔点和较高的高温强度。铝在400 ~500 ℃以后完全丧失强度,但用连续硼纤维或氧化硅纤维增强的铝复合材料,在这样温度下仍有较高的强度。用钨纤维增强钴、镍或它们的合金时,可把这些金属的使用温度提高到1 000 ℃以上。此外,复合材料的热稳定性也很好。

5)断裂安全性高

增强纤维每平方厘米截面上有成千上万根隔离的细纤维,当其受力时,将处于力学上的静不定状态,过载会使其中部分纤维断裂,但它能随即迅速进行应力的重新分配,而由未断纤维将载荷承担起来,不致造成构件在瞬间完全丧失承载能力而断裂,所以工作的安全性高。

复合材料除有上述特性外,其减摩性、耐蚀性以及工艺性均较好。但因它是各向异性材料,横向拉伸强度和层间剪切强度不高;同时伸长率较低,冲击韧性有时也不理想。复合材料的种类很多,具有代表性的纤维增强材料有玻璃纤维(玻璃钢)、碳纤维、硼纤维、金属纤维等多种复合材料。但目前因其成本高,使用受到限制。

2.1.2 钢的热处理

热处理就是将金属在固态下通过加热、保温和不同的冷却方式,改变金属内部组织结构从而得到所需性能的操作工艺。经过热处理的零件,可使各种性能得到改善和提高,充分发挥合金元素的作用和材料本身的潜力,延长机械的使用寿命和节约金属材料。因此,热处理在机械制造中起着至关重要的作用。常用的热处理方法如下:

(1)退火

退火是将钢加热到一定温度,保温一段时间,随炉温缓慢冷却的热处理方法。其目的是降低硬度,提高塑性,改善切削加工性能,消除前道工序所产生的内应力,为下道淬火工序作准备。

(2)正火

正火是退火的一种特殊形式。不同的是保温后放在空气中冷却。由于冷却速度较快,因而正火钢比退火钢具有较高的强度和硬度,并缩短了生产周期。

(3)淬火

淬火就是将钢加热到一定的温度(临界点以上),保温后放入水中(称为水淬)或油中(称为油淬)，以极快的速度冷却下来的热处理方法。由于快速冷却，淬火后能使钢获得较高的硬度、强度和耐磨性。

(4)回火

回火是指淬火后的钢加热到比淬火加热的温度低的温度，保温后放在空气或油中冷却的处理方法。其目的是消除钢的内应力，降低脆性，提高塑性、韧性，获得满意的综合机械性能。

(5)调质

调质是在淬火后进行高温回火的热处理方法。对于重要零件，如轴、轮等常进行调质热处理。其目的是为了获得较高的韧性和足够的强度、硬度。

(6)时效处理

时效处理是为了消除大型铸件加工时产生的内应力，以稳定其形状和尺寸的处理方法。它可分为自然时效和人工时效两种。前者是将进行粗加工后的半成品置于空气中存放半年到1年以上，使其内应力逐渐削弱，以便进行精加工，但周期长、效率低。后者则是在精加工前进行低温回火，然后缓慢冷却，其效率高，但增加了造价。

(7)表面淬火热处理

表面淬火热处理是将零件的表面迅速加热到淬火温度，内部温度仍较低，立即用水急速冷却，以提高零件的表层硬度和耐磨性，而内部仍有较好的韧性的热处理方法。表面加热可用氧炔焰，高频、中频及低频电流等方法加热。

(8)表面化学热处理

表面化学热处理是通过改变零件表层的化学成分，从而改变表层组织和性能的化学处理方法。例如，在低碳钢或低碳合金钢零件的表面渗入碳，或渗入氮元素，可提高其表面的硬度和耐磨性。在零件的表面同时渗入碳和氮原子的过程，称为氰化。氰化过程虽较前两者短，但有剧毒，要注意安全。

2.1.3 金属的腐蚀、控制与防护

(1)金属腐蚀

金属腐蚀是指金属损失或金属在与液体(气体)接触时在表面层上转化成另一种不溶的化合物。其分类如下：

1)金属高温气体腐蚀

钢铁在常温和干燥的空气中，一般认为并不腐蚀，但在高温(500～1 000 ℃)下，就容易被氧化破坏，在表面生成氧化物。例如，金属在冶炼与轧制过程中的氧化剥落，化学工业中硫铁矿焙炉的腐蚀，以及石油工艺中高温炉管及核工业设备的高温氧化等都属于这类腐蚀，人们把这种现象称为金属的高温气体腐蚀。

2)化学腐蚀，即干腐蚀

所谓干腐蚀，是指环境中没有液相或凝露现象存在情况下产生的腐蚀。这种腐蚀是金属原子与介质分子两相的界面上直接交换电子，发生直接的化学反应。

3)电化学腐蚀

电化学腐蚀，即湿腐蚀，是指有液体(水)存在，即电解质溶液接触的腐蚀过程。其特征是金属原子在阳极区失去电子，腐蚀介质的分子在阴极得到电子，并且伴有电流产生。金属在潮湿空气中的大气腐蚀，在酸、碱、盐溶液和海水中的腐蚀，在地下土壤中的腐蚀，在不同金属接

触处的腐蚀等都是电化学腐蚀。电化学腐蚀比化学腐蚀更严重、更普遍。

(2)腐蚀的控制与防护

金属腐蚀所造成的经济损失中,有相当可观的一部分是采用当前行之有效的防护技术便可以避免的。随着科学技术的不断进步,可避免的这部分损失也会不断扩大。金属的腐蚀是金属与环境介质间的电化学作用所造成。控制腐蚀的根本办法自然应是控制电化学作用,即如何消除腐蚀电流。即使不能完全消除,也要设法使腐蚀电流密度降至最低程度。

控制腐蚀的方法可概括为以下4大类:

1)合理选用耐蚀金属

根据金属材料的腐蚀数据,选择对特定环境腐蚀率低、价格便宜、性能好的材料,是常用和简便的控制腐蚀的方法,可使设备获得经济、合理的使用寿命。

2)保护层保护

①非金属保护。主要是涂料。

②金属防护层。包括电镀、喷镀、表面合金化等。

3)介质处理

①去除有害物质。如水中脱氧、油中脱盐、脱硫等。

②添加剂。主要是指一些缓蚀剂。加入缓蚀剂是指在可能引起金属腐蚀的介质中加入少量缓蚀剂,就能大大减缓金属腐蚀过程。缓蚀剂可分为无机缓蚀剂、有机缓蚀剂和气相缓蚀剂3类。

4)电化学保护

①阴极保护。

②阳极保护。

腐蚀的控制是一项系统工程,即从设计、制造、安装、生产、储运以及使用,每个环节都必须仔细考虑。在设计中,警惕发生腐蚀的一切可能性,是防患于未然的好办法。

2.2 常用机构与零部件

2.2.1 常用机构

(1)机构和机器的概念

1)机构

机构是指一种用来传递与变换运动和力的可动装置。如常见的机构有带传动机构、链传动机构、齿轮机构、凸轮机构、螺旋机构等。

2)机器

机器是指一种执行机械运动装置,可用来变换和传递能量、物料和信息。例如,电动机、内燃机、机床、汽车、起重机、计算机等。机器按其用途可分为两类:凡将其他形式的能量转换为机械能的机器,称为原动机;凡利用机械能来完成有用功的机器,称为工作机。

(2)机构的组成

1)零件和构件

①零件。是机器中的一个独立制造单元体。

②构件。是机器中的一个独立运动单元体。

从运动来看，任何机器都是由若干个构件组合而成的。

2）运动副

①运动副。是两构件直接接触而构成的可动联接。

②运动副元素。是两构件参与接触而构成运动副的表面。

③根据运动副相对运动形式，可分为转动副（回转副或铰链）、移动副、螺旋副、球面副。

④根据运动副中两构件的接触形式不同，可分为低副和高副。

A. 低副

低副是指两构件之间作面接触的运动副。按两构件的相对运动情况，可分为：

a. 转动副。两构件在接触处只允许作相对转动，如图2.1(a)、(b)所示。

b. 移动副。两构件在接触处只允许作相对移动，如图2.1(c)所示。

c. 螺旋副。两构件在接触处只允许作一定关系的转动和移动的复合运动。

低副的接触表面一般是平面或圆柱面，易制造和维修，承受载荷时的单位面积压力较小，较为耐用，传力性能好。但低副是滑动摩擦，摩擦大而效率较低。

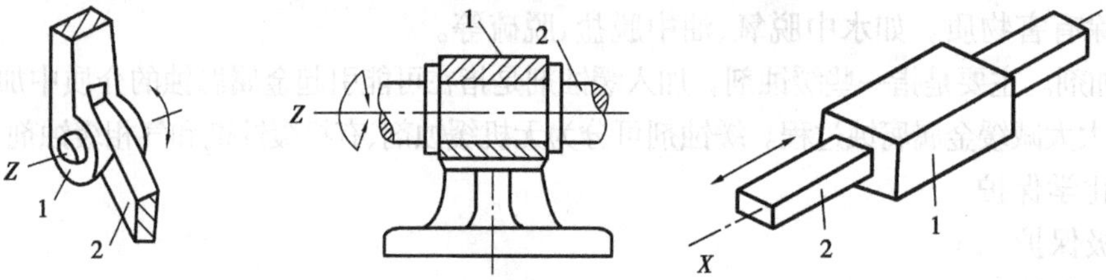

(a)转动副　(b)转动副　(c)移动副

图2.1　低副

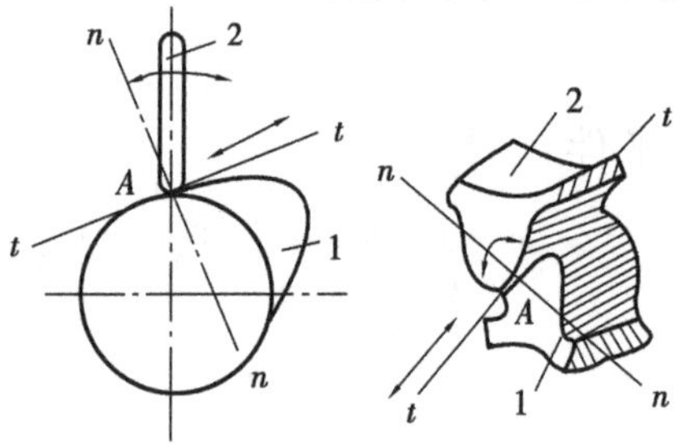

(a)　(b)

图2.2　高副

B. 高副

高副是指两构件之间作点或线接触的运动副。高副由于是点或线的接触，单位面积压力较大，构件接触处容易磨损，制造和维修困难，但高副能传递较复杂的运动，比较灵活，易于实现预定的运动规律。高副如图2.2 (a)、(b)所示。

(3)运动链

构件通过运动副联接而构成的相对可动的系统，称为运动链。它可分为闭式运动链（简称闭链）和开式运动链（简称开链）。闭式运动链如图2.3所示。

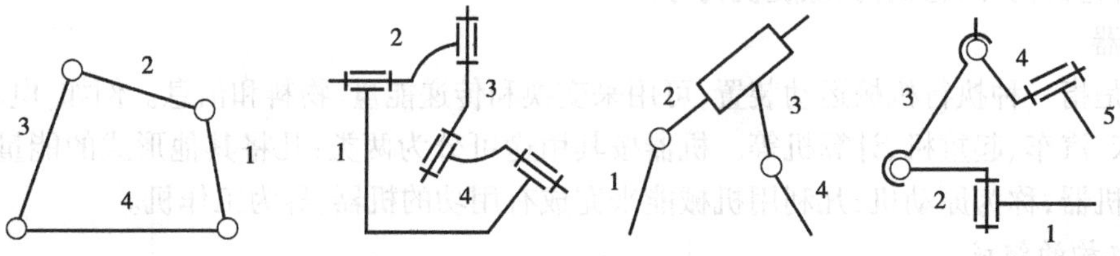

(a)平面闭式运动链　(b)空间闭式运动链　(c)平面开式运动链　(d)空间开式运动链

图2.3　运动链

(4)平面机构

①机构。具有固定构件的运动链。

②机架。机构中的固定构件。一般机架相对地面固定不动,但当机构安装在运动的机械上时则是运动的。

③原动件。按给定已知运动规律独立运动的构件。常以转向箭头表示。

④从动件。机构中其余活动构件。其运动规律决定于原动件的运动规律和机构的结构和构件的尺寸。

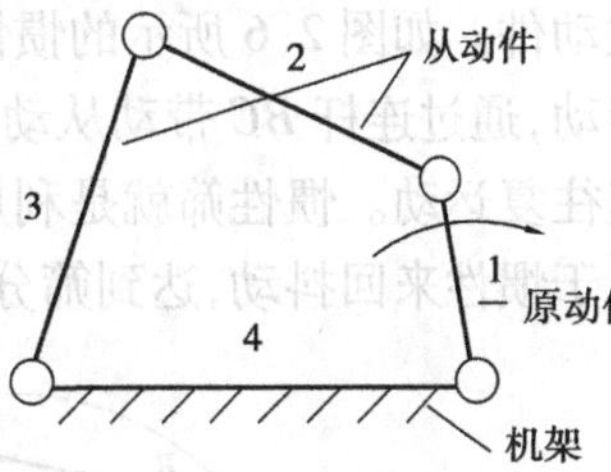

图2.4　平面四杆机构

机构可分为平面机构和空间机构两类。其中,平面机构应用最为广泛。当平面四杆机构中的运动副都是转动副时,称为**铰链四杆机构**。如图2.4所示的铰链四杆机构中,杆4是固定不动的,称为机架;与机架相连的杆1和杆3称为连架杆;不与机架直接相连的杆2,称为连杆。如果杆1(或杆3)能绕铰链A(或铰链D)作整周的连续旋转,则此杆称为曲柄。如果不能作整周的连续旋转,而只能来回摇摆一个角度,则此杆就称为摇杆。

铰链四杆机构中,机架和连杆总是存在的,因此可按曲柄存在情况,可分为以下3种基本形式:

1)曲柄摇杆机构

在铰链四杆机构中的两连架杆,如图2.5(a),(b)所示。如果一个为曲柄,另一个为摇杆,则该机构就称为曲柄摇杆机构。取曲柄AB为主动件,当曲柄AB作连续等速整周转动时,从动摇杆CD将在一定角度内作往复摆动。由此可知,曲柄摇杆机构能将主动件的整周回转运动转换成从动件的往复摆动(见图2.5(c))。剪刀机是通过原动机驱动曲柄转动,通过连杆带动摇杆往复运动,实现剪切工作。

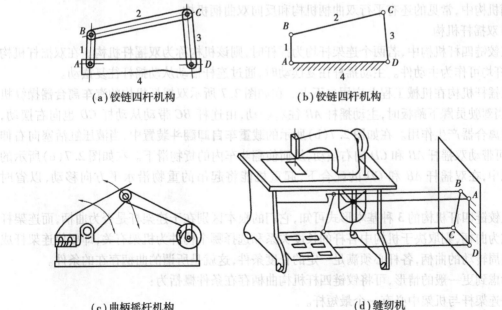

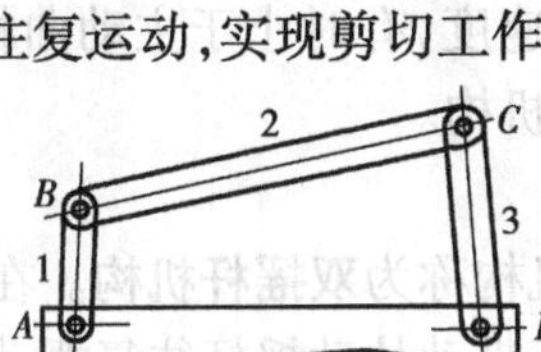

(a)铰链四杆机构

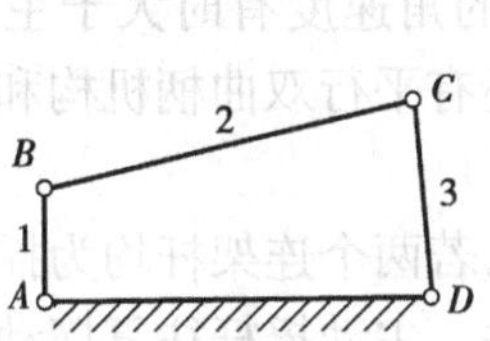

(b)铰链四杆机构

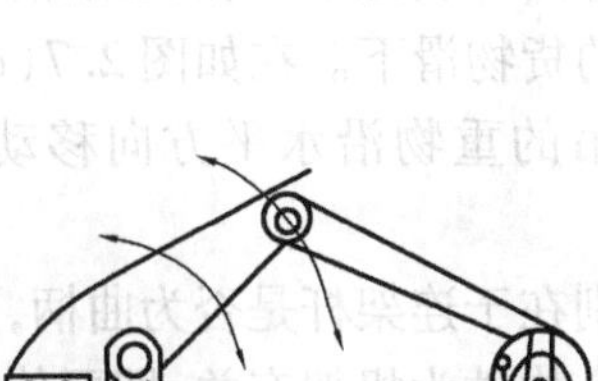

(c)曲柄摇杆机构

(d)缝纫机

图2.5　曲柄摇杆机构

在曲柄摇杆机构中，当摇杆为主动件时，可将摇杆的往复摆动经连杆转换为曲柄的连续旋转运动。在生产中应用很广泛。例如，缝纫机的踏板机构，当脚踏板（相当于摇杆）作往复摆动时，通过连杆带动曲轴（相当于曲柄）作连续运动，使缝纫机实现缝纫工作（见图 2.5(d)）。

2）双曲柄机构

在铰链四杆机构中，若两个连架杆均为曲柄，则该机构称为双曲柄机构。两曲柄可分别为主动件。如图 2.6 所示的惯性筛，*ABCD* 为双曲柄机构，工作时以曲柄 *AB* 为主动件，并作等速转动，通过连杆 *BC* 带动从动曲柄 *CD*，作周期性的变速运动，再通过 *E* 点的联接，使筛子作变速往复运动。惯性筛就是利用从动曲柄的变速转动，使筛子具有一定的加速度，筛面上的物料由于惯性来回抖动，达到筛分物料的目的。

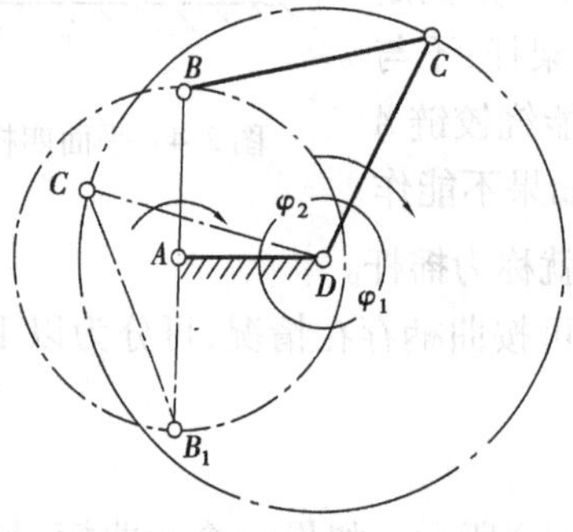

(a) 双曲柄机构

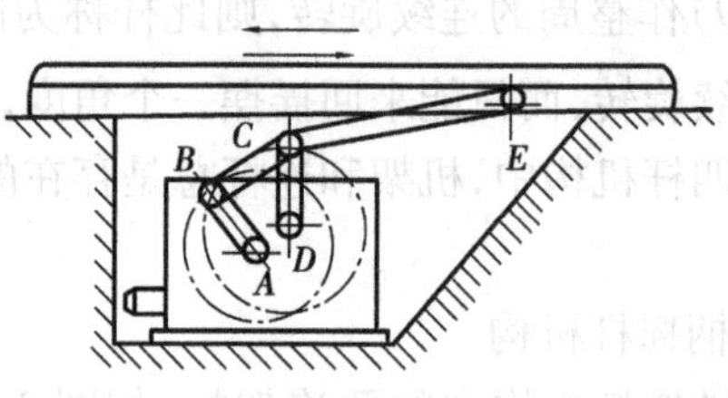

(b) 惯性筛

图 2.6　双曲柄机构

双曲柄机构中，当两曲柄长度不相等时，主动曲柄作等速转动，从动曲柄随之作变速转动，即从动曲柄在每一周中的角速度有时大于主动曲柄的角速度，有时小于主动曲柄的角速度。双曲柄机构中，常见的还有平行双曲柄机构和反向双曲柄机构。

3）双摇杆机构

在铰链四杆机构中，若两个连架杆均为摇杆时，则该机构称为**双摇杆机构**。在双摇杆机构中，两杆均可作为主动件。主动摇杆往复摆动时，通过连杆带动从动摇杆往复摆动。

双摇杆机构在机械工程上应用也不少。在如图 2.7 所示双摇杆机构的**汽车离合器**操纵机构中，当驾驶员踩下踏板时，主动摇杆 *AB* 往右摆动，由连杆 *BC* 带动从动杆 *CD* 也向右摆动，从而对离合器产生作用。在如图 2.7(b) 所示的**载重车自卸翻斗装置**中，当液压缸活塞向右伸出时，可带动双摇杆 *AB* 和 *CD* 向右摆动，从而使翻斗车内的货物滑下。在如图 2.7(c) 所示的**起重机**中，在双摇杆 *AB* 和 *CD* 的配合下，起重机能将起吊的重物沿水平方向移动，以省时省功。

从铰链四杆机构的 3 种基本形式可知，它们的根本区别在于连架杆是否为曲柄，而连架杆能否成为曲柄，则取决于机构中各杆的长度关系和选择哪个构件为机架有关，即要使连架杆成为能整周转动的曲柄，各杆必须满足一定的长度条件，这就是所谓的曲柄存在的条件。

考虑到更一般的情形，可将铰链四杆机构曲柄存在条件概括为：

①连架杆与机架中必有一个最短杆。

②最短杆与最长杆长度之和必小于或等于其余两杆长度之和。

除了铰链四杆机构的上述 3 种形式外，人们还广泛采用其他形式的平面四杆机构。分析、

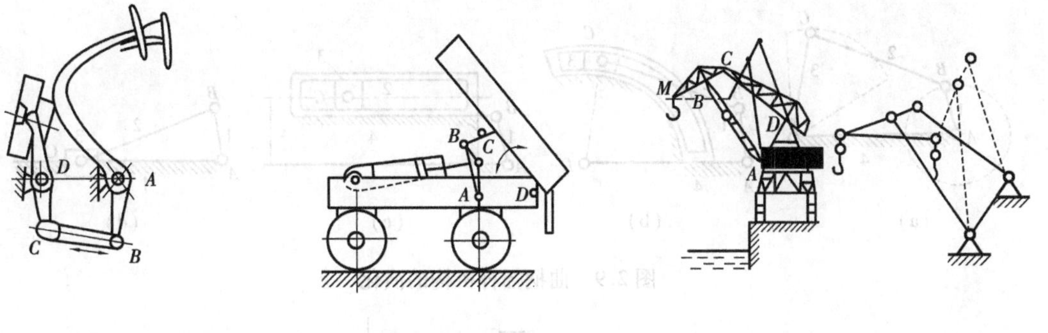

(a)汽车离合器操纵机　　(b)自卸翻斗机　　(c)起重机

图2.7　双摇杆机构

研究这些平面四杆机构的运动特性可知,这些平面四杆机构是由铰链四杆机构通过一定途径演化而来的。

①偏心轮机构

在如图2.8(a)所示的**曲柄摇杆机构**中,杆1为曲柄,杆3为摇杆。若将转动副的销钉B的半径逐渐扩大至超过曲柄的长度,便可得到如图2.8(b)所示的机构。这时,曲柄演变成一几何中心不与回转中心相重合的圆盘,此圆盘称偏心轮。该两轮中心之间的距离称为偏心距。它等于曲柄长。曲柄为偏心轮的机构称偏心轮机构。

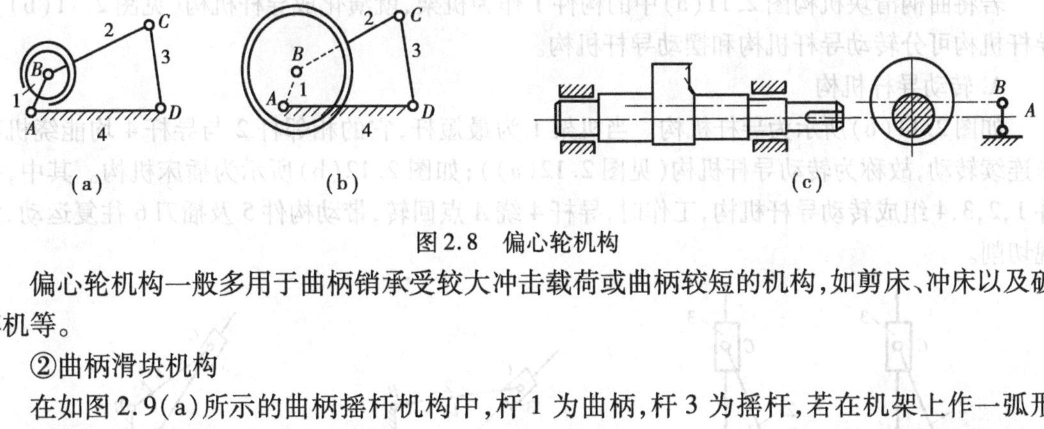

(a)　　(b)　　(c)

图2.8　偏心轮机构

偏心轮机构一般多用于曲柄销承受较大冲击载荷或曲柄较短的机构,如剪床、冲床以及破碎机等。

②曲柄滑块机构

在如图2.9(a)所示的曲柄摇杆机构中,杆1为曲柄,杆3为摇杆,若在机架上作一弧形槽,槽的曲率半径等于摇杆3的长度,把摇杆3改成弧形滑块(见图2.9(b)),这样尽管把转动副改成了移动副,但相对运动的性质却完全相同。

如果将圆弧形槽的半径增加到无穷大,则圆弧形槽变成了直槽,这样曲柄摇杆机构就演化成了偏置的曲柄滑块机构(见图2.9(c)),图中e为曲柄中心A至直槽中心线的垂直距离,称偏心距。当偏心距为0时,称为对心曲柄滑块机构,常简称为曲柄滑块机构(见图2.9(d))。因此,可认为曲柄滑块机构是由曲柄摇杆机构演化而来的。

曲柄滑块机构在机械中应用十分广泛,如内燃机、搓丝机、自动送料装置及压力机都是曲柄滑块机构。在曲柄滑块机构中,若曲柄为主动件,可将曲柄的连续旋转运动,经连杆转换为从动滑块的往复直线运动。如图2.10所示的压力机,当曲柄连续旋转运动时,经连杆带动滑块实现加压工作;反之,若滑块为主动件,经连杆转换为从动曲柄的连续旋转运动。

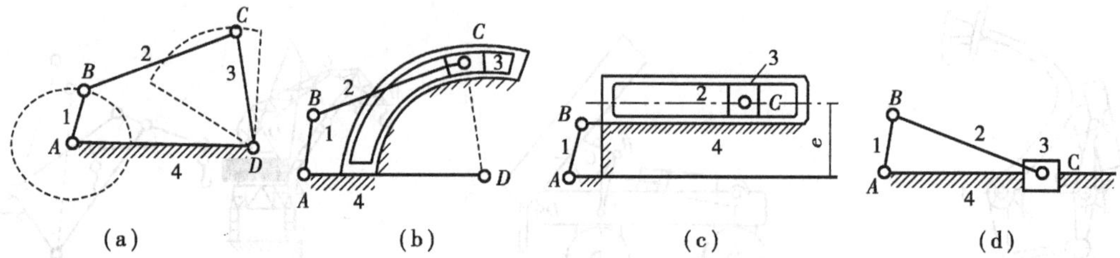

图 2.9　曲柄摇杆机构的演化

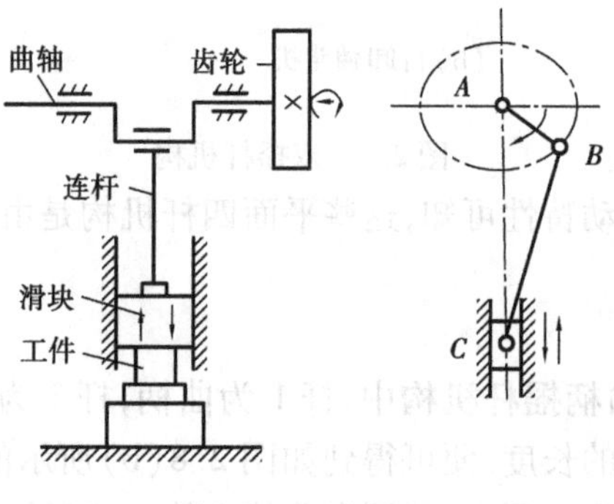

图 2.10　压力机

③导杆机构

若将曲柄滑块机构图 2.11(a)中的构件 1 作为机架，就演化成导杆机构(见图 2.11(b))。导杆机构可分转动导杆机构和摆动导杆机构。

A. 转动导杆机构

如图 2.11(b)所示为导杆机构。当机架 1 为最短杆，它的相邻杆 2 与导杆 4 均能绕机架作连续转动，故称为转动导杆机构(见图 2.12(a))；如图 2.12(b)所示为插床机构。其中，构件 1,2,3,4 组成转动导杆机构，工作时，导杆 4 绕 *A* 点回转，带动构件 5 及插刀 6 往复运动，实现切削。

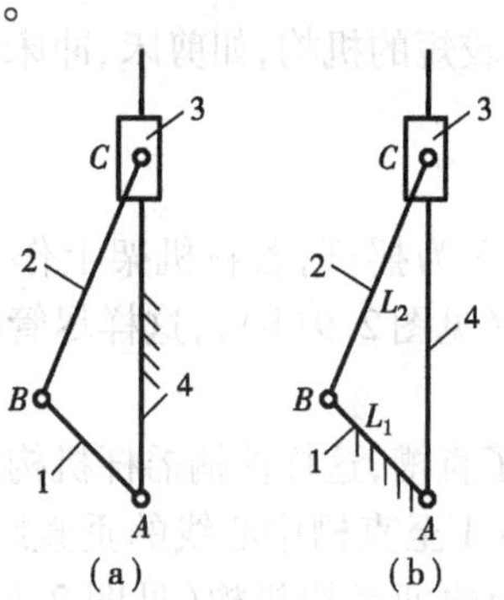

图 2.11　导杆机构

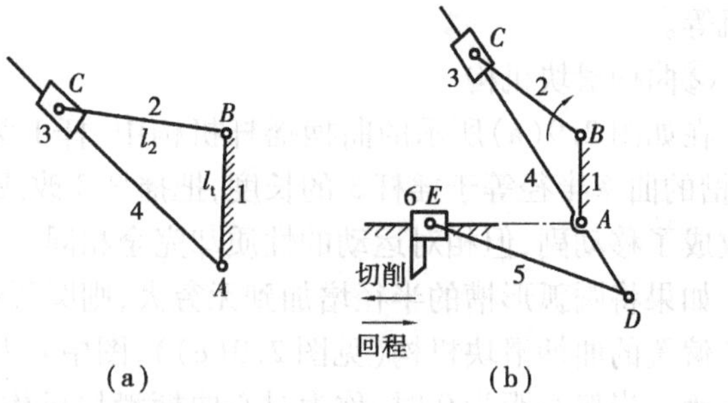

图 2.12　转动导杆机构

B. 摆动导杆机构

如图 2.11(b)所示导杆机构。当机架 1 不是最短杆，它的相邻构件导杆 4 只能绕机架摆动，故称为摆动导杆机构(见图 2.13(a))。如图 2.13(b)所示为刨床机构。其中，构件 1,2,3,4 组成摆动导杆机构。工作时，导杆 4 绕 *A* 点摆动，带动构件 5 及刨刀 6 往复运动，实现刨削。

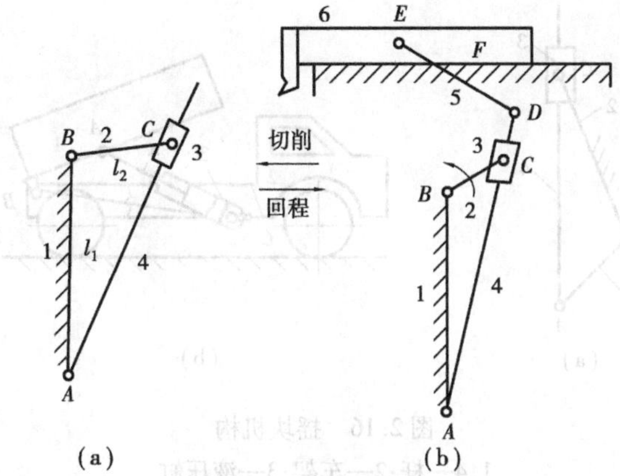

图2.13　摆动导杆机构

④定块机构

若将曲柄滑块机构(见图2.14)中的构件3作为机架,就演化成定块机构(见图2.15(a)),此机构中滑块固定不动。如图2.15(b)所示的抽水机,就应用了定块机构。当摇动手柄1时,在杆2的支承下,活塞杆4即在固定滑块3(唧筒作为静件)内上下往复移动,以达到抽水的目的。

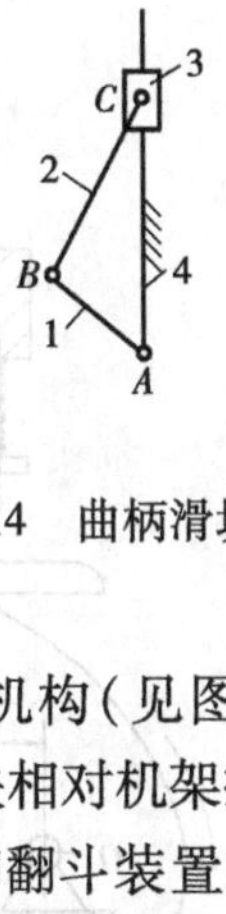

图2.14　曲柄滑块机

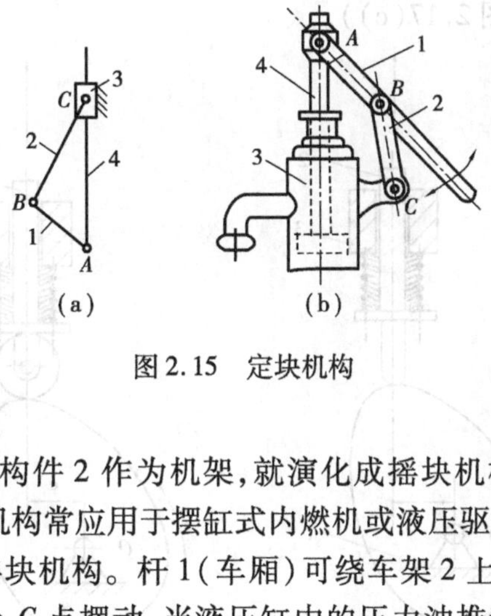

图2.15　定块机构

⑤摇块机构

若将曲柄滑块机构(见图2.14)中的构件2作为机架,就演化成摇块机构(见图2.16(a)),此机构中滑块相对机架摇动。这种机构常应用于摆缸式内燃机或液压驱动装置。如图2.16(b)所示的自卸翻斗装置,也应用了摇块机构。杆1(车厢)可绕车架2上的B点摆动。杆4(活塞杆),液压缸3(摇块)可绕车架上C点摆动,当液压缸中的压力油推动活塞杆运动时,迫使车厢绕B点翻转,物料便自动卸下。

(5)凸轮机构

凸轮机构是一种高副机构。它广泛应用于各种机械,尤其是自动机械中。凸轮机构主要由凸轮、从动件和机架组成。

1)凸轮

具有特定曲线轮廓或沟槽的构件,通常在机构运动中作主动件。

2)从动件

与凸轮接触并被直接推动的构件。

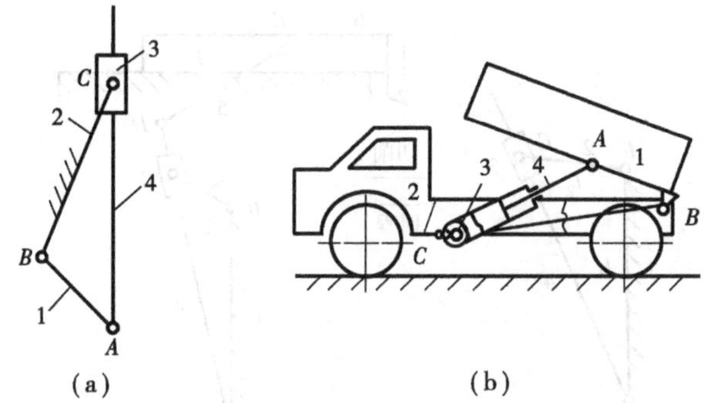

图 2.16　摇块机构

1,4—杆;2—车架;3—液压缸

3)机架

支承凸轮和从动件的构件。

凸轮具有特定曲线轮廓或凹槽的构件。当它作等速转动或往复直线移动时,可使从动件按预定的运动规律作间歇或连续的直线往复移动或摆动。凸轮机构是高副机构,接触应力大、磨损大,多用来实现较小载荷的运动控制或运动补偿。

按从动件的形式,可分为尖底从动件(见图 2.17(a))、平底从动件(见图 2.17(b))和滚子从动件(见图 2.17(c))。

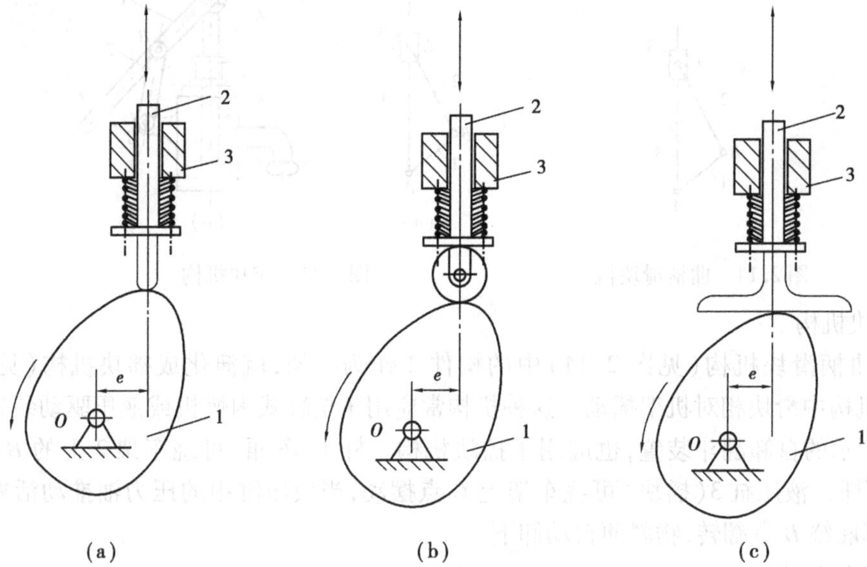

图 2.17　凸轮机构

1—凸轮;2—从动件;3—机架

凸轮机构的主要优点是结构简单、紧凑,工作可靠,只要正确地设计凸轮轮廓曲线,就可使从动件实现任意预定的运动规律,故广泛地应用于机械自动化操纵系统中。

(6)齿轮机构

齿轮机构是机械传动中最主要的一种机构。它通过齿轮轮齿间的啮合来传递运动和动力,齿轮机构广泛地用于机床、汽车、拖拉机、起重运输、冶金矿山、建筑以及其他机械设备。

齿轮机构类型很多,按两齿轮轴线的相对位置可分为以下3种:

①**平行轴的圆柱齿轮机构**。如直齿(见图2.18(a))、斜齿(见图2.18(b))和人字齿(见图2.18(c))。

②**相交轴的圆锥齿轮机构**。如图2.18(d)、(e)所示。

③**交错轴的螺旋齿轮机构**和**蜗杆传动机构**,如图2.18(f)、(g)所示。

按齿轮齿廓曲线,可分为渐开线、摆线和圆弧齿轮等。其中,以渐开线齿轮用得最为普遍。

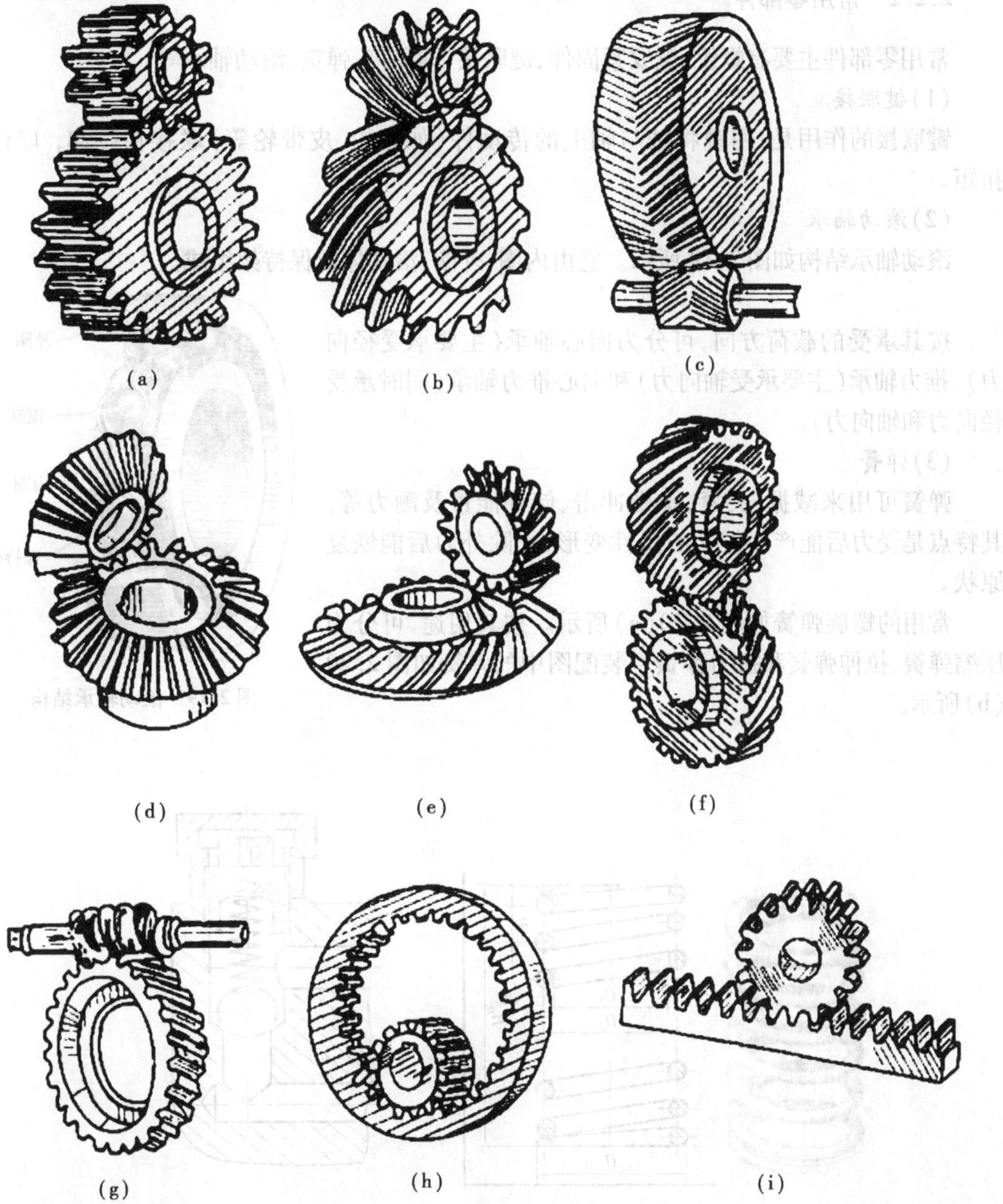

图2.18 齿轮传动类型一

按齿轮啮合方式,可分为外啮合齿轮传动(见图2.18(a)、(b)、(c),两齿轮转向相反)、内啮合齿轮传动（见图 2.18（h），两齿轮转向相同）、齿轮齿条啮合传动（见图 2.18（i））、齿轮转动及齿条移动。

齿轮传动可做成开式、半开式和闭式。开式齿轮传动没有防护罩和机壳，齿轮完全暴露在外边；半开式齿轮传动只装在简单的防护罩内；闭式齿轮传动是装在经过精确加工且封闭的箱体内，润滑及防护条件最好，多用于比较重要场合。

2.2.2 常用零部件

常用零部件主要有螺纹、螺纹紧固件、键联接、销联接、弹簧、滚动轴承等。

（1）键联接

键联接的作用是：用键将轴与轴上的传动件（如齿轮、皮带轮等）联接在一起，以传递扭矩。

（2）滚动轴承

滚动轴承结构如图 2.19 所示。它由内圈、外圈、滚动体及保持架组成。

按其承受的载荷方向，可分为向心轴承（主要承受径向力）、推力轴承（主要承受轴向力）和向心推力轴承（同时承受径向力和轴向力）。

（3）弹簧

弹簧可用来减振、夹紧、承受冲击、储存能量及测力等。其特点是受力后能产生较大的弹性变形，去除外力后能恢复原状。

常用的螺旋弹簧如图 2.20（a）所示。按其用途，可分为压缩弹簧、拉伸弹簧和扭力弹簧。装配图中的弹簧如图 2.20（b）所示。

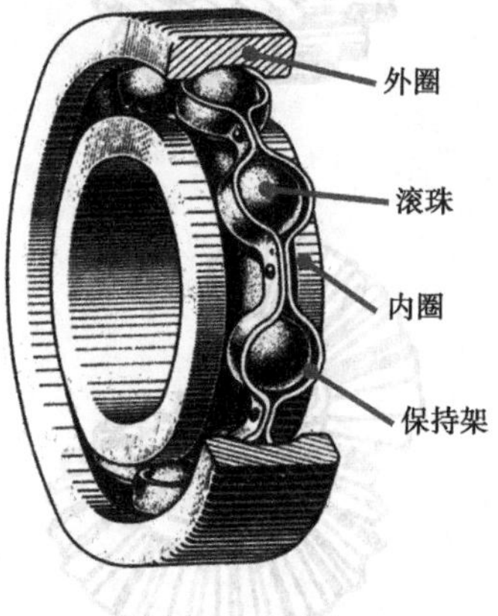

图 2.19　滚动轴承结构

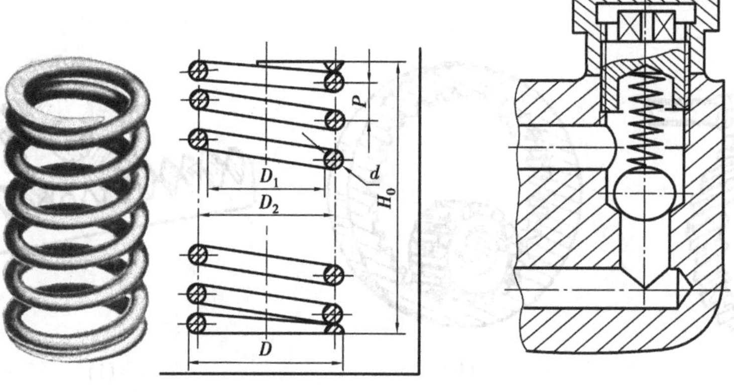

（a）螺旋压缩弹簧　　（b）装配图中的弹簧

图 2.20　弹簧

(4)螺纹

不论是生产上还是在人们的日常生活中,螺纹的使用非常普遍。

螺纹是指在圆柱或圆锥表面上,沿螺旋线所形成的具有相同剖面的连续凸起,一般称其为"牙"。

1)外螺纹

外螺纹是指在圆柱或圆锥外表面上形成的螺纹,如图2.21(a)所示。

2)内螺纹

内螺纹是指在圆柱或圆锥内孔表面上形成的螺纹,如图2.21(b)所示。使用时,将内、外螺纹旋合在一起。

图2.21　螺纹

螺纹主要用于联接和传动。三角形螺纹称为普通螺纹,用于联接;梯形螺纹一般用于承受双向载荷的传动;锯齿形螺纹用于承受单向载荷的传动;管螺纹用于管道联接。

(5)螺纹紧固件

通过螺纹起联接作用的各种零件。螺纹紧固件的种类很多,如螺栓、螺母、螺钉、螺柱、垫圈等,大都为标准件。

螺栓联接用于两被联接件允许钻成通孔情况。所用的紧固件有螺栓、垫圈和螺母。

螺柱联接适用于被联接件之一较厚或不能钻成通孔的情况。螺柱的两头均加工有螺纹。一端旋入被联接件,称为旋入端;拧螺母的一端,称为紧固端。

螺钉常用于受力不大的联接和定位。联接螺钉由头部和螺钉杆组成。螺钉头部有沉头、盘头、内六角圆柱头等多种形状。紧定螺钉前端的形状有锥端、平端和长圆柱端等。

(6)联轴器

联接两轴使之一同回转并传递转矩。它用于将两轴联接在一起,机器运转时两轴不能分离,只有在机器停车时才可将两轴分离。

2.3　液压与液力传动

2.3.1　概述

液压传动和液力传动均是以液体作为工作介质来进行能量传递的传动方式。液压传动主要是利用液体的压力能来传递能量;液力传动则主要是利用液体的动能来传递能量。一部完整的液压系统由液压动力元件、液压控制元件、液压执行元件、液压辅助元件4部分组成。

如图2.22所示为液压千斤顶的结构。其工作原理是:液压千斤顶由油箱1、单向阀2和4、手摇泵3、液压缸5及放油阀6组成。当手摇泵3手柄压下时,手摇泵3下腔中的液体受压,单向阀2关闭,随着压力的升高,使单向阀4开启,液体流进液压缸5,从而推动负载向上运动,达到抬高重物的目的。当手摇泵3手柄向上提起时,手摇泵下腔出现真空,单向阀4关闭,单向阀2在大气压的作用下阀门开启,油箱中的液体被吸入腔中。如此使手摇泵手柄反复上下运动,液压缸5上升的高度就会增加。而当要放下重物时,只要打开放油阀6,使液压缸5中的压力油流回油箱即可。

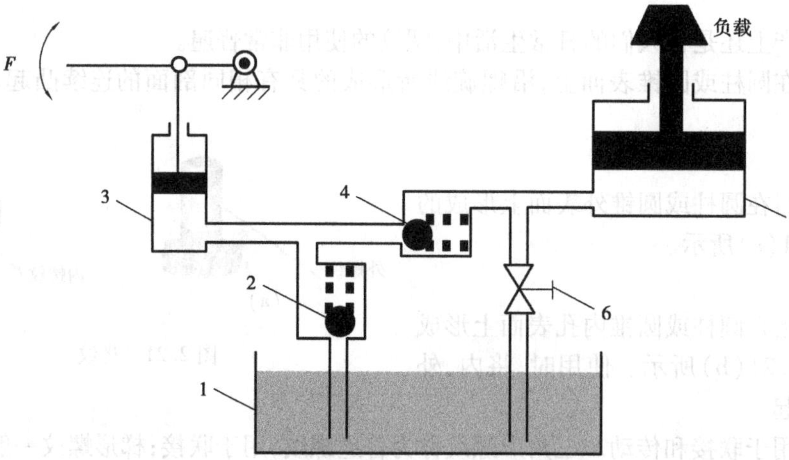

图 2.22 液压千斤顶的结构

1—油箱;2,4—单向阀;3—手摇泵;5—液压缸;6—放油阀

液压千斤顶作为最简单的液压系统,它包含了液压传动系统的各个组成部分:

①液压动力元件。手摇泵。

②液压执行元件。液压缸。

③液压控制元件。单向阀、放油阀。

④液压辅助元件。油箱、连接件、管路等。

2.3.2 液压泵

液压泵是液压能源,将原动机输入的机械能转换为液体压力能的能量转换元件。液压泵用来提供液压能,即具有一定压力和流量的液体。液压泵靠容积变化进行工作。

液压泵必须有容积大小可变的密闭工作腔,液压泵的工作原理如图 2.23(a)所示。当柱塞 2 向右移动时,柱塞 2 和缸体形成的密闭工作腔增大,产生真空,油箱 1 中油液在大气压的作用下经过单向阀 5 进入密闭工作腔。此时,单向阀 4 关闭,这一过程为吸油过程,如图 2.23(b)所示。柱塞 2 向左移动,密闭工作腔减小,压力增大,密闭腔的液体受挤压经过单向阀 4 排出,此时,单向阀 5 关闭。这一过程为排油过程。当柱塞不断地往复运动,使密闭工作腔的大小发生交替变化,液压泵就不断吸油和排油。

2.3.3 液压缸和液压马达

按运动形式的不同,液压执行元件可分为液压缸和液压马达两大类。其中,液压缸是作直线运动的执行元件,将液压能转变成为直线往复运动的机械能装置。

如图 2.24 所示,单作用液压缸只有一个工作腔,其外伸运动是靠油液压力的作用,而回程运动靠的是重力、外力或者弹簧力等实现。按结构可分为柱塞式、活塞式和伸缩式。

液压马达是将作旋转运动的执行元件,把液压能转变为马达轴上的转矩和转速运动输出。

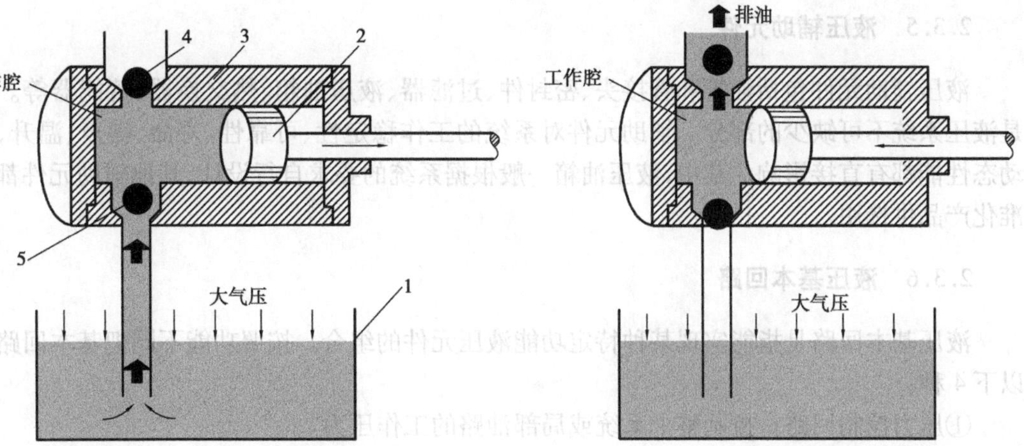

(a) 液压泵吸油过程　　(b) 液压泵排油过程

图 2.23　液压泵工作原理

1—油箱;2—柱塞;3—缸体;4—排油路单向阀;5—吸油路单向阀

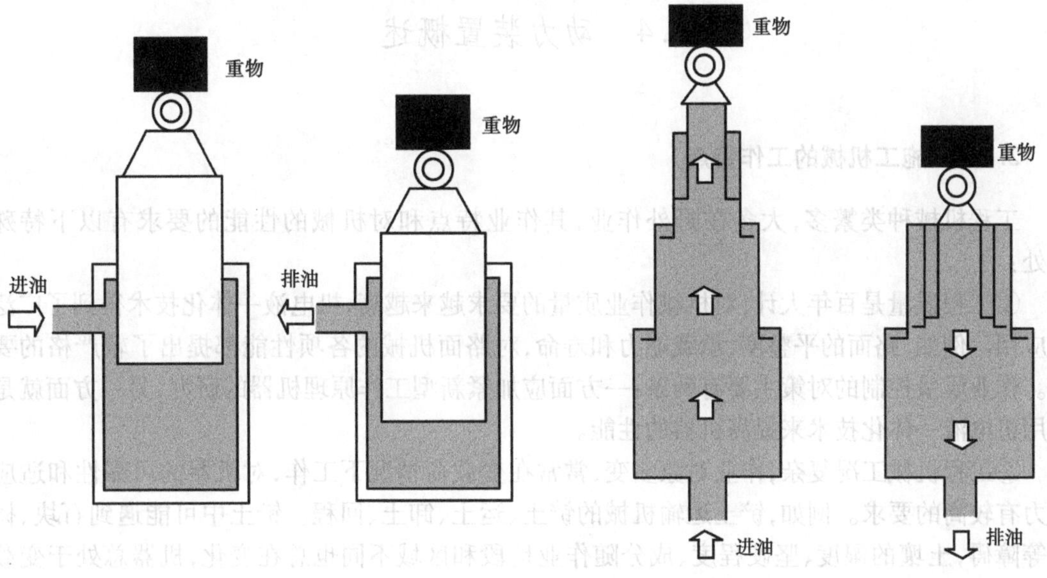

图 2.24　单作用液压缸结构分类

2.3.4　液压控制阀

液压控制元件主要是各种控制阀,在液压系统中控制液体的流动方向、流量大小及压力的高低,以满足执行元件所需的运动方向、力(力矩)、速度的要求,使整个系统按一定的要求协调工作。按液压控制阀在液压系统中所起的控制功能不同,可分为:方向控制阀、压力控制阀和流量控制阀 3 大类。

2.3.5 液压辅助元件

液压辅助元件包括油管和管接头、密封件、过滤器、液压油箱、热交换器、蓄能器等。它们是液压系统不可缺少的部分。辅助元件对系统的工作稳定性、可靠性、寿命、噪声、温升，甚至动态性能都有直接影响。其中，液压油箱一般根据系统的要求自行设计，其他辅助元件都有标准化产品供选用。

2.3.6 液压基本回路

液压基本回路是指能实现某种特定功能液压元件的组合。按照功能不同把基本回路分为以下4种：

①压力控制回路。控制整个系统或局部油路的工作压力。

②速度控制回路。控制和调节执行元件的速度。

③方向控制回路。控制执行元件运动方向的变换和停止。

④多执行元件控制回路。控制几个执行元件相互间的工作循环。

2.4 动力装置概述

2.4.1 施工机械的工作特点

工程机械种类繁多，大多在野外作业，其作业特点和对机械的性能的要求有以下特殊之处：

①工程质量是百年大计，对机械作业质量的要求越来越高，机电液一体化技术得到了广泛的应用。例如，路面的平整度、承载能力和寿命，对路面机械的各项性能都提出了较严格的要求。作业质量控制的对策主要有两条：一方面应加紧新型工作原理机器的研究，另一方面就是采用机电液一体化技术来提高机器的性能。

②工程机械工况复杂，作业对象多变，常常在变载荷情况下工作，对机器的可靠性和适应能力有较高的要求。例如，铲土运输机械的铲土、运土、卸土、回程。铲土中可能遇到石块、树根等障碍，土壤的湿度、坚硬程度、成分随作业地段和区域不同也总在变化，机器总处于变载荷，甚至超载荷的工作状态。要保证机器连续、可靠地工作，除对机器作业实行有效的控制外，对机器的设计和使用都提出了新的要求。

机器性能要满足使用要求，必须进行机器动态性能的研究，知道机器的实际使用性能，而不仅仅是台架上测得的静态性能。这是机器牵引动力学和可靠性设计的依据。

机器牵引动力学就是要弄清机器工作过程中的牵引性能，各参数的合理匹配程度，以及行驶能力。工程机械性能与车辆地面力学是牵引动力学研究的主要内容。由测试机器动态性能所获得的数据可知外界载荷和作用在机器零部件上载荷的变化。由于机器作业对象的状态和环境条件呈随机性变化，因此载荷也往往是随机变化的。应用概率统计的方法得到的载荷谱是机器可靠性设计的真实依据。

③机器工作装置与作业对象的相互作用过程和机理的研究，是设计机器和改善其性能的

关键。机器的作业实际是靠工作装置来改变作业对象,这涉及机械工程和土木工程两大学科。只有将机械和土木工程的知识紧密结合起来,才可能找到创新的突破口。

④机器的性能应与施工工艺相适应。采取先进的施工工艺,改进传统的施工方法,不仅能保证施工质量,而且会带来巨大的经济和社会效益。在机器设计和使用时,除应注意满足施工的各项要求外,还应注重施工工艺的变更与进步。

2.4.2　施工机械对动力装置的要求

动力装置是机械动力的来源。建筑施工机械常用的动力装置有电动机、内燃机等。建筑施工机械所用的电动机、内燃机等都是由专门工厂生产的标准化、系列化产品,不需自行设计。只要根据建筑机械的设计要求及生产需要,从有关设计手册中选用标准型号,外购即可。它是任何机器不可少的核心部分。

2.5　内燃机

2.5.1　内燃机的使用要点

内燃机的工作效率高、体积小、质量轻、发动较快,常在大、中、小型机械上作动力装置。它只要有足够的燃油,就不受其他动力能源的限制。这一突出优点,使它广泛应用于需要经常作大范围、长距离行走的或无电源供应的建筑机械。

2.5.2　内燃机的合理选择

内燃机是绝大多数施工机械的动力装置,内燃机是动力机械的一种(其他蒸汽机、电动机),也是一种热力机。它是将燃料和空气在工作汽缸内燃烧,将其中包含的化学能转化为热能,再经气体膨胀过程将热能转化为机械能的动力装置。它是目前工程机械中应用最广的原动机之一。

内燃机种类很多,如柴油机、汽油机等,由于所用燃料不同而各有特色。一般中小功率和吨位的汽车都用汽油机,大吨位的汽车和工程机械多数用柴油机作动力。

内燃机的种类

在汽车、拖拉机上使用的内燃机种类很多,为了表示和区别各种发动机在构造和工作上的特点,对它们进行必要的分类。

1)按所用的燃料分类

它有汽油机、柴油机和煤气机。

2)按汽缸排列形式分类

它有直立式和V形式。直立式发动机各汽缸呈直线式,汽缸中心线在同一平面内。直立式又分为立式和卧式。V形发动机各汽缸呈两行排列,彼此间有一夹角,当夹角成1 800°时又称为对置式。太脱拉-138汽车发动机汽缸属V形排列,其夹角为75°。

3)按冷却方式分类

它有水冷式和风冷式。水冷式发动机较多,解放牌汽车、东方红拖拉机等的发动机都是水冷式。风冷式发动机较少,德国道依茨和太脱拉汽车发动机为风冷式。

4)按冲程数分类

它有四冲程发动机和二冲程发动机。四冲程发动机就是活塞移动4个冲程完成一个工作循环。解放牌太脱拉-138汽车都是四冲程发动机。二冲程发动机就是活塞移动两个冲程完成一个工作循环。东方红-75拖拉机发动机是二冲程发动机。

5)按汽缸数分类

它有单缸、双缸、三缸、四缸、六缸、八缸、十二缸发动机等。东方红-75型拖拉机发动机是四缸的,解放牌汽车发动机是六缸的。

2.6 电动机

电动机按工作电源种类划分,可分为直流电机和交流电机。直流电动机按结构及工作原理划分,可分为无刷直流电动机和有刷直流电动机。有刷直流电动机可分为永磁直流电动机和电磁直流电动机。电磁直流电动机可分为串励直流电动机、并励直流电动机、他励直流电动机及复励直流电动机。永磁直流电动机可分为稀土永磁直流电动机、铁氧体永磁直流电动机和铝镍钴永磁直流电动机。其中,交流电机还可分同步电机和异步电机。同步电机可分为永磁同步电动机、磁阻同步电动机和磁滞同步电动机。异步电机可分为感应电动机和交流换向器电动机。感应电动机可分为:三相异步电动机、单相异步电动机和罩极异步电动机等。交流换向器电动机可分为单相串励电动机、交直流两用电动机和推斥电动机。

2.7 空压机

空压机又叫空气压缩机,是将原动机的机械能转换成气体压力能的装置,是压缩空气的气压发生装置。它主要运用在传统的空气动力,如风动工具、凿岩机、风镐、气动扳手、气动喷砂;仪表控制及自动化装置,如加工中心的刀具更换、车辆制动、门窗启闭;喷气织机中,用压缩空气吹送纬纱以代替梭子无油空气压缩机;食品、制药工业利用压缩空气搅拌浆液;大型船用柴油机的启动器、风洞实验、地下通道换气、金属冶炼;油井压裂;高压空气爆破采煤;武器系统导弹发射、鱼雷发射;潜艇沉浮、沉船打捞、海底石油勘探、气垫船;轮胎充气;喷漆;吹瓶机,等等。

空压机的种类很多,按工作原理可分为容积式压缩机、往复式压缩机和离心式压缩机3种。而现在常用的空压机有活塞式空气压缩机(往复式压缩机)、螺杆式空气压缩机(分双螺杆空气压缩机和单螺杆空气压缩机)、离心式压缩机,以及滑片式空气压缩机、喷射式压缩机、轴流式压缩机、混合流式压缩机等。

下面介绍这几种空压机。

(1)容积式压缩机

容积式压缩机是直接依靠改变气体容积来提高气体压力的压缩机。其工作原理是压缩气体的体积,使单位体积内气体分子的密度增加,以提高压缩空气的压力。

(2)往复式压缩机

往复式压缩机也称活塞式压缩机,其压缩元件是一个活塞,在汽缸内作往复运动。其工作原理是直接压缩气体,待气体达到一定压力后再排出。

(3)离心式压缩机

离心式压缩机属速度型压缩机,在其中有一个或多个旋转叶轮使气体加速,主气流是径向的。其工作原理是提高气体分子的运动速度,使气体分子具有的能转化为气体的压力能,从而提高压缩空气的压力。

(4)螺杆压缩机

螺杆压缩机其中两个带有螺旋形齿轮的转子相互啮合,从而将气体压缩排出。

(5)滑片式空气压缩机

滑片式空气压缩机的轴向滑片在同圆柱缸体偏心的转子上作径向滑动,截留于滑片之间的空气被压缩后排出。

(6)喷射式压缩机

喷射式压缩机利用高速气体或蒸汽喷射流带走吸入的气体,然后在扩压器上将混合气体的速度转化为压力。

(7)轴流式压缩机

轴流式压缩机中的气体由装有叶片的转子加速。其主气流是轴向的。

2.8　卷扬机

卷扬机又称绞车,是由人力或机械动力驱动卷筒、卷绕绳索来完成牵引工作的装置。它可垂直提升、水平或倾斜拽引重物。卷扬机可分为手动卷扬机和电动卷扬机两种。现在以电动卷扬机为主。电动卷扬机由电动机、联轴节、制动器、齿轮箱及卷筒组成,共同安装在机架上。对于起升高度和装卸量大工作频繁的情况,调速性能好,能令空钩快速下降。对安装就位或敏感的物料,能用较小速度。

常见的卷扬机吨位有0.3 t卷扬机、0.5 t卷扬机、1 t卷扬机、1.5 t卷扬机、2 t卷扬机、3 t卷扬机、5 t卷扬机、6 t卷扬机、8 t卷扬机、10 t卷扬机、15 t卷扬机、20 t卷扬机、25 t卷扬机、30 t卷扬机。

卷扬机从是否符合国家标准的角度,可分为国标卷扬机和非标卷扬机。国标卷扬机是指符合国家标准的卷扬机;非标卷扬机是指厂家自己定义标准的卷扬机。通常只有具有生产证的厂商才可生产国标卷扬机,价格也比非标卷扬机贵一些。

特殊型号的卷扬机有变频卷扬机 、双筒卷扬机 、手刹杠杆式双制动卷扬机、带限位器卷扬机、电控防爆卷扬机、电控手刹离合卷扬机、大型双筒双制动卷扬机、大型外齿轮卷扬机、大型液压式卷扬机、大型外齿轮带排绳器卷扬机、双曳引轮卷扬机、大型液压双筒双制动卷扬机、变频带限位器绳槽卷扬机。

常见卷扬机型号如下:

①JK0.5-JK5 单卷筒快速卷扬机。

②JK0.5-JK12.5 单卷筒慢速卷扬机。

③JKL1.6-JKL5 溜放型快速卷扬机。

④JML5,JML6,JML10 溜放型打桩用卷扬机。

⑤2JK2-2JML10 双卷筒卷扬机。

⑥JT800,JT700 型防爆提升卷扬机。

⑦JK0.3-JK15 电控卷扬机。

⑧非标卷扬机。

其中,JK 表示快速卷扬机,JM 表示慢速卷扬机,JT 表示防爆卷扬机,单卷筒表示一个卷筒容纳钢丝绳,双卷筒表示两个卷筒容纳钢丝绳。

如图 2.29 所示为卷扬机的传动示意图。电动机通过输出轴驱动传动装置,经胶带传动及减速器减速输出动力,再通过联轴器使工作装置中的卷筒回转,从而使缠绕于滚筒上的钢丝绳作升降重物的动作而做功。

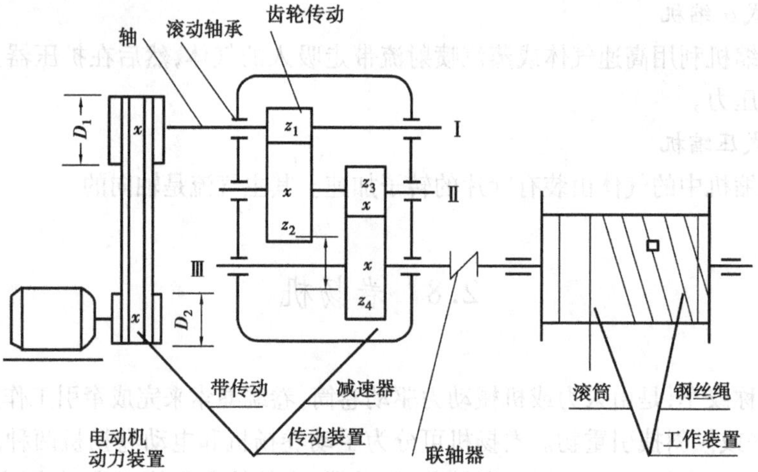

图 2.25　卷扬机的传动示意图

由图 2.25 可知,传动装置的任务主要是在动力装置与工作装置之间承担着协调的作用,它是将动力装置的机械能传递给工作装置的中间装置,是建筑机械的重要组成部分。因此,对它的合理设计和选用是机械设计工作中的一项关键课题,也是本课程的主要内容之一。

思考题与习题

2.1　常用金属的材料有哪些?牌号如何表示?

2.2　什么称为钢的热处理?

2.3　金属腐蚀的防护措施有哪些?

2.4　常用平面机构有哪些?

2.5　液压传动系统由哪些部分组成?

2.6　简述施工机械的工作特点。

2.7　简述施工机械对动力装置的要求。

2.8　简述内燃机的工作原理。

2.9　简述电动机的使用特点。

2.10　简述空压机的工作特点。

2.11　简述卷扬机的工作特点。

第 3 章
土方工程机械

3.1 概 述

土方工程机械是对土壤或其他松散材料进行挖掘、装载、运输、摊铺及压实的机械。根据工程作业性质，土方工程机械可分为准备作业机械、铲土运输机械、挖掘机械、平整作业机械、压实机械及水力土方机械等。

准备作业机械用于清理土方工程施工场地和翻松坚实地面，以利于其他机械进行作业。

铲土运输机械利用刀形或斗形工作装置铲削土壤，并将碎土输送一段距离，常用的有推土机、铲运机和装载机。

挖掘机械利用斗形工作装置挖土，只进行挖掘，不进行运土，或将土卸于弃土堆，或利用运输工具运土。它分为单斗和多斗两种形式。

平整作业机械利用长刮刀平整场地或修筑道路，常用的是各种平地机。

压实机械利用静压、振动或夯击原理，使地基土层和道路铺砌层实心密实，增加地基的密实度，以提高其承载能力。压实机械有羊足碾、各种压路机和夯实机等。

水力土方机械利用高速水射流冲击土壤或岩体进行开挖，然后将泥浆或岩浆输送到指定地点进行堆积去水。常用的有水泵、水枪、泥浆泵等。

土方工程具有工程量大，工期较长，施工条件复杂，劳动强度大，占用的劳动力多等特点，因此，土方工程施工应根据地质状况、工程量、工程特点及预计工期等条件，制订出最佳的施工方案。依据施工方案，来正确选择适宜的土方工程机械，并在机械品种、容量、性能和数量上作出合理的技术经济分析，采用最佳的机械配套方案，进行土方工程作业。实现土方工程的机械化施工有着十分重要的意义，这项工作不但可提高劳动生产率、加快施工进度、保证工程质量、降低工程成本，而且还可减轻繁重的体力劳动，节省大量的劳动力。

3.2　挖掘机

3.2.1　挖掘机的种类

挖掘机是用于挖取土壤和其他松散材料或剥离土层的机械。根据其作业方式可分为两类:周期作业式有单斗挖掘机和挖掘装载机等;连续作业方式有多斗挖掘机、多斗挖沟机、掘进机等。挖掘机可单独对建筑物基坑、带状沟槽进行开挖,也可用它来代替装载机将土壤及其他散粒材料装入运输卡车。挖掘机产品的划分见表3.1。

表3.1　挖掘机械产品类、组、型、特征划分表

类	组	型	特征	产品名称
挖掘机械	单斗挖掘机	履带式	机械	履带式机械单斗挖掘机
			电动	履带式电动单斗挖掘机
			液压	履带式液压单斗挖掘机
		汽车式	机械	汽车式机械单斗挖掘机
			液压	汽车式液压单斗挖掘机
		轮胎式	机械	轮胎式机械单斗挖掘机
			电动	轮胎式电动单斗挖掘机
			液压	轮胎式液压单斗挖掘机
		步履式	机械	步履式机械单斗挖掘机
			电动	步履式电动单斗挖掘机
			液压	步履式液压单斗挖掘机
	多斗挖掘机	斗轮式	机械	斗轮式机械挖掘机
			电动	斗轮式电动挖掘机
			液压	斗轮式液压挖掘机
		链(条)斗式	机械	链(条)斗式机械挖掘机
			电动	链(条)斗式电动挖掘机
			液压	链(条)斗式液压挖掘机
	特殊用途挖掘机	水陆两用式	—	水陆两用挖掘机
		隧道式	—	隧道挖掘机
		湿地式	—	湿地挖掘机
		船用式	—	船用挖掘机
	装载挖掘机	—	—	装载挖掘机

续表

类	组	型	特征	产品名称
挖掘机械	多斗挖沟机	斗轮式	机械	斗轮式机械挖沟机
			电动	斗轮式电动挖沟机
			液压	斗轮式液压挖沟机
		链斗式	机械	链斗式机械挖沟机
			电动	链斗式电动挖沟机
			液压	链斗式液压挖沟机
		链齿式	—	链齿式液压挖沟机
	掘进机	盾构掘进机	—	盾构掘进机
		顶管掘进机	—	顶管掘进机
		隧道掘进机	—	隧道掘进机
		涵洞掘进机	—	涵洞掘进机

单斗挖掘机是挖掘机械中使用最普遍的机械。它可分为专用型和通用型。专用型挖掘机供矿山采掘用，通用型挖掘机主要用在各种建设施工中。单斗挖掘机的工作装置根据建设工程的需要可换抓斗、装载、起重、碎石及钻孔等多种工作装置，扩大了挖掘机的使用范围。单斗挖掘机的种类很多，一般按下列方式分类：

(1)按传动的类型不同分类

单斗挖掘机可分为机械式、半液压式和全液压式。全液压式挖掘机的全部动作都由液压元件来完成，是目前广泛采用的类型。

(2)按行走方式不同分类

单斗挖掘机可分为履带式和轮式两种。履带式挖掘机与地面附着面积大，压强小，重心低，稳定性好，应用最广。轮胎式挖掘机行驶速度快，机动性好，可在一般城市道路上行驶。

(3)按工作装置形式分类

单斗挖掘机可分为正铲、反铲、抓铲及拉铲4种，如图3.1所示。

正铲挖掘机的铲斗铰装于斗杆端部，由动臂支持，其挖掘动作由下向上，斗齿尖轨迹常呈弧线，适于开挖停机面以上的土壤。

反铲挖掘机的铲斗也与斗杆铰接，其挖掘动作通常由上向下，斗齿轨迹呈圆弧线，适于开挖停机面以下的土壤。

抓铲挖掘机的铲斗由两个或多个颚瓣铰接而成，颚瓣张开，掷于挖掘面时，瓣的刃口切入土中，利用钢索或液压缸收拢颚瓣，挖抓土壤。松开颚瓣即可卸土。抓铲挖掘机常用于基坑或水下挖掘，挖掘深度大，也可用于装载颗粒物料。

3.2.2 单斗液压挖掘机

建筑工程中常见的挖掘机为单斗液压挖掘机。单斗液压挖掘机以一个铲斗进行挖掘作业，并采用液压传动的机械。这种机械主要是通过铲斗挖掘、装载土壤或石块，并旋转到一定

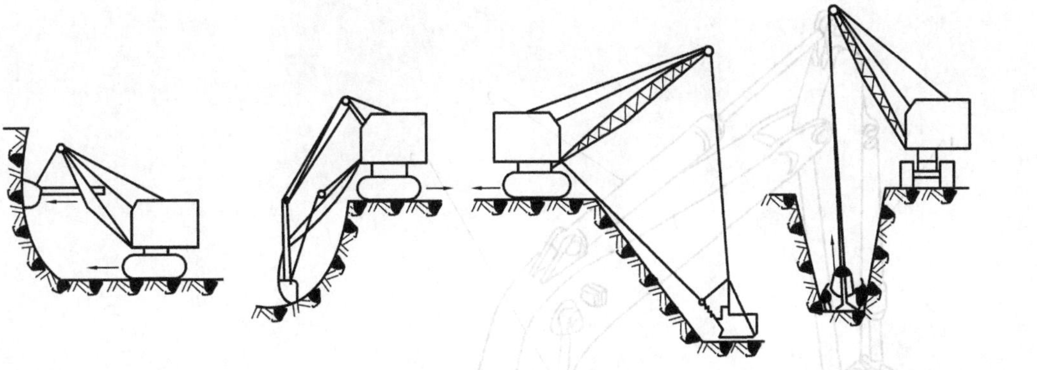

(a)正铲　(b)反铲　(c)拉铲　(d)抓铲

图3.1　单斗挖掘机分类图

的卸料位置卸载，是一种集挖掘、装载、卸料于一体的高效施工机械。它广泛应用于建筑施工、市政工程、道路桥梁等土石方施工和露天矿场的采掘作业中。

(1)基本构造

单斗液压挖掘机主要由工作装置、回转平台、行走装置、动力装置、液压系统、电气系统及辅助系统等组成。如图3.2所示为单斗液压挖掘机的构造简图。

1)工作装置

液压挖掘机的常用工作装置有反铲、抓斗、正铲等，同一种工作装置也有许多不同形式的结构。在建筑工程和公路工程的施工中，多采用反铲液压挖掘机。如图3.2所示为反铲工作装置。它主要由动臂、斗杆、铲斗、连杆、摇杆及动臂油缸、斗杆油缸、铲斗油缸等组成。

2)回转平台

如图3.2所示，回转平台上布置有发动机、驾驶室、液压泵装置、回转驱动装置及回转支承等部件。回转平台通过回转支承与行走装置连接，回转驱动装置使平台相对底盘360°全回转，从而带动工作装置绕回转中心转动。

3)行走装置

液压挖掘机的行走装置是整个挖掘机的支承部分，支承整机自重和工作荷载，完成工作性和转场性移动。行走装置可分为履带式和轮胎式。常用的为履带式底盘。

4)液压系统

液压挖掘机的液压系统都是由一些基本回路和辅助回路组成的。它包括限压回路、卸荷回路、缓冲回路、节流调速和节流限速回路、行走限速回路、支腿顺序回路等。由上述这些基本回路和辅助回路构成具有各种功能的液压系统。

(2)主要技术性能

1)标准斗容量

标准斗容量是指挖掘Ⅳ级土壤时，铲斗堆尖时斗容量(m^3)。标准斗容量直接反映了挖掘机的挖掘能力和效果，并以此选用施工中的配套运输车辆。为充分发挥挖掘机的挖掘能力，对于不同级别的土壤可配备相应不同斗容的铲斗。

2)机重

机重是指带标准反铲或正铲工作装置的整机质量(t)。机重反映了机械本身的质量等级，

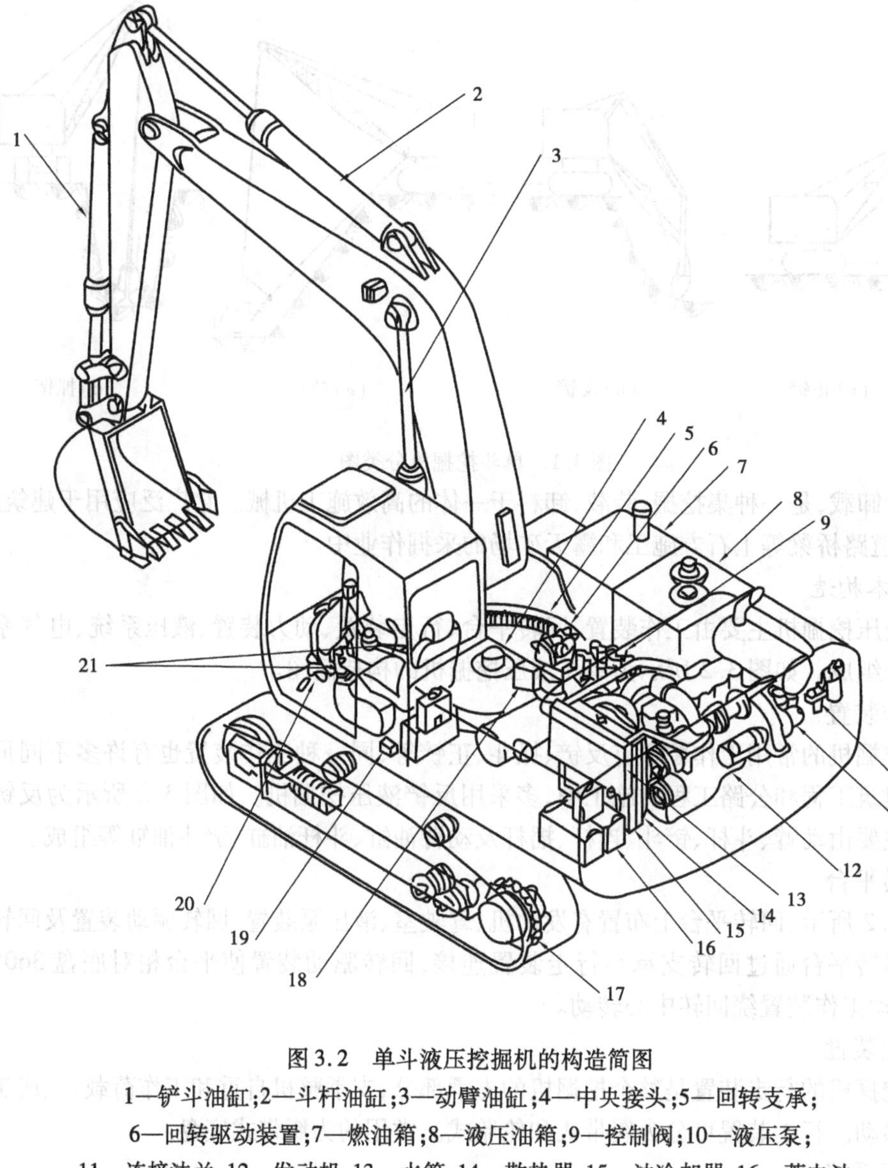

图 3.2　单斗液压挖掘机的构造简图

1—铲斗油缸;2—斗杆油缸;3—动臂油缸;4—中央接头;5—回转支承;
6—回转驱动装置;7—燃油箱;8—液压油箱;9—控制阀;10—液压泵;
11—连接法兰;12—发动机;13—水箱;14—散热器;15—油冷却器;16—蓄电池;
17—行走装置 18—减振阀;19—先导截流阀;20—行走先导阀;21—操作系统

对技术参数指标影响很大,主要影响挖掘能力的发挥、功率的充分利用和机械的稳定性,故机重反映了挖掘机的实际工作能力。

3)额定功率

额定功率是指发动机在正常运转条件下,飞轮输出净功率(kW)。额定功率反映了挖掘机的动力性能,是机械正常运转的必要条件。

4)生产率

单斗挖掘机的生产率 Q 可计算为

$$Q = \frac{3\ 600VK_2K_3}{TK_1} \tag{3.1}$$

式中　Q——生产率，m^3/h；

V——铲斗几何容量，m^3；

T——每一次循环工作循环时间，s；

K_1——土的松散系数，$K_1=1.1\sim1.4$；

K_2——铲斗充盈系数，常取 0.8～1.1；

K_3——工作循环时间的利用系数，一般取 0.7～0.9。

(3)特点

1)液压挖掘机的优点

挖掘力及牵引力大，传动平稳，传动比大，作业效率高。不需要庞大复杂的中间传动，简化了机构，质量可比同级的机械传动挖掘机减轻30%，降低了接地比压，因而大大改善了挖掘机的技术性能。

各元件可相对独立布置，各零部件位置同心度无严格要求，能达到结构紧凑，合理布局，易于改进变型。更换工作装置时简单方便，扩大了其使用范围。

液压传动有防止过载的能力，使用安全、可行，操纵简便、灵活、省力，使司机的工作条件得到改善。

2)液压挖掘机的缺点

液压元件加工精度要求高，装配要求严格，制造较为困难。使用中，维修保养要求技术较高，难度较大。

液压油受温度影响较大，总效率较低，有时有噪声和振动。

(4)单斗挖掘机的选型

单斗挖掘机有许多品种形式。由于工程规模、施工条件、使用场合各不相同，对挖掘机的要求也不一样。选择适合于具体情况，优质、高效率的挖掘机，对于提高施工质量、加快施工进度、降低工程造价、改善劳动条件都有很大作用。单斗挖掘机的选型主要从以下3个方面考虑：

①根据设计的总工程量、高峰工程量、施工期限、工程造价、设备投资、自然条件及开挖层次等方面的因素来选择合适的机型。

②根据土壤的性质、级别、施工方法及工作面位置等因素来选择工作装置的形式。

③根据施工现场的动力供应条件，地层的稳定性和抗陷系数，内部道路质量和坡度大小，以及非运输性行走距离和频繁程度等因素来确定单斗挖掘机的动力装置和行走装置的形式。

(5)单斗挖掘机的安全操作要点

①挖掘机操作者应经过严格的岗位培训，能熟练地掌握机械构造、技术性能、操作要点及润滑保养要求等，经严格考核取得培训合格证书后方准上机操作。

②使用前重点检查发动机、工作装置、行走机构、各部安全防护装置、液压传动部件及电气装置等，确认齐全完好后方可启动。

③作业前，先空载提升、回转铲斗，观察转盘及液压马达是否有异常响声或抖动，制动是否灵敏有效，确认正常后方可作业。

④单斗挖掘机的作业和行走场地应平整坚实，对松软地面应垫以枕木或垫板。在坡上行驶时，禁止柴油机熄火。

⑤作业周围应无行人和障碍物，挖掘前先鸣笛并试挖数次，确认正常后方可开始作业。

⑥作业时，挖掘机应保持水平位置，将行走机构制动住。

⑦平整作业场地时，不得用铲斗进行横扫或用铲斗对地面进行夯实。

⑧挖掘机在斜坡或超高位置作业时，要预先做好安全防护措施，防止挖掘机因下滑而发生事故。

⑨对于5级以上的岩石或较厚的冻土应先爆破后再行开挖，如遇较大的坚硬石块或障碍物时，须经清除后方可开挖，不得用铲斗破碎石块、冻土或用单边斗齿硬啃。

⑩用正铲作业时，除松散土壤外，其作业面不应超过本机性能规定的最大开挖高度和深度。在拉铲或反铲作业时，挖掘机履带到工作面边缘的距离至少保持1～1.5 m。

⑪挖掘基坑、沟槽及河道时，应根据开挖的深度、坡度和土质情况来确定停机的地点，避免因边坡坍塌而造成事故。

⑫作业时，必须待机身停稳后再挖土，在铲斗未全部抬离工作面时，不得作回转、行走等动作。回转制动时，应使用回转制动器，不得用转向离合器反转制动。

⑬作业时，各操纵过程应平稳，不宜紧急制动。同时，铲斗的升降不得过猛。下降时，不得撞碰车架或履带。

⑭挖土斗未离开挖土层时不准回转，不准用挖土斗或斗杆以回转的动作去拨动重物。司机若需离开挖掘机，不论时间长短，挖土斗必须放在地面上，不准悬空停放。

⑮斗臂在抬高及回转时，不得碰到洞壁、沟槽侧面或其他物体。

⑯向运输车辆装车时，宜降低后挖铲斗，减小卸落高度，不得偏装或砸坏车厢。在汽车未停稳或铲斗需越过驾驶室而司机未离开前不得装车。

⑰作业中，当发现挖掘力突然变化，应停机检查，严禁在未查明原因前擅自调整分配阀压力。

⑱反铲作业时，斗臂应停稳后再挖土。挖土时，斗柄伸出不宜过长，提斗不宜过猛。

⑲作业中，履带式挖掘机作短距离行走时，主动轮应在后面，斗臂应在正前方与履带平行，制动住回转机构，铲斗离地面的上下坡道不得超过机械本身允许最大坡度，下坡应慢速行驶。不得在坡道上变速和空挡滑行。

⑳当在坡道上行走且内燃机熄火时，应立即制动并楔住履带或轮胎。待重新发动后，方可继续行走。

㉑挖掘机在正常作业时，禁止调整、润滑或进行各种保养工作。如果必须进行故障排除或检修时，要先灭火停机，待大臂下落后，才准进行。

㉒挖掘机在作业或空载行驶时，机体距离架空输电线路要保持一定的安全距离。遇有大风、雷、雨、大雾等天气时，挖掘机不准在高压线下面进行施工。

㉓挖掘机作业时，大臂回转范围内不准有人通过，在任何情况下，挖土斗内不准坐人。

㉔作业后，挖掘机不得停放在高坡附近和填方区，应停放在坚实、平坦、安全的地带，将铲斗收回平放在地面上，所有操纵杆置于中位，关闭操纵室和机棚。

㉕履带式挖掘机转移工地应采用平板拖车装运。短距离自行转移时，应低速缓行，每行走500～1 000 m，应对行走机构进行检查和润滑。

㉖每天作业完毕，都要对挖掘机认真进行日常保养。冬季施工下班时，停机应尽量使内燃机朝向阳面，放净冷却水，关门、上锁后，才准离开。

㉗利用铲斗将底盘顶起进行检修时，应使用垫木将抬起的轮胎垫稳，并用木楔将落地轮胎

楔牢,然后将液压系统卸荷,否则严禁进入底盘下工作。

3.3　铲土运输机械

3.3.1　推土机

推土机是以拖拉机或专用牵引车为主机,并在其前端装上推土装置的施工机械。它主要进行推运土方和石碴、平整场地、填沟压实等作业,还可清除树根,给铲运机助铲和预松土以及牵引各种拖式土方机械等作业。

(1)推土机的分类

推土机的分类及其主要特点见表3.2。

表3.2　推土机的分类及其主要特点

分　类	形式	主要特点	应用范围
按行走装置	履带式	附着牵引力大,接地比压低,爬坡能力强,但行驶速度低	适用于条件较差的地带作业
	轮胎式	行驶速度快,灵活性好,但牵引力小,通过性差	适用于经常变换工地和良好土壤作业
按传动方式	机械传动	结构简单,维修方便。但牵引力不能适应外阻力变化,操作较难,作业效率低	
	液力机械传动	车速和牵引力可随外阻力变化而自动变化,操纵便利,作业效率高,但制造成本高,维修较难	适用于推运密实、坚硬的土
	全液压传动	作业效率高,操纵灵活,机动性强,但制造成本高,工地维修困难	适用于大功率推土机对大型土方作业
按用途	通用型	按标准进行生产的机型	一般土方工程使用
	专用型	有采用三角形宽履带板的湿地推土机和沼泽地推土机,以及水陆两用推土机	适用于湿地工沼泽地作业
按工作装置形式	直铲式	铲刀与底盘的纵向轴线构成直角,铲刀切削角可调	一般性推土作业
	角铲式	铲刀除能调节切削角度外,还可在水平方向上回转一定角度,可实现侧向卸土	适用于填筑半挖半填的傍山坡道作业
按功率等级	超轻型	功率<30 kW,生产率低	极小的作业场地
	轻型	功率为30~75 kW	零星土方
	中型	功率为75~225 kW	一般土方工程
	大型	功率在225 kW以上,生产率高	坚硬土质或深度冻土的大型土方工程

(2)推土机的型号

推土机的型号分类及表示方法见表3.3。

表3.3 推土机的型号分类及表示方法

项　目	类　型	特　性	代　号	代号含义	主参数	
					名　称	单　位
推土机T(推)	履带式	—	T	履带机械推土机	功率	kW
		Y(液)	YY	履带液压推土机		
		S(湿)	TS	履带湿地推土机		
	轮胎式L(轮)	—	TL	轮胎液压推土机		

(3)推土机的基本构造

履带式推土机以履带式拖拉机配置推土铲刀而成;轮胎式推土机以轮式牵引车配置推土铲刀而成。有些推土机后部装有松土器,遇到坚硬土质时,先用松土器松土,然后再推土。推土机主要由发动机、底盘、液压系统、电气系统、工作装置及辅助设备等组成,如图3.3所示。

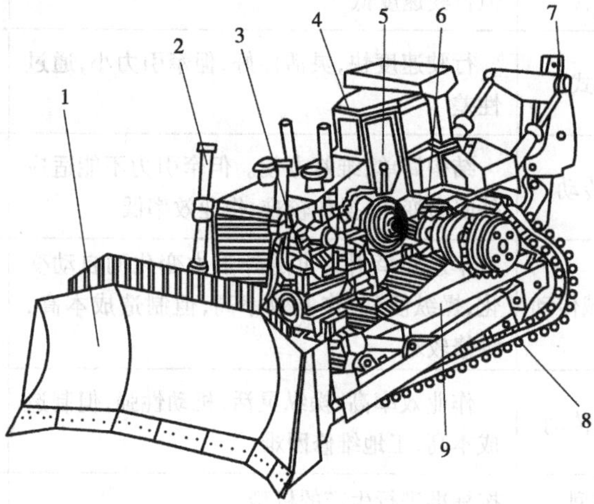

图3.3 推土机的总体构造图

1—铲刀;2—液压系统;3—发动机;4—驾驶室;5—操纵系统;
6—传动系统;7—松土器;8—行进装置;9—机架

发动机是推土机的动力装置,大多采用柴油机。发动机往往布置在推土机的前部,通过减振装置固定在机架上。电气系统包括发动机的电启动装置和全机照明装置。辅助设备主要由燃油箱、驾驶室等组成。

1)工作装置

推土机的工作装置为推土铲刀和松土器。推土铲刀安装在推土机的前端,是推土机的主要工作装置。它可分为固定式和回转式两种形式。松土器通常配备在大中型履带推土机上,悬挂在推土机的尾部。

①固定式推土装置

固定式推土装置又称直铲倾斜式推土装置,如图3.4所示。推土铲刀与拖拉机纵向轴线固定为直角,若同时改变左右斜撑杆的长度就可调整推土装置刀片与地面的夹角,即切削角。顶推架与履带架球铰连接时,相反调节左右斜撑杆长度,可改变推土板在垂直面内的倾角。一般来说,从推土装置的坚固性及经济性考虑,小型及经常重载作业的推土机宜用这种形式。

②回转式推土装置

回转式推土装置又称脚铲式推土装置,如图3.5所示。推土铲刀能在水平面内回转一定角度,也能调整切削角和倾斜角。

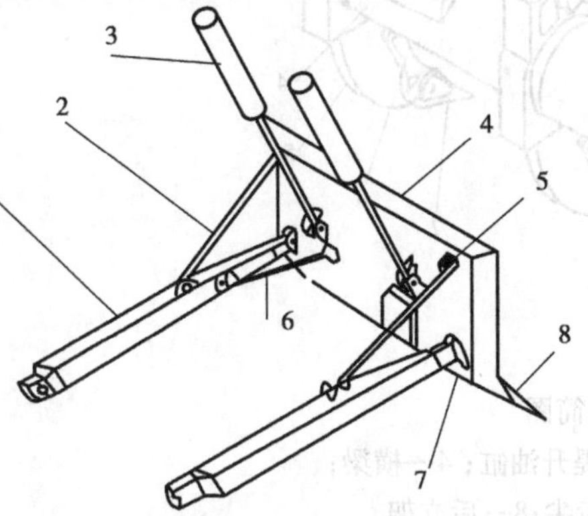

图3.4　固定式推土装置简图

1—顶推架;2—斜撑杆;3—铲刀升降油缸;4—推土板;5—球形铰;6—水平撑杆;7—销联接;8—刀片

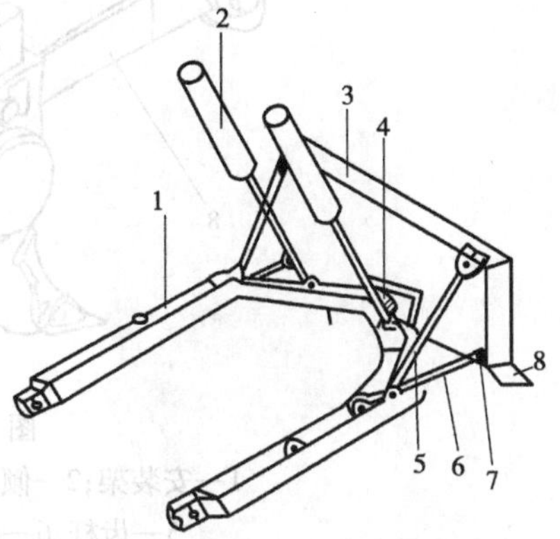

图3.5　回转式推土装置简图

1—顶推架;2—铲刀升降油缸;3—推土板;4—中间球铰;5—斜撑杆;6—下撑杆;7—铰接;8—刀片

③松土器

推土机的后部往往都悬挂松土器,以提高推土机的利用率,扩大其使用范围,如图3.6所示。松土器专门用来疏松坚硬的土,破碎需要翻修的路面、软岩层等。用松土器作业比钻孔爆破效率高、成本低且安全。目前,超重型松土器可松动中等硬度的岩石。松土器与推土机配合作业,对硬土层的剥离以及破冻土最为适合。松土器一般能凿裂软岩和翻松土层的厚度为0.5~1 m。

松土器按齿数可分为单齿松土器和多齿(2~5个齿)松土器。单齿松土器开挖力大,可松散硬土、冻土层、软石、风化岩、有裂缝的岩层,还可拔除树根,为推土作业清除障碍。多齿松土器主要用于预松薄层硬土和冻土层,以提高推土机的作业效率。

2)操纵机构

操纵机构可分为液压操纵和机械钢索操纵两大类。目前,多采用液压式。

如图3.7所示为推土机工作装置的液压操纵系统图。它由单向定量泵、四位四通手动换向阀、溢流阀、滤油器、液压缸及管路等组成。换向阀有上升、静止、下降及浮动4个工作位置。

当阀杆处于上升或下降位置时,由于阀的顶端装有弹簧复位装置,只要放松操纵杆,就能自动回到封闭(静止)位置。当阀杆处于浮动位置时,换向阀4个油口全通,油液可自动地流入或流出液压缸的上、下腔。此时,推土刀处于浮动状态(即非切土状态)。推土刀可随地面阻力自动升降,以适应运土和平整作业的需要。

3)推土机的主要技术参数

推土机的主要技术参数为发动机额定功率、机重、最大牵引力和铲刀的宽度及高度等。几种国产常用推土机的技术参数见表3.4。

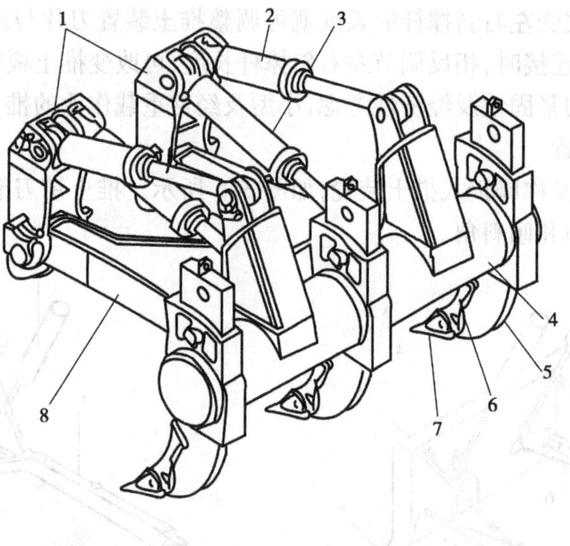

图 3.6　松土器简图

1—安装架;2—倾斜油缸;3—提升油缸; 4—横梁;
5—齿杆;6—保护盖;7—齿尖;8—后支架

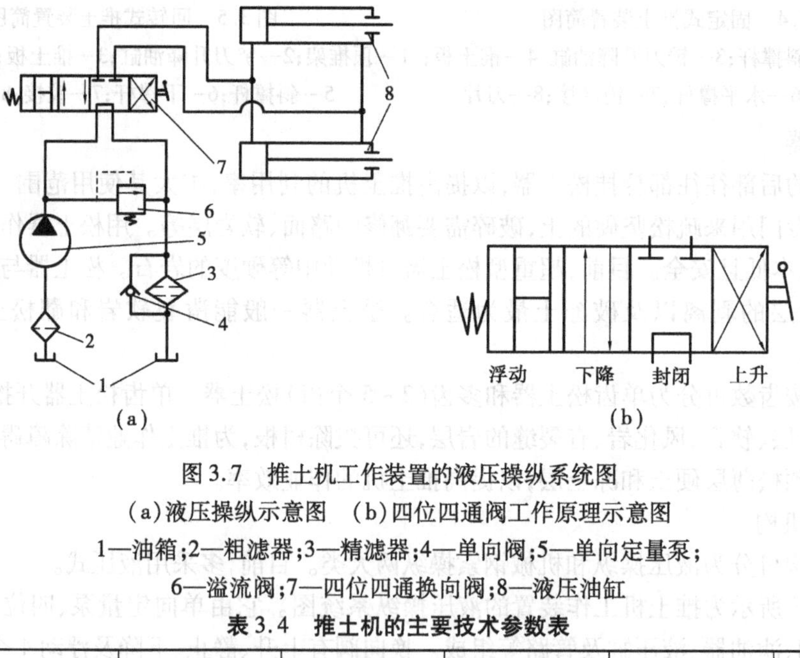

图 3.7　推土机工作装置的液压操纵系统图

(a)液压操纵示意图　(b)四位四通阀工作原理示意图

1—油箱;2—粗滤器;3—精滤器;4—单向阀;5—单向定量泵;
6—溢流阀;7—四位四通换向阀;8—液压油缸

表 3.4　推土机的主要技术参数表

型　号		TY60	TY100	T120	T150	TYL180
形式		液压履带式	液压履带式	机械履带式	机械履带式	机械轮胎式
推土铲刀	宽度/mm	2 280	3 810	3 760	3 760	3 190
	高度/mm	738	860	1 100	1 100	998
	提升高度/mm	625	800	1 000	1 000	900
	切土深度/mm	290	650	300	300	400

续表

型号		TY60	TY100	T120	T150	TYL180
松土器	齿数/个		3	3	3	
	提升高度/mm		550	600		
	松土宽度/mm		1 960		110	
	松土深度/mm		550	800	800	
柴油机功率/kW(马力)		44.7 (60)	74.4 (100)	100.6 (135)	119.0 (160)	134 (180)
最大牵引力/kN		36.6	90	120	145	85
行驶速度/$(km \cdot h^{-1})$		3.44 ~ 8.47	2.30 ~ 10.13	2.27 ~ 10.44	2.27 ~ 10.44	7 ~ 27.5
最大爬坡度/%			58	58	58	46
接地比压/$(kg \cdot cm^{-2})$		0.41	0.68	0.59	0.59	
油泵型号		CB-46		CB-140E	CBZ-140	CBG2100
外形尺寸(长×宽×高)/mm×mm×mm		4 214×2 280×2 300	6 900×3 810×3 060	6 506×3 760×2 300	1 930×1 880×1 540	6 130×3 190×2 840
整机质量/t		5.9	16	14.7	14.7	12.8
生产厂家		长春工程机械厂	长春工程机械厂	四川建筑机械厂	四川建筑机械厂	郑州工程机械厂

(4)推土机的安全操作

①操作推土机前,应对推土机进行全面检查。检查各部分连接是否松动;蓄电池有否足够充电量,电气线路是否正常连接。

②检查液压油箱是否加满规定标号的液压油,其油路系统有否漏油现象。

③采用主离合器传动的推土机接合应平稳,起步不得过猛,不得使离合器处于半接合状态下运转;液力传动的推土机,应先解除变速杆的锁紧状态,踏下减速器踏板,变速杆应在一定挡位,然后缓慢释放减速踏板。

④推土机行驶前,严禁有人站在履带或刀片的支架上。机械四周应没有障碍物。确认安全后,方可开动。

⑤如需放松时,只需将油塞拧松一圈,见油脂从下部溢出即可。切不可多松或全松,以免高压油脂喷出伤人;更不准拧开上部注油嘴来放松履带。

⑥运行中变速应停机进行,若齿轮啮合不顺时,不得强行结合齿轮。

⑦在石子和黏土路面调整行驶或上下坡时,不得急转弯。需要原地旋转或急转弯时,必须用低速行驶。

⑧在石块路面上行驶时,应将履带张紧。当行走机构夹入块石时,应采用正反向往复行驶使块石排除。

⑨在浅水地带行驶或作业时,必须查明水深,应以冷却风扇叶不接触水面为限。下水前,应对行走装置各部注满润滑脂。

⑩推土机上、下坡或超过障碍物时应采用低速挡。上坡不得换挡,下坡不得空挡滑行。横

向行驶的坡度不得超过10°。当需要在陡坡上推土时,应先进行填挖,使机身保持平衡,方可作业。

⑪在上坡途中,如发动机熄火,应立即放下铲刀,踏下并锁信制动踏板,切断主离合器,方可重新启动。

⑫机械操纵式推土机下坡或牵引重载下坡时,应选用低速挡,严禁空挡滑行。如由于惯性使牵引物产生推动作用时,方向杆的操纵应与平地行走时操纵的方向相反,同时不应使用制动器。

⑬无液力变矩器的推土机在作业中有超载趋势时,应稍微提高铲刀或变换低速挡。

⑭在深沟、基坑或陡坡地区作业时,必须有专人指挥,其垂直边坡深度一般不超过2 m;否则,应放出安全边坡。

⑮推土机移动行驶时,铲刀距地面宜为400 mm,不得用高速挡行驶和急转弯。不得长距离倒退行驶。

⑯填沟作业驶近边坡时,铲刀不能超出边缘。后退时应先换挡后再提升铲刀进行倒车。

⑰推房屋的围墙或旧房墙面时,其高度一般不超过2.5 m。严禁推带有钢筋或与地基基础联结的混凝土桩等建筑物。

⑱在电杆附近推土时,应保持一定的土堆,其大小可根据电杆结构、土质、埋入深度等情况确定。用推土机推倒树干时,应注意树干倒向和高空架设物。

两台以上推土机在同一地区作业时,前后距离应大于8 m,左右相距应大于1.5 m。

作业完毕后,应将推土机开到平坦安全的地方,落下铲刀,有松土器的,应将松土器爪落下。在坡道上停机时,应将变速杆挂低速挡,接合主离合器,锁住制动踏板,并将履带或轮胎楔住。

停机时,应先降低内燃机转速,变速杆放在空挡,锁紧液力传动的变速杆,分开主离合器,踏下制动踏板并锁紧,待水温降到75 ℃以下,油温降到90 ℃以下时,方可熄火。

推土机长途转移工地时,应采用平板拖车装运。短途行走转移时,距离不宜超过10 km,并在行走过程中经常检查和润滑行走装置。

在推土机下面检修时,内燃机必须熄火,铲刀应放下或垫稳。

3.3.2 铲运机

铲运机是一种利用铲斗铲削土壤,并将碎土装入铲斗进行运送的铲土运输机械,能够完成铲土、装土、运土、卸土和分层填土、局部碾实的综合作业,适于中等距离运土。在铁路、道路、水利、电力和大型建筑工程中,用于开挖土方、填筑路堤、开挖河道、修筑堤坝、挖掘基坑及平整场地等工作。具有较高的工作效率和经济性。

(1)铲运机的分类

①按行走方式,铲运机可分为拖式和自行式两种。拖式由履带拖拉机牵引,适用于土质松软的丘陵地带,其经济运距一般为50~500 m,由于机动性差,很少采用。自行式铲运机经济运距可达1 500 m以上,具有结构紧凑、机动性大、行驶速度高等优点,得到广泛的应用。

②按操纵方式,铲运机可分为液压操纵和机械操纵两种。液压操纵以其铲刀切土效果好而逐渐代替依靠自重切土的机械操纵式。

③按铲运机的卸土方式,可分为强制式、半强制式和自由式3种,如图3.8所示。强制式

是用可移动的铲斗后壁将斗内的土强制推出，效果好，用得最多；半强制式是铲斗后壁与斗底成一整体，能绕前边铰点向前旋转，将土倒出；自由式卸土时，将铲斗倾斜，土靠自重倒出，适用于小型铲运机。

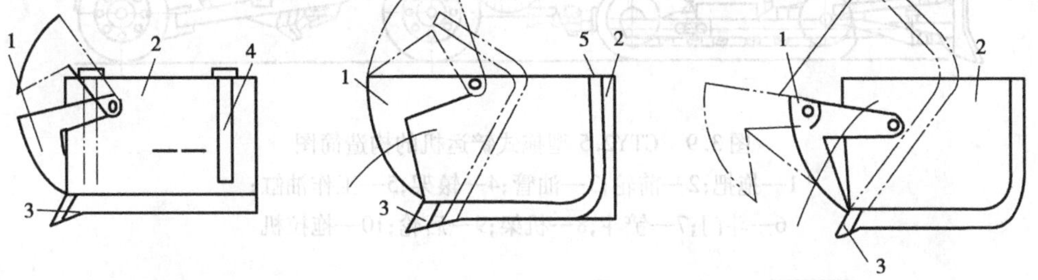

(a)强制式卸土　　(b)半强制式卸土　　(c)自由式卸土

图3.8　铲运机卸土方式

1—斗门；2—铲斗；3—刀刃；4—后斗壁；5—斗底后壁

④按铲斗容量，可分为小、中、大和特大型4种。3 m^3 及以下为小型；4～15 m^3 为中型；15～30 m^3为大型；30 m^3 以上为特大型。

(2)铲运机的表示方法

铲运机的产品型号按类、组、型分类原则编制。它一般由类、组、型代号和主参数代号组成。其表示方法见表3.5。

表3.5　铲运机型号表示

类	组	型		特　性	代　号	代号含义	主参数
铲土运输机械	铲运机 C(铲)	拖式 T(拖)		Y(液压)	CTY	液压拖式铲运机	铲斗几何容量(m^3)
		自行式	履带式	Y(液压)	CY	履带液压铲运机	
			轮胎式	—	CL	轮胎铲运机	

(3)铲运机的构造

1)拖式铲运机构造

拖式铲运机主要由履带式拖拉机和铲斗两大部分组成。如图3.9所示为拖式铲运机结构简图。斗体底部的前面装有刀片，用于切土。斗体可升降，斗门可相对斗体转动，即打开或关闭斗门，以适应铲土、运土和卸土等不同作业的要求。

2)自行式铲运机构造

自行式铲运机由专用基础车和铲土斗两大部分组成。其构造如图3.10所示。基础车为铲运机的动力牵引装置，由柴油发动机、传动系统、转向系统和车架等组成。这些装置都安装在中央框架上。铲土斗是铲运机构造的主要部分，其形式与拖式铲运机的铲斗基本相同。

(4)铲运机的作业过程

如图3.11所示，铲运机的作业过程包括铲装、运土、卸土及回程4个环节。

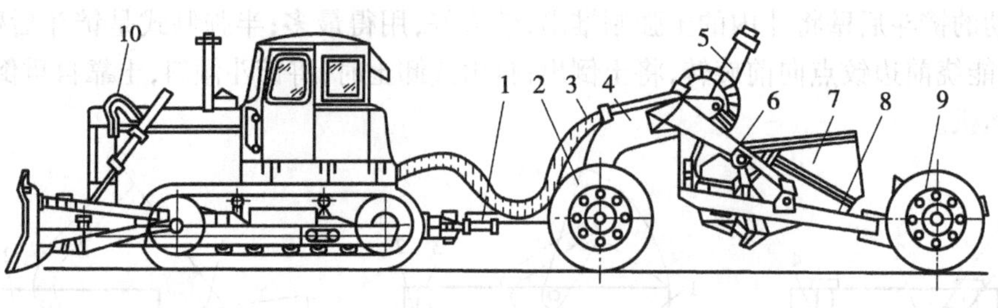

图 3.9 CTY2.5 型拖式铲运机的构造简图

1—拖把;2—前轮;3—油管;4—辕架;5—工作油缸;

6—斗门;7—铲斗;8—机架;9—后轮;10—拖拉机

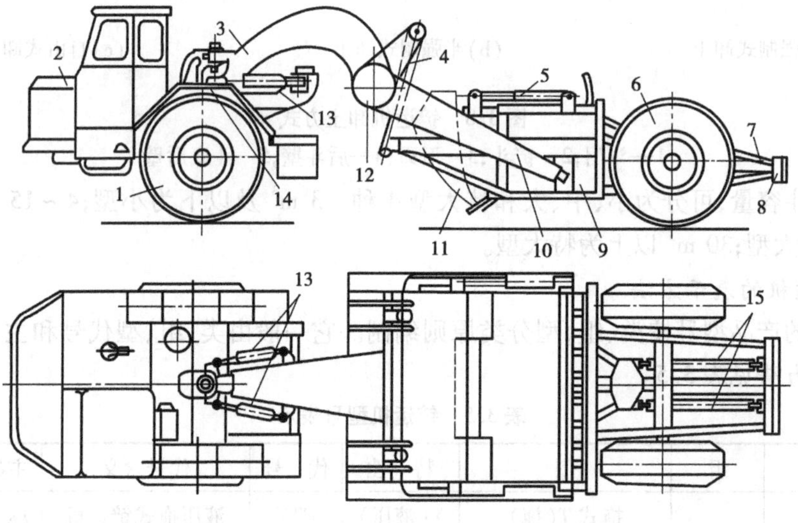

图 3.10 CL7 型自行式铲运机的构造简图

1—前轮(驱动轮);2—牵引车;3—辕架曲梁;4—提斗油缸;5—斗门油缸;

6—后轮;7—尾架;8—顶推板;9—铲斗体;10—辕架臂杆;11—前斗门;

12—辕架横梁;13—转向油缸;14—中央枢架;15—卸土油缸

1)铲装过程

如图 3.11(a)所示,升起前斗门,放下铲土斗,铲运机向前行驶,斗口靠斗的自重(或液压力)切入土中,将铲削下来的一层土挤装入铲土斗内。

2)运土过程

如图 3.11(b)所示,铲土斗装满后,关闭斗门,升起铲土斗,铲运机行进至卸土地段。

3)卸土过程

如图 3.11(c)所示,放下铲土斗,使斗口与地面保持一定距离,打开斗门,随着机械的前进将斗内的土壤全部卸出,卸出的一层土壤同时被铲运机后部的轮胎压实。

4)回程

卸土完毕,关闭斗门,升起铲土斗,铲运机空载行驶到原铲土地段,进行下一个作业循环。

(5)铲运机的安全操作

①作业前应检查各液压管接头、液压控制阀等,确认正常后方可启动。

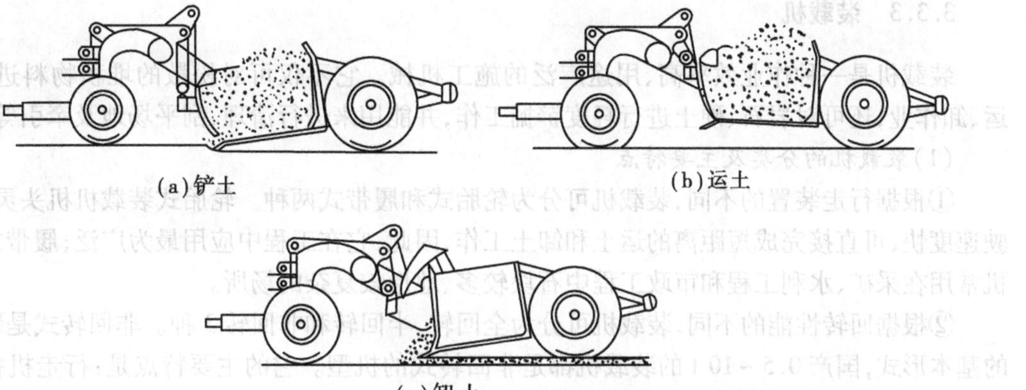

(a)铲土　(b)运土　(c)卸土

图 3.11　铲运机的作业过程

②铲运机作业中，铲土斗内、拖把上不准有人坐、立。

③上下坡时均应挂低速挡行驶。下坡不准空挡滑行，更不准将发动机熄火后滑行。下大坡时，应将铲斗放低或拖地。在坡道上不得进行保修作业，在陡坡上严禁转弯、倒车或停车。斜坡横向作业时，须先填挖，使机身保持平衡，并不得倒车。

④多台铲运机在同一作业面上施工，前后距离不准少于 10 m，交叉、平行或超越行驶时，其间距不准少于 2 m。

⑤自行式铲运机的差速器锁，只能在直线行驶遇泥泞路面时作短时间使用，严禁在差速器锁住时拐弯。

⑥公路行驶时，铲斗必须用锁紧链条挂牢。在运输行驶中，机上任何部位均不准带人或装载钢材、油料及炸药等物品。

⑦气动转向阀平时禁止使用，只有液压转向失灵后，短距离行驶时使用。

⑧严禁高挡低速行驶，以防止液力传动油温过高。

⑨铲土时应直线行驶，助铲时应有助铲装置。助铲推土机应与铲运机密切配合，尽量做到等速助铲、平稳接触，助铲时不准硬推。

⑩铲运Ⅲ级以上的土壤时，应先用推土机疏松，每次松土深度不宜超过 200 ~ 400 mm，在铲装前先清除树根、杂草和石块等。

⑪确定合理的作业路线，尽量采取上坡铲土，坡度以 7° ~ 8° 为宜，这样易于装满斗，同时可缩短装土和卸土的运行时间。

⑫大型土方铲运时，除尽量提高铲斗的装满率外，还可利用推土机专门给铲运机顶推助铲或拖带两台铲运机，实行串联作业。

⑬作业面若遇到较大石块或树根时，应先清除，不要勉强铲装。

⑭铲运机通过桥梁、水坝或排水沟时，要先查清承载能力，避免发生事故。

⑮作业后应停放在平坦地面上，并将铲斗落到地面上。液压操纵式的应将操纵杆放在中间位置，再进行清洁、润滑工作。

⑯修理斗门或在铲斗下作业时，必须先将铲斗提升后用销子或链条固定，再用撑杆将斗身顶住，并将轮胎制动住。

3.3.3 装载机

装载机是一种作业效率高、用途广泛的施工机械。它不仅可对松散的堆积物料进行装、运、卸作业,还可对岩石、硬土进行轻度铲掘工作,并能用来进行清理、刮平场地及牵引等作业。

(1)装载机的分类及主要特点

①根据行走装置的不同,装载机可分为轮胎式和履带式两种。轮胎式装载机机头灵活,行驶速度快,可直接完成短距离的运土和卸土工作,因此,它在工程中应用最为广泛;履带式装载机常用在采矿、水利工程和市政工程中石块较多、地形较复杂的场所。

②根据回转性能的不同,装载机可分为全回转、半回转和非回转3种。非回转式是装载机的基本形式,国产0.5~10 t的装载机都是非回转式的机型。它的主要特点是:行走机构采用液力机械传动,转向和制动采用液压助力,工作机构为液压传动,动臂只能作升降运动,铲斗可以前后翻转,但不能回转,故称为非回转式装载机。

③根据卸载方式不同,装载机可分为前卸式、后卸式和侧卸式3种。前卸式即装载机在前端卸载,因其结构简单,司机的操作视野良好且操作安全,故其应用最为广泛;后卸式的装载机,作业时前端装料,向后端卸料,装载机不需要调头,可直接向停在其后面的运输车辆卸载,节约时间,作业效率高,但卸载时铲斗需越过司机的头部,很不安全,故在应用上受到限制;侧卸式的装载机又称为回转式装载机。它的动臂安装在可回转(180°~360°)的转台上,铲斗在前端装料后,回转至侧面卸掉,装载机不需要调头,也不需要严格的对车,作业效率高,适宜于场地狭窄的地区施工选用。

④根据装载机铲斗的额定载重量不同,可分为小型装载机(1 t)、轻型装载机(1~3 t)、中型装载机(4~8 t)及重型装载机(大于10 t)。轻、中型级装载机主要用于一般土方工程施工和装卸作业,它要求装载机的机动性好,能适应多种作业条件要求,因而一般常配有可更换的多种作业装置;重型装载机多为轮胎式,主要用于矿山、采石场作铲掘、装卸作业;小型装载机小巧灵活,配上多种作业装置,可用于中小型市政工程施工的多种作业。

(2)装载机的构造

装载机主要由工作装置、行走装置、发动机、传动系统、转向系统、液压系统、操作系统及辅助系统组成。轮式装载机总体结构如图3.12所示。

(3)装载机的型号

装载机的型号分类及表示方法见表3.6。

表3.6 铲运机型号分类及表示方法

组	型	特 性	代 号	代号含义	主参数	
装载机 Z(装)	履带式	—	Z	履带装载机	名称	单位表示法
	轮胎式 L(轮)	—	ZL	轮胎液压装载机	装载能力	t

(4)装载机的选择

装载机的选择必须根据装运物料的种类、形状、数量、堆料场地的地形、作业条件和作业方法,以及配合运输的车辆等多方面的情况来确定。

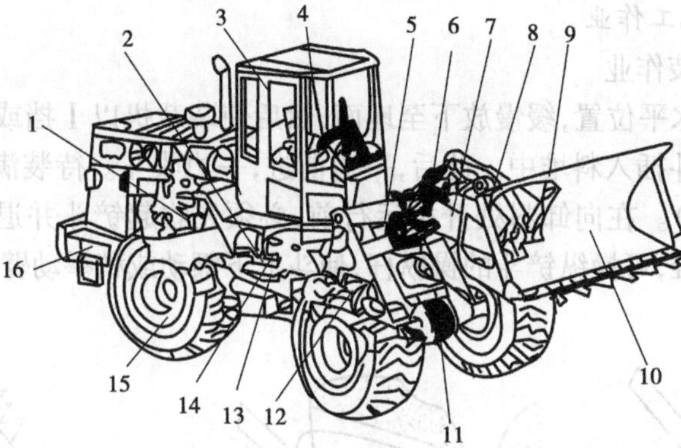

图3.12　轮式装载机总体结构

1—发动机；2—变矩器；3—驾驶室；4—操纵系统；5—动臂油缸；
6—转斗油缸；7—动臂；8—摇臂；9—连杆；10—铲斗；11—前驱动桥；
12—传动轴；13—转向油缸；14—变速箱；15—后驱动桥；16—车架

1)斗容量的选择

装载机斗容量的选择可根据装运物料的数量及要求完成时间来确定。一般情况下，所装运物料的数量较大时，应选择较大容量的装载机；否则，可选择较小斗容量的装载机，以减少机械使用费。

如装载机与运输车辆配合施工时，则运输车辆的车厢容量应和装载机容量相匹配。通常以2~4斗装满一车为宜，过大或过小都会影响作业效率。

2)行走装置的选择

装载机行走装置的选择，主要考虑以下4点：

①当堆料现场地质松软、雨后泥泞或凹凸不平时，应选用履带式装载机；如果作业场地条件较好，则宜选用轮胎式装载机。

②对于零星物料的搬运、装卸，以及其他分散作业时，应选用转移方便的轮胎式装载机。

③当装载场地狭窄时，应选用能原地转弯的履带式装载机或转弯半径小的轮胎式装载机。

④当与运输车辆配合施工时，应根据施工组织的装车方法使用。如果场地较宽，采用U形装车方法，因其操作灵活，装车效率高，应选用轮胎式装载机；如果场地较小，则可选择回转半径小的履带式装载机。

3)按运距及作业条件选择

在运距不大或运距和道路坡度经常变化的情况下，如果采用装载机和自卸汽车配合装运作业，会使工效下降、费用增高。在这种情况下，可单独使用装载机自装自运。一般情况下，如果装载机在整个装运作业循环时间不超过3 min时，这种自装自运的方式在经济上是可行的。自装自运时，选择铲斗容量大的效果更好。当然，还需要对装铲方式通过经济分析来选择装载机自装自运的合理运距。

4)按技术性和经济性选择

正确选择装载机，必须全面考虑机械的技术性和经济性，如装载机的最大卸载距离、最大卸载高度，装、卸料和行走的速度，以及操作简便、安全等技术性能，优先选择性能优良、使用费低的先进机型。

(5)装载机的基本施工作业

1)对松散材料的铲装作业

首先让铲斗保持在水平位置,缓慢放下至地面,然后使装载机以Ⅰ挡或Ⅱ挡的速度(视材料性质而定)前进,使铲斗插入料堆中。此后,一边前进,一边收斗。待装满斗后,将动臂举到运输位置(离地约50 cm)。在向卸料处开始运行前,必须先收起铲斗并退出料堆一定距离。如果铲斗直接铲满有困难,可操纵铲斗的操纵杆,使斗上下颤动或稍举动臂。其装载过程如图3.13所示。

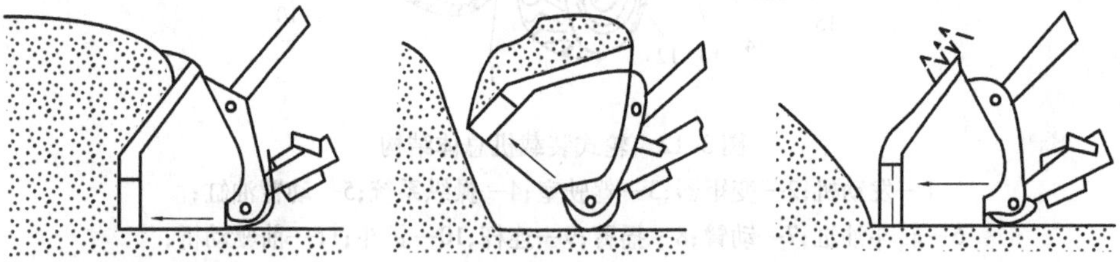

(a)铲装过程　(b)装满收斗过程　(c)动铲装过程

图3.13　装载机铲装松散物料示意图

2)铲装停机面以下物料作业

铲装时,应首先放下铲斗并转动,使其与地面构成一定的铲土角,然后前进,使铲斗切入土中的切土深度一般保持在150~200 mm,直至铲斗装满,最后将铲斗举升到运输位置再驶离工作面运至卸料处。铲斗下切的铲土角为10°~30°。对于难铲的土壤,可操纵动臂使铲斗颤动,或者稍改变一下切入角度。

不论是铲装松散材料,还是切土都要避免铲斗偏载(就是要按斗的全宽切入),且在收斗后要一边举臂,一边倒退一点,让机械转向行驶至卸料处。切忌在收斗或半收斗而未举臂时机械就前进转向行驶,这样会使铲斗在收起或半收起状态继续压向料堆,会造成柴油机熄火。

3)铲装土丘时作业

装载机铲装土丘时,可采用分层铲装或分段铲装方法。分层铲装时,装载机向工作面前进,随着铲斗插入工作面,逐渐提升铲斗,或随后收斗直至装满,或装满后收斗,然后驶离工作面。开始作业前,应使铲斗稍稍前倾。这种方法由于插入不深,而且插入后又有提升动作的配合,所以插入阻力小,作业比较平稳。由于铲装面较长,可得到较高的充满系数,如图3.14所示。

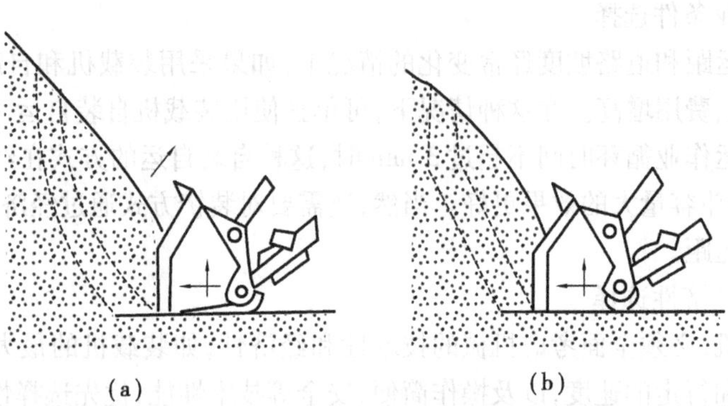

(a)　(b)

图3.14　装载机分层铲装法示意图

如果土壤较硬,也可采取分段铲装法。这种方法的特点是铲斗依次进行插入动作和提升动作。作业过程时,铲斗稍稍前倾,从坡角插入,待插入一定深度后,提升铲斗。当发动机转速降低时,切断离合器,使发动机恢复转速。在恢复转速过程中,铲斗将继续上升并装一部分土,待发动机转速恢复后,接着进行第二次插入,这样逐段反复,直至装满铲斗或升到高出工作面为止,如图3.15所示。

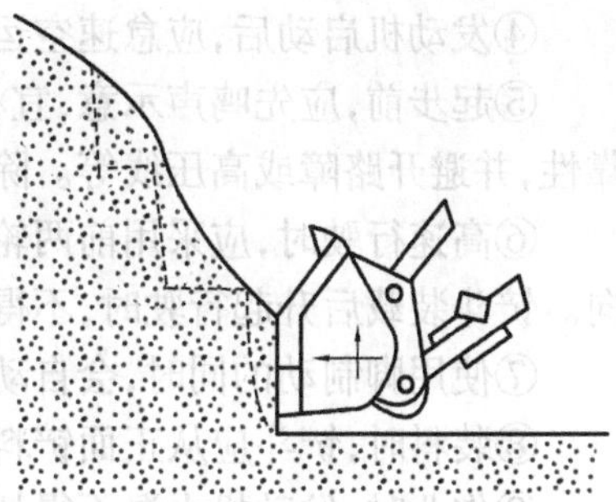

图3.15　装载机分段铲装法示意图

(6)提高装载机生产率的措施

1)选择合适的施工方法

根据装运物料的要求和现场作业条件,选择合适的施工方法,并有熟练的操作人员作业,这对提高装载机的生产力能起决定性作用。

2)合理组织装运

装载机和运输车辆联合施工时,合理的装运组织是提高生产率的有效措施。合理配合的要点如下:

①运输车辆的车厢容量和装载机斗容量要配合恰当,使运输车辆达到满载而不超载。

②装载机和运输车辆的数量应配合适当,当保证装载机和运输车辆都能连续、均匀协调地工作,不相互等待。

③装卸物料时,装载机和运输车辆应紧密配合,运行路线和装卸动作应协调,时间应准确;装载机卸料应均匀,车辆停放应便于装料,彼此互创有利条件,能保证生产率的提高。

3)选用合适的铲斗

一般装载机的铲斗有4种形式:平形铲斗适用于铲装松软土壤和小颗粒物料;尖形铲斗易插入料堆,适用于铲装密实的物料;平形带齿铲斗适用于铲装碎石和土方;尖形带齿铲斗适用于铲装粒度较大的碎石堆和较密实的土方。应根据铲装物料的情况合理选用,以提高铲铲装效率。

4)保持铲斗斗齿良好技术状况

铲斗斗齿磨损后要及时修复,一般可采用高锰钢焊条堆焊,如磨损严重时应更换新齿。保持斗齿良好,能提高铲装速度。

5)发挥一机多用的作用

装载机属于多功能机械,只要配备各种不同的工作装置,就可承担多种作业。例如,结构坚固、容量较小的片石铲斗;带齿并有加强肋的石渣铲斗;斗底和斗壁有筛孔能铲装水中物料的筛形铲斗;容量大、质量轻的轻物料铲斗;用于搬运物件的升降叉;用于搬运木材的装载叉;用于除荆的V形犁以及各种专用吊钩或吊具,等等。这样就能扩大装载机的使用范围,也就提高了使用效率。

(7)装载机的安全操作

①操作人员应经过正规的岗位培训,熟知装载机的构造、工作原理、技术性能、操作方法和维护、保养的要求,严格按操作规程规定使用机械。

②作业前,检查各部管路的密封性、制动器的可靠性。检视各仪表是否正常,轮胎气压是否符合规定。

③变速器、变矩器使用的液力传动油和液压系统使用的液压油必须符合要求,并保持清洁。

④发动机启动后，应急速空运转，待水温达到55 ℃，气压达到0.45 MPa后，再起步行驶。

⑤起步前，应先鸣声示意，宜将铲斗提升离地高0.5 m。行驶过程中，应测试制动器的可靠性，并避开路障或高压线等。除规定的操作人员外，不得搭乘其他人员，严禁铲斗载人。

⑥高速行驶时，应采用前两轮驱动；低速铲装时，应采用四轮驱动。行驶中，应避免突然转向。铲斗装载后升起行驶时，不得急转或紧急制动。

⑦使用脚制动的同时，会自动切断离合器油路，所以制动前不需将变速杆置于空挡。

⑧装料时，铲斗应从正面铲料，严禁单边受力。卸料时，铲斗翻转、举臂应低速缓缓动作。

⑨作业时，发动机水温不得超过90 ℃，变矩器油温不得超过100 ℃。由于重载作业温度超过允许值时，应停车冷却。

⑩不得将铲斗提升到最高位置运输物料。运载物料时，应保持动臂下绞点离地400 mm，以保证稳定行驶。

⑪铲斗装载距离以10 m内效率最高，应避免超越10 m作运输机使用。

⑫无论铲装或挖掘，都要避免铲斗偏载。不得在收斗或半收斗而未举臂时就前进。当铲斗装满后，应举臂到距地面约500 mm再后退、转向、卸料。

⑬当铲装阻力较大、出现轮胎打滑时，应立即停止铲装。若阻力过大已造成发动机熄火时，重新启动后应作与铲装作业相反的作业，以排除过载。

⑭不准进行超载作业，作业中铲斗和动臂下面都不准有人停留或有人通过，除操作室外机上任何部位不准有人乘坐。

⑮作业完毕应将装载机驶入机棚停放，冬季施工下班后要放净冷却水，同时挂上“无水”的标牌。长期停放不用的装载机，应将发动机上的高压液压泵、喷油嘴、发电机等设备拆下单独保管，轮胎也要单独存放，若不拆也一定将轮胎垫起来，不要长期负载与地面接触。

⑯每天作业完毕都要对装载机认真时行日常保养。

3.3.4 平地机

(1)平地机的种类和特点

平地机是一种装有铲土刮刀为主，配有其他多种辅助作业装置，进行土壤的切削、刮送和整平等作业的土方工程建设机械。一般按以下3种方式进行分类：

①按发动机功率分类，功率小于56 kW的称为轻型平地机；功率为56～90 kW的称为中型平地机；功率为90～149 kW的称为重型平地机；功率大于149 kW的称为超重型平地机。

②按机架结构形式，可分为整体机架式平地机和铰接机架式平地机。整体式机架是将后车架与弓形前车架焊接为一体，车架的刚度好，转弯半径较大；铰接式机架是将后车架与弓形前车架铰接在一起，用液压缸控制其转动角，转弯半径小，有更好的作业适应性。

③按牵引装置的不同，可分拖式平地机和自行式平地机两大类。因拖式平地机具有行驶速度低、机动性差、操纵费力等缺点，故已基本淘汰。目前，使用的多为液压操纵的自行式平地机。

(2)平地机的基本构造

平地机一般由发动机、机械及液压传动系统、工作装置、电气与控制系统、底盘和行进装置等部分组成。如图3.16所示为PY160C型平地机的结构简图。其传动系统为液力机械式。它由液力变矩器、变速器、后桥及平衡箱等部件组成。该型平地机的液力变矩器为单级，变速器为动力换挡，前进两挡，后退两挡，高低速两挡，从而使平地机具有前进4挡，后退4挡。

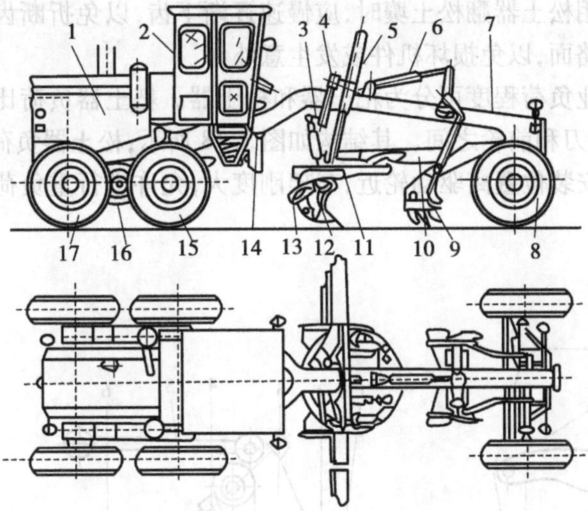

图3.16　PY160C型平地机结构简图

1—发动机；2—驾驶室；3—牵引架引出油缸；4—摆架机构；5—升降油缸；
6—松土器收放油缸；7—车架；8—前轮；9—松土器；10—牵引架；11—回转圈；
12—刮刀；13—角位器；14—传动系统；15—中轮；16—平衡箱；17—后轮

1)平地机的工作装置

平地机的工作装置为刮土装置、松土装置和推土装置。

刮土装置是平地机的主要工作装置，如图3.17所示。它主要由刮刀9，回转圈12，回转驱动装置4、牵引架5、角位器1及几个液压缸等组成。

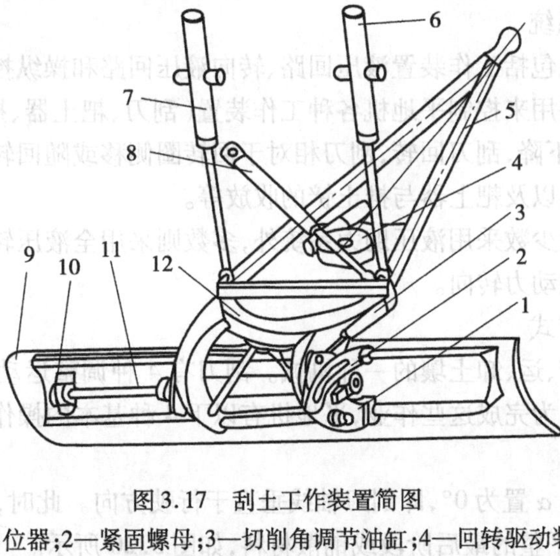

图3.17　刮土工作装置简图

1—角位器；2—紧固螺母；3—切削角调节油缸；4—回转驱动装置；
5—牵引架；6，7—右、左升降油缸；8—牵引架引出油缸；9—刮刀；
10—油缸头铰接支座；11—刮刀侧移油缸；12—回转圈

平地机的刮土刀可作升降倾斜、侧移、引出和360°回转等运动，其位置可在较大范围内进行调整，以满足平地机平地、切削、侧面移土、路基成形及边坡修整等作业要求。

当遇到比较坚硬的土壤时,不能用刮土刀直接切削的地面,可首先用松土装置疏松土壤,然后再用刮土刀切削。用松土器翻松土壤时,应慢速逐渐下齿,以免折断齿顶,不准使用松土器翻松石渣路及高等级路面,以免损坏机件或发生意外。

松土工作装置按作业负荷程度可分为耙土器和松土器。耙土器负荷比较小,一般采用前置布置方式,布置在刮土刀和前轮之间。其结构如图 3.18 所示;松土器负荷较大,采用后置方式,布置在平地机尾部,安装位置离驱动轮近,车架刚度大,允许进行重负荷松土作业,其结构如图 3.19 所示。

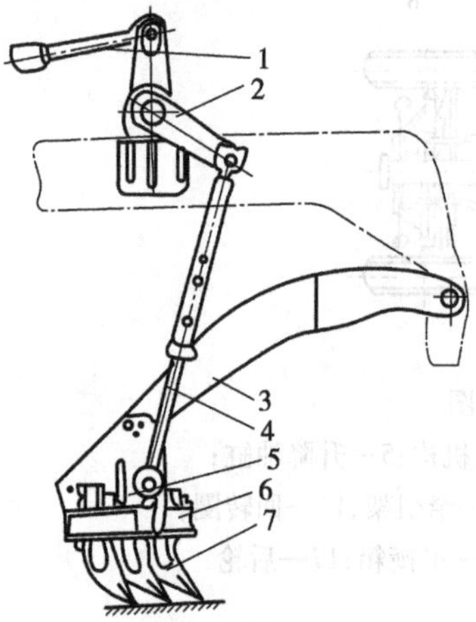

图 3.18　耙土器结构简图

1—耙子收放油缸;2—摇臂机构;3—弯臂;
4—伸缩杆;5—齿楔;6—耙子架;7—耙齿

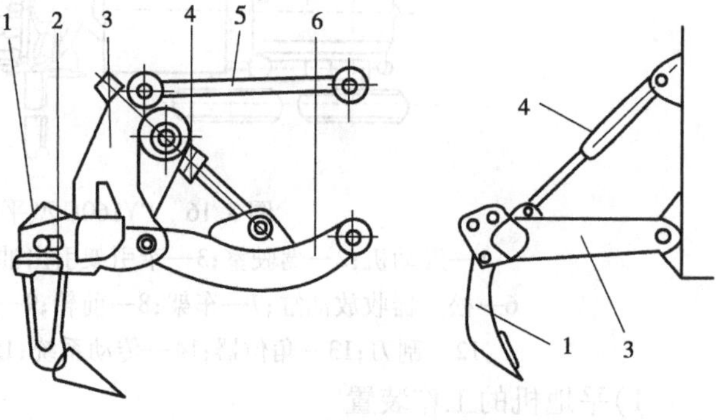

图 3.19　松土器结构简图

1—松土齿;2—齿套;3—松土齿;
4—控制油缸;5—上连杆;6—下连杆

2)平地机的液压系统

平地机的液压系统包括工作装置液压回路、转向液压回路和操纵控制液压回路等。

工作装置液压回路用来控制平地机各种工作装置(刮刀、耙土器、推土铲等)的运动,包括刮刀的左、右侧提升与下降,刮刀回转,刮刀相对于回转圈侧移或随回转圈一起侧移,刮刀切削角的改变,回转圈转动,以及耙上器与推土铲的收放等。

平地机转向回路除少数采用液压助力系统外,多数则采用全液压转向系统,即由方向盘直接驱动液压转向器实现动力转向。

3)平地机的作业方式

平地机是用刮刀铲、运、卸土壤的一种机械。刮刀有 4 种调整运动:水平回转、垂直升降、左右侧伸及机外倾斜。为完成这些作业,平地机有以下 4 种基本的操作方法:

①刮土直移

将刮刀水平回转角 α 置为 0°,即刮刀轴线垂直于行驶方向。此时,切削宽度最大,适用于不平整度较小的场地,平整的最后阶段或铺散材料,如图 3.20 所示。

②刮土侧移

将刮刀保持一定的回转角,在切削和运土过程中,土沿刮刀侧向移动,回转角越大,切土和移土能力越强。适用于移土填堤、整修道路时的移土、平整场地、回填沟渠、铺散料及路拌路面材料,如图 3.21 所示。

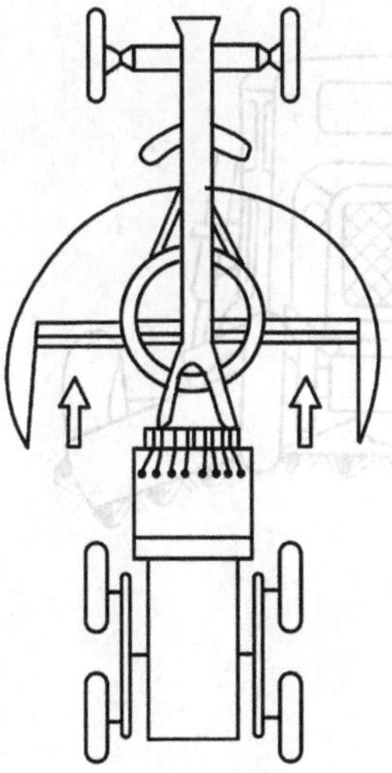

图3.20　平地机刮土直移示意图

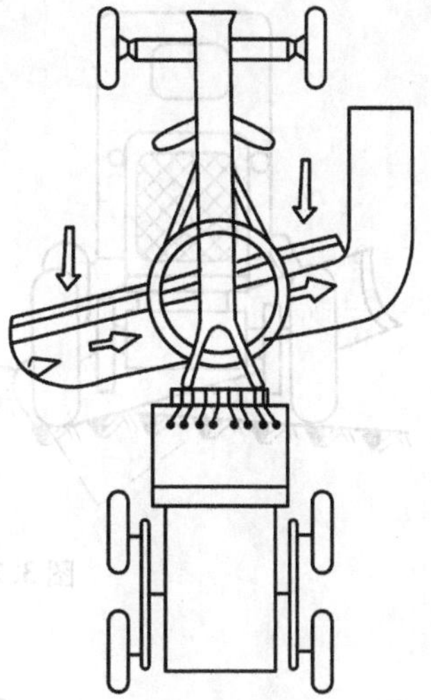

图3.21　平地机刮土侧移示意图

③机外倾斜刮土

适用于修整路堑边坡、路堤边坡以及边沟边坡。工作前，首先将刮刀倾斜于机外，然后使其上端向前，平地机以一挡速度前进，放刀刮土，于是被刮刀刮下的土就沿刀卸于左右两轮之间，最后再将刮下的土移走。但应注意，用来刷边沟的边坡时，刮土角应小些；刷路基或路堑边坡时，刮土角应大些。其方式如图3.22所示。

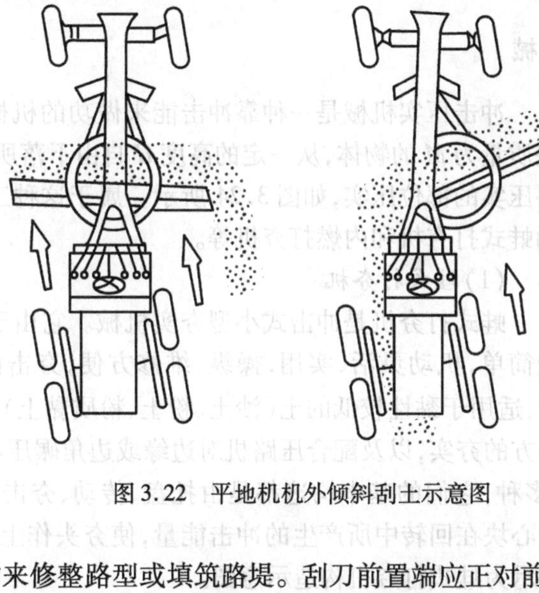

图3.22　平地机机外倾斜刮土示意图

④铲土侧移

适用于挖出边沟来修整路型或填筑路堤。刮刀前置端应正对前轮之后，以便遇有障碍时，将刮刀前置端伸于机外，然后再下降铲土。其方式如图3.23所示。

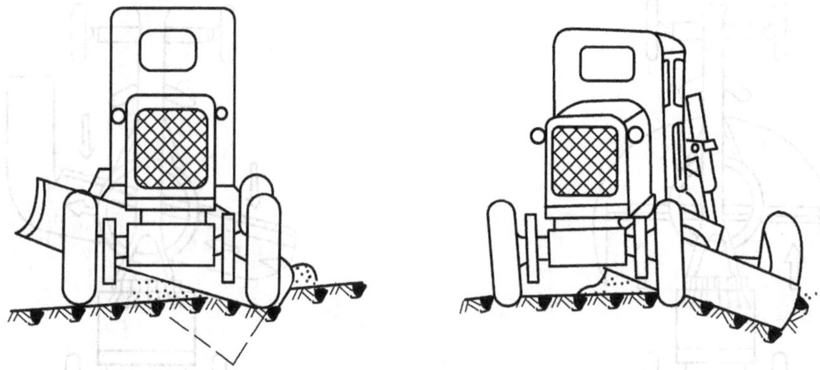

图 3.23　平地机铲土侧移示意图

3.4　压实机械

压实机械是一种利用机械力使土壤、碎石等松散物料密实，以提高承载能力的土方机械。它广泛用于地基、路基、机场、堤坝、围堰等工程中压实土石方。通过压实作业可消除土壤中的空隙，降低土壤的透水性，减少因水的渗入而引起土壤的软化和膨胀，使土壤保持稳定状态；使填土层斜面保持稳定并具有足够的强度，以便支承荷载；减少填土层因压力作用的下沉量，增加土壤或物料的密实度，提高其承载能力等。

3.4.1　冲击式压实机械

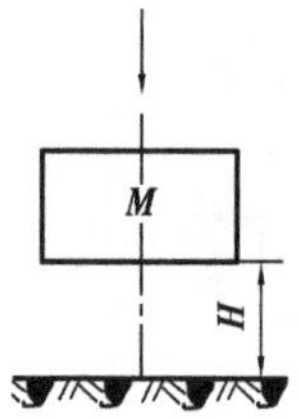

图 3.24　冲击压实原理

冲击压实机械是一种靠冲击能来做功的机械。这类机械利用一块质量为 M 的物体，从一定的高度 H 自由下落所产生的冲击能，将需要压实的部位压实，如图 3.24 所示。属于这种工作原理的机械有电动蛙式打夯机和内燃打夯机等。

(1)蛙式打夯机

蛙式打夯机是冲击式小型夯实机械。它由于体积小，质量轻，构造简单，机动灵活、实用，操纵、维修方便，夯击能量大，夯实式效较高，在建筑工程上使用很广，适用于黏性较低的土(沙土、粉土、粉质黏土)基坑(槽)、管沟及各种零星分散、边角部位的填方的夯实，以及配合压路机对边缘或边角碾压不到之处的夯实。

目前蛙式打夯机已有多种，它们的基本构造都是由托盘、传动、夯击 3 大部分所组成的。其工作原理一致，即利用偏心块在回转中所产生的冲击能量，使夯头作上下夯击，并使整个夯机跳跃前进。如图 3.25 所示为蛙式打夯机构造示意图。

(2)振动冲击夯实机

振动冲击夯实机由发动机(电机)带动曲柄连杆机构运动，产生上下往复作用力使夯实机跳离地面。在曲柄连杆机构作用力和夯实机重力作用下，夯板往复冲击被压实材料，达到夯实的目的。

振动冲击夯实机可分为内燃式夯实机和电动式夯实机两种形式。前者的动力是内燃发动

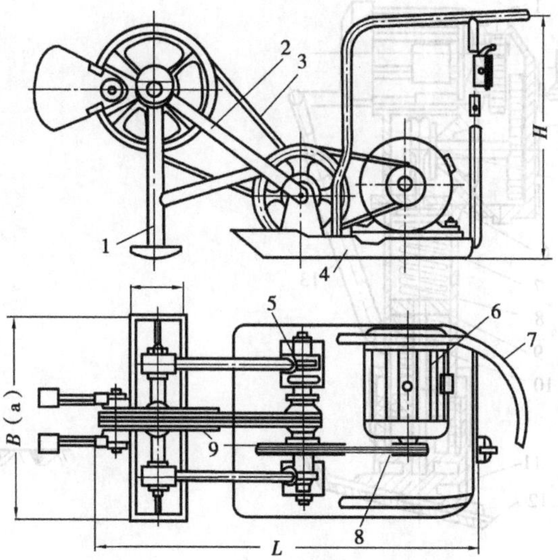

图3.25　蛙式打夯机构造示意图

1—夯头;2—夯架;3、8—三角带;4—底盘;5—传动轴架;

6—电动机;7—扶手;8—三角带;9—三角带轮

机,后者的动力是电动机。其结构都是由发动机(电机)、激振装置、缸筒及夯板等组成。如图3.26所示为HD-60型电动式振动冲击夯实机。内燃式振动冲击夯实机结构与电动式振动冲击夯实机基本类似,仅动力装置为内燃机。

3.4.2　碾压式压实机械

碾压式压实机械也称静力压实机械,是利用机械本身的质量在碾压层上滚过,通过碾压轮作用在被压实的部位,使被压实的土壤、路面产生深度为 h 的永久变形。其原理如图3.27所示。这类机械包括光轮压路机、轮胎式压路机、羊足碾及拖式压路辊等。

(1)压路机的型号

压路机的型号分类及表示方法见表3.7。

表3.7　压路机型号分类及表示方法

<table>
<tr><th rowspan="2">组</th><th rowspan="2">型</th><th rowspan="2">特 性</th><th rowspan="2">代 号</th><th rowspan="2">代号含义</th><th colspan="2">主参数代号</th></tr>
<tr><th>名 称</th><th>单位表示法</th></tr>
<tr><td rowspan="7">静作用压路机(Y)</td><td>拖式(T)</td><td>K(块)</td><td>YTK</td><td>拖式凸块压路机</td><td>加载后质量</td><td>T</td></tr>
<tr><td rowspan="2">两轮自行式(2)</td><td>—</td><td>2Y</td><td>两轮压路机</td><td rowspan="4">结构质量/加载后质量</td><td rowspan="4">t/t</td></tr>
<tr><td>J(铰)</td><td>2YJ</td><td>铰接式压路机</td></tr>
<tr><td rowspan="2">三轮自行式(3)</td><td>—</td><td>3Y</td><td>三轮压路机</td></tr>
<tr><td>Y(液)</td><td>3YY</td><td>液压三轮压路机</td></tr>
<tr><td>轮胎自行式</td><td>—</td><td>YL</td><td>自行式轮胎压路机</td><td rowspan="2">加载后质量</td><td rowspan="2">t</td></tr>
<tr><td>轮胎拖式(YL)</td><td>T(拖)</td><td>YLT</td><td>拖式轮胎压路机</td></tr>
</table>

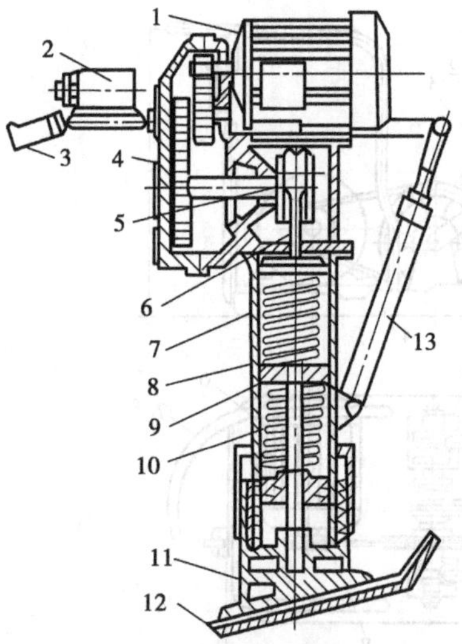

图3.26 HD-60型电动式振动冲击夯实机结构简图

1—电动机;2—电气开关;3—操纵手柄;4—减速器;5—曲柄;
6—连杆;7—内套筒;8—机体;9—滑套活塞;10—螺旋弹簧组;
11—底座;12—夯板;13—减振器支承器

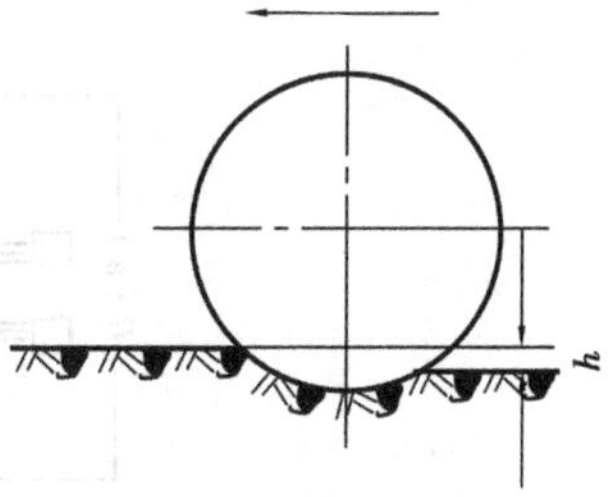

图3.27 碾压压实原理

(2)光轮压路机

1)光轮压路机的分类

光轮压路机(见图3.28)是建筑工程中使用最广泛的一种压实机械。按机架的结构形式,可分为整体式和铰接式;按传动方式,可分为液压传动和机械传动;根据滚轮和轮轴数,可分为二轮二轴式、三轮二轴式和三轮三轴式。

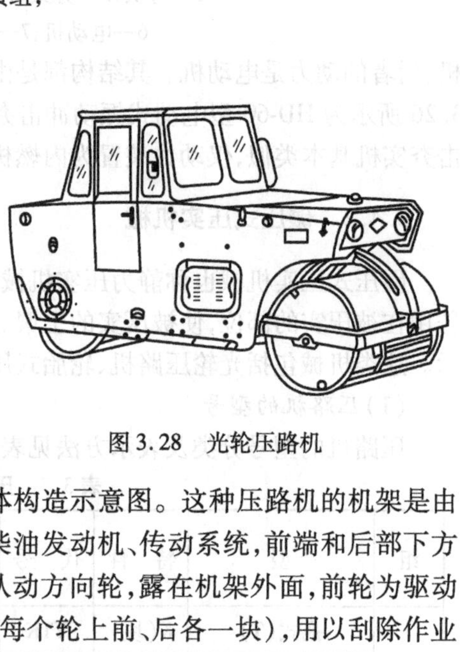

图3.28 光轮压路机

2)光轮压路机的结构组成

光轮压路机一般都是由动力装置(柴油发动机)、传动系统、行驶滚轮(碾压轮)、机架和操纵系统等组成的。如图3.29所示为两轮两轴式压路机总体构造示意图。这种压路机的机架是由钢板和型钢焊接而成的一个罩盖式结构,里面安装有柴油发动机、传动系统,前端和后部下方分别支承在前后行驶滚轮上。这种压路机的后轮为从动方向轮,露在机架外面,前轮为驱动轮,包在机架内。在前后轮的轮面上都安装有刮泥板(每个轮上前、后各一块),用以刮除作业中黏附在轮面上的土壤和其他黏合材料。操作台安装在机架上面,操纵整机进行作业。

3)光轮压路机的工作过程和施工作业

压路机的滚压轮以一定的静载荷用缓慢的速度滚过铺筑层,在铺筑层表面施以短时间的静压力。压轮下面的铺层材料在外力作用下产生变形,一部分被推向前方,一部分被挤向侧面,一部分则被向下压实。随着滚压次数的增加,铺筑层的压实度也逐渐提高。

①沥青混凝土铺层的压实

决定压实沥青混凝土质量的主要因素是压路机的工作质量和类型,行驶速度,混合料温度、厚度和稠度,以及司机操作技术的熟练程度。

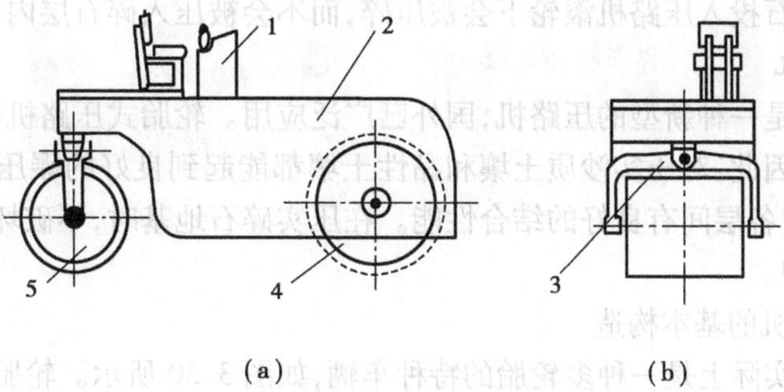

图3.29　两轮两轴式压路机外形

1—操纵台;2—机罩;3—方向轮叉脚;4—驱动轮;5—方向轮

根据压路机工作质量的大小和前后顺序的不同,有以下两种压实方法:

A.先重后轻

首先用10 ~15 t的重型压路机,以后则改用7 ~8 t的中型压路机。这种压实方法是单纯从混合料温度和塑性方面来考虑,认为温度越高,塑性变化越快,压路机越重则压实效果越明显。由于温度高、塑性大,压轮在沥青混凝土铺层上所形成的起伏不平现象更明显,以后虽可用轻型压路机滚压加以纠正,但相关实践证明,这种方法得不到预期效果,故目前采用的不多。

B.先轻后重

先用5 ~6 t轻型二轮或三轮压路机在同一位置上滚压5 ~6 遍,然后用7 ~8 t双轮压路机和10 ~15 t三轮压路机在同一地点先后通过15 ~20 遍滚压来完成。相关实践证明,这种压实方法可使混合料的原有各种成分得到合理的分配,在其温度较高、塑性较大的状态下予以压实。若有纵向起伏不平现象产生,可采用三轮三轴压路机进行纠正。

②碎石铺层的压实

压实碎石铺层,根据施工程序可分为以下3 个阶段:

a.主要在于压稳物料,可使用轻型压路机,无须洒水。此时,碎石处于散动状态。

b.碎石经压实已被挤压得不能移动,碎石相互靠紧,所有空隙也逐渐被碎石的细颗粒填充。为减少物料颗粒间的摩擦阻力,并提高其黏结性,应使用洒水车进行洒水,但洒水不宜过多。

在此阶段压实时,压路机的行驶速度不宜过高(1.5 ~2 km/h),压路机质量宜为7 ~8 t,通过25 ~30 次滚压,使铺撒料完全压实。压实的标准可用以下方法试验:将一颗碎石投入压路机压轮下,压过以后,若石块被压碎而没有压入铺层之中,即算达到第二阶段的压实要求。

达到要求后,即铺撒石渣,并用路刷扫入面层的缝隙。再铺撒厚为5 ~15 mm 的石屑,同样用路刷扫入小缝隙内。石渣、石屑撒铺厚度为15 ~20 mm。石渣、石屑均不能在沥青混合料未经压实前铺撒,否则非但不能使其与面层上方颗粒楔合,反而会落入碎石路的基层内,使石渣、石屑不起任何作用。

c.铺撒石渣之后,便开始用10 ~ 15 t的重型压路机滚压。压实时,必须边洒水边滚压。洒水时,洒水车要紧靠压路机之旁,使水直接洒在通道前面,以减小水分的消耗量,一般在干燥气候,每压实碎石1 m^3 需水150 ~300 L。

达到压实要求的现象是表面平滑,压路机所经之处不留轮迹,面层结合如壳(整体),敲之会发出钝音。将碎石投入压路机滚轮下会被压碎,而不会被压入碎石层内。

(2)轮胎压路机

轮胎式压路机是一种新型的压路机,国外已广泛应用。轮胎式压路机有增减配重、改变轮胎充气压的特性。因此,对压实沙质土壤和黏性土壤都能起到良好的碾压效果。压实时不破坏土壤原有黏度,使各层间有良好的结合性能。在压实碎石地基时,不破坏碎石的棱角而压成石粉,压实也较均匀。

1)轮胎式压路机的基本构造

轮胎式压路机实际上是一种多轮胎的特种车辆,如图3.30所示。轮胎式压路机是将机械本身的质量传给轮胎后而对工作面作静力滚压的。

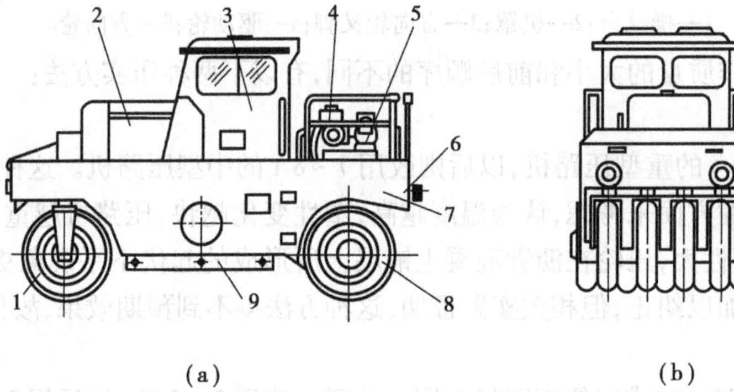

图3.30 轮胎式压路机构造简图

1—转向轮;2—发动机;3—驾驶室;4—汽油机;5—水泵;6—拖挂装置;7—机架;8—驱动轮;9—配重铁

轮胎式压路机由发动机、底盘和特制轮胎所组成。底盘包括机架、传动系统、操纵系统、轮胎气压调节装置、制动系统、洒水装置及电器设备等。

轮胎式压路机所采用的轮胎都是特制的宽基轮胎。其踏面宽度是普通轮胎的1.5倍左右,压力分布均匀,从而保证了对沥青面层的压实不会出现裂纹。压路机轮胎前后错开排列。有的前三后四,有的前四后五或前五后六,前后轮迹相互叉开,由后轮压实前轮的漏压部分。轮胎是由耐热、耐油橡胶制成的无花纹的光面轮胎(压路面)或有细花纹的轮胎(专压基础),轮胎气压可根据压实材料和施工要求加以调整。

2)轮胎式压路机的作业特点

宽基轮胎式压路机的轮胎踏面与铺层的接触面为矩形,而光轮与铺层的接触面为一窄条,因而两者压实作用不同。

在相同的运行速度下,当用充气轮胎滚压时,铺层处于压应力状态的延续时间比用光轮压时要长得多,同时还受充气轮胎的揉压作用,铺层的变形可能随时发生,因而压实所需的遍数可以减少,对黏性材料压实效果较好。在相同工作质量时,充气轮胎的最大压应力比光轮小,铺层材料表面的承载力因而也比较小,这样可使下层材料得到较好的压实。

在充气轮胎多次滚压时,轮胎的径向变形增加,而铺层的变形由于强度提高而减小。铺层变形的减小将引起轮胎接触面积缩小,从而使接触压力上升,压实终了时压力为第一遍滚压时压力的1.5~2倍。同时,充气轮胎的滚动阻力也随铺层强度的增加而减少,这可大大地提高滚压效果和压实质量。

(3)压路机安全操作要点

①压路机碾压的工作面,应经过适当平整,对新填的松软路基,应先用打夯机夯实后,方可用压路机碾压。

②工作地段的纵坡不应超过压路机最大爬坡能力,横坡不应大于20°。

③应根据碾压要求选择机重。当光轮压路机需要增加机重时,可在滚轮内加砂或水。当气温降至0 ℃时,不得用水增重。

④轮胎压路机不宜在大块石基础层上作业。

⑤作业前,各系统管路及接头部分应无裂纹、松动和泄漏现象,滚轮的刮泥板应平整良好,各紧固件不得松动,轮胎压路机还应检查轮胎气压,确认正常后方可启动。

⑥不得用牵引法强制启动内燃机,也不得用压路机拖拉任何机械或物件。

⑦启动后,应时行试运转,确认运转正常,制动及转向功能灵敏可靠,方可作业,压路机周围应无障碍物或人员。

⑧碾压时,铺土应均匀一致,厚度为20 ~30 cm,土的含水率,应在最佳含水率。

⑨碾压时应低速行驶,变速时必须停机。速度宜控制在3 ~4 km /h范围内,在一个碾压行程中不得变速。碾压过程应保持正确的行驶方向,碾压第二行时必须与第一行重叠半个滚轮压痕。

⑩压路机压实遍数为6 ~8 遍。

⑪ 变换压路机前进、后退方向,应待滚轮停止后进行。不得将换向离合器作制动用。

⑫ 两台以上的压路机在平道上行驶或碾压时,其间距至少保持在3 m以上;在坡道上禁止纵队行驶,以防制动器失灵或溜坡而造成撞车事故。

⑬ 碾压直线道路时,应自两边路肩逐次移向路中心碾压,以保持道路规定的路拱;在弯道或沿山坡道路碾压时,应自里侧逐次向外侧移,以保证规定的弯道超高,或使沿山坡道的外侧略高于内侧,以保证安全。

⑭ 碾压新开道路时,应离路其边缘0.5 m以上,以防坍陷,上下坡时禁止抵挡和滑行。

⑮ 碾压傍山道路时,应由里侧向外侧碾压,距路基边缘不应少于1 m。

⑯ 碾压时应用低速进行,变速时必须停机,不要在一个碾压行程中变速,以免造成路面不平。碾压过程要注意保持正确的行驶方向。

⑰ 在运行中,不得进行修理或加油。需要在机械底部进行修理时,应将内燃机熄火,用制动器制动住,并揳住滚轮。

⑱ 对有差速器锁住装置的三轮压路机,当只有一只轮子打滑时,方可使用差速器锁住装置,但不得转弯。

⑲ 作业后,应将压路机停放在平坦坚实的地方,并制动住。不得停放在土路边缘及斜坡上,也不得停放在妨碍交通的地方。

⑳ 严寒季节停机时,应将滚轮用木板垫离地面。

㉑ 压路机转移工地距离较远时,应采用汽车或平板拖车装运,不得用其他车辆拖拉牵运。

3.4.3 振动式压实机械

振动压实机械是利用质量为 M 的物体发出一定的振动频率,与碾压动作复合作用在压实部位,使土壤颗粒重新组合,从而提高其密实度和稳定性,如图 3.31 所示。常用的振动压实机械有小型振动辊、振动打夯机和振动式压路机等。

(1)振动打夯机

振动打夯机是靠平板作较高的振动来密实土和自行移动的打夯机,对于各种土有较好的压实效果,特别是对非黏性的沙质土、砾石碎石的效果最佳。

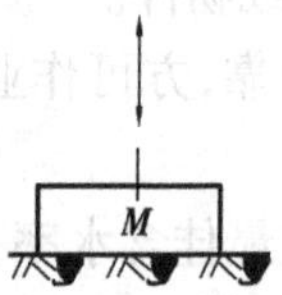

图 3.31 振动压实原理

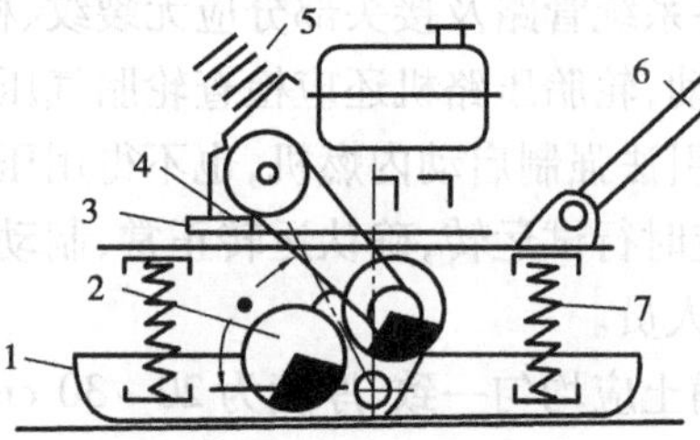

图 3.32 振动平板夯实机结构简图

1—夯板;2—激振器;3—V 形皮带;4—发动机底架;
5—操纵手柄;6—扶手;7—弹簧悬挂系统

振动平板夯有内燃机驱动的和电动机驱动的两种形式。如图 3.32 所示为内燃振动式打夯机的构造。除动力装置外,其基本结构是相同的。主要由离合器、V 带传动机构、弹簧、夯板、偏心轴、传动齿轮、支承台板及操纵手柄等构成。

(2)振动压路机

1)振动压路机型号

振动压路机的型号分类及表示方法见表 3.8。

表 3.8 振动压路机型号分类及表示方法

组	型	特性	代号	代号含义	主参数代号	
					名称	单位表示法
振动压路机(YZ)	拖式	T(拖)	YZT	拖式振动压路机	工作质量	t
	手扶式	S(手)	YZS	手扶式振动压路机		
	自行式	—	YZ	自行式振动压路机		
		J(铰)	YZJ	铰接式振动压路机		
		Z(组)	YZZ	组合式振动压路机		

2)振动压路机构造组成

振动压路机由工作装置、传动系统、振动装置、行走装置及驾驶操纵等部分组成。如图 3.33所示为振动压路机的构造简图。

3)振动压路机安全操作要点

①作业时,压路机应先起步后才能振动,内燃机应先置于中速,然后再调至高速。

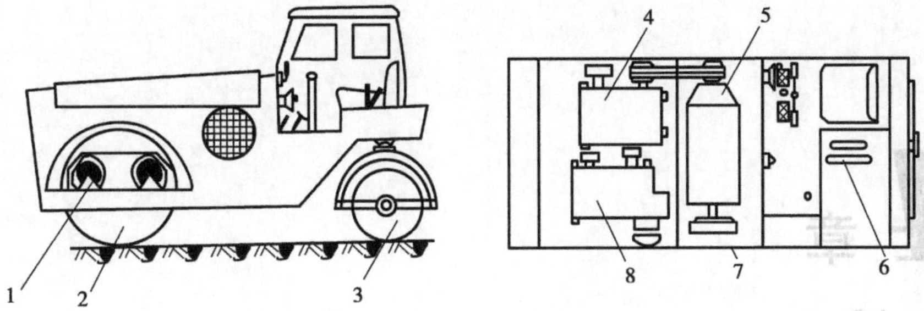

图3.33　振动式压路机构造简图

1—减振环;2—振动轮; 3—方向轮;4—分动箱;

5—柴油机;6—操纵机构;7—机架;8—变速箱

②变速与换向时应先停机,变速时应降低内燃机转速。

③严禁压路机在坚实的地面上进行振动。

④碾压松软路基时,应首先在不振动情况下碾压1~2遍,然后再振动碾压。其起振或停振应在行驶中进行。

⑤禁止在坡道上踏下离合器,如必须在坡道上行驶,须使压路机制动,才能进行。

⑥上下坡时,不得使用快速挡。在急转弯时,包括铰接式振动压路机在小转弯绕圈碾压时,严禁使用快速挡。

⑦压路机在高速行驶时不得接合振动。

⑧停机时,应首先停振,然后将换向机构置于中间位置,变速器置于空挡,最后拉起手制动操纵杆,内燃机怠速运转数分钟后熄火。

⑨压路机在运行中发生故障,应及时停机并熄火,然后进行排除和修理。

⑩在行驶过程中驾驶员不得离开驾驶岗位。

⑪工作完毕后,压路机应开至指定地点停机待用。熄火前,应首先将换向手柄、变速手柄放到中间位置,踩下制动踏板并用锁杆锁住,然后将油门手柄向前推到低速运转位置,直至水温降至70 ℃以下时再拉出熄火手柄,使发动机熄火。冬季使用,熄火后在水温降到30~40 ℃时,应全部放掉发动机内和水箱中的水。

思考题与习题

3.1　单斗挖掘机按工作装置的不同可分为哪几类?

3.2　液压单斗挖掘机主要由哪些基本构造组成?

3.3　推土机按工作装置可分为哪两类?

3.4　铲运机的卸土方式有哪几种?

3.5　平地机是用刮刀铲、运卸土的一种机械,刮刀有4种调整运动:水平回转、垂直升降、左右侧伸及机外倾斜等。为完成这些作业,平地机有哪4种基本的操作方法?

3.6　压实机械按其工作原理可分为哪几类?

3.7　简述铲运机的作业过程及卸土方式。

3.8　装载机按行进装置的不同可分为哪两类?

第 4 章

起重机械

4.1 概　述

起重机械是一种以间歇作业方式对物料进行起升、下降和水平移动的搬运机械。起重机械的作业通常带有重复循环的性质。一个完整的作业循环一般包括取物、起升、平移、下降、卸载及返回原处等环节。经常启动、制动、正向和反向运动是起重机械的基本特点。起重机械广泛用于交通运输业、建筑业、商业和农业等国民经济各部门及人们日常生活中。

起重机械由运动机械、承载机构、动力源和控制设备以及安全装备、信号指示装备等组成。起重机的驱动多为电力，也可用内燃机，人力驱动只用于轻小型起重设备或特殊需要的场合。

4.1.1　起重机械的类型

起重机械是一种以间歇作业方式对物料进行起升、下降和水平移动的搬运机械。起重机械的种类较多。按照是否能够完成水平运输作业，可分为以下 3 类：

(1) 简单动作的起重机械

简单动作的起重机械通常构造简单，只有一个升降机构使重物升降运动，只能完成垂直的运输任务。例如，卷扬机、升降机、千斤顶、手动葫芦、电动葫芦等。

(2) 桥式类起重机械

桥式类起重机械包括通用桥式起重机、堆垛起重机械、龙门式起重机、冶金起重机及缆索起重机等。这类起重机械一般都有起升机构、小车运输机构、大车行进机构等。作业时，可使重物在一定的范围内进行起升和搬运。

(3) 旋转类起重机械

这类机械又称为壁架类起重机械，包括汽车式起重机、轮胎式起重机、履带式起重机、门座式起重机械及塔式起重机等。这类起重机都有自己的起升机构、变幅机构、回转机构及行进机构。对液压臂架式起重机而言，还有臂架伸缩机构。

4.1.2　起重机械的组成及其作用

起重机械主要由工作机构、金属结构、动力装置及控制系统4大部分组成。

(1) 工作机构

工作机构是为实现起重机不同的运动要求而设置的。重物不外乎要作垂直运动和沿两个水平方向的运动。起重机要实现重物的这些运动要求，必须设置相应的工作机构。

例如，桥式起重机要使重物实现3个方向的运动，则设置有起升机构(实现重物垂直运动)、小车运行和大车运行机构(实现重物沿两个水平方向的运动)，而对于臂架式起重机，一般设置有起升机构、变幅机构、回转机构及运行机构。因此，起升机构、运行机构、回转机构和变幅机构是起重机的4大基本工作机构。

1)起升机构

起升机构是起重机最主要的机构，也是其最基本的机构。它是由原动机、卷筒、钢丝绳、滑轮组及吊钩等组成，如图4.1所示。

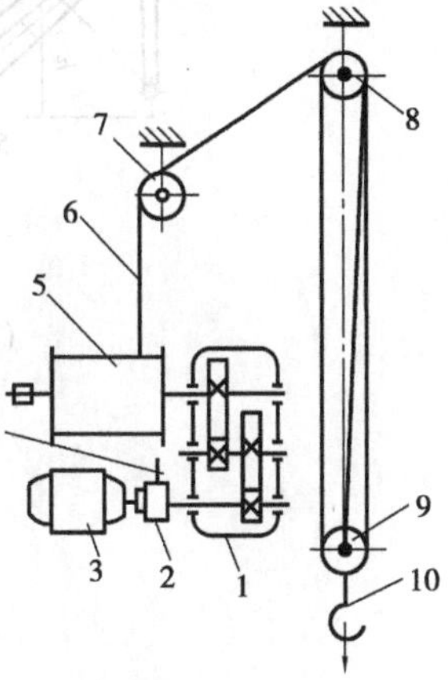

图4.1　起升机构示意图

1—减速器;2—带制动轮的联轴器;3—电动机;4—制动器;5—卷筒;6—钢丝绳;7—导向滑轮;8—定滑轮;9—动滑轮;10—吊钩

大型起重机往往备有两套起升机构：吊大质量的称为主起升机构或主钩；吊小质量的称为副起升机构或副钩。副钩的起重量一般为主钩的1/3～1/5或更小。

2)变幅机构

起重机变幅是指改变取物装置中心铅垂线与起重机回转中心轴线之间的距离，这个距离称为幅度。起重机通过变幅，能扩大其作业范围。变幅机构如图4.2所示。

3)回转机构

起重机的一部分相对于另一部分作旋转运动，称为回转。为实现起重机的回转运动而设置的机构，称为回转机构，如图4.3所示。起重机的回转运动使其从线、面作业范围又扩大为一定空间的作业范围。回转范围可分为全回转(回转360°以上)和部分回转(可回转270°左右)。

4)运行机构

实现起重机械或起重小车沿轨道或路面运行的机构。轮式起重机的运行机构是通用或专用汽车底盘或专门设计的轮胎底盘。履带式起重机的运行机构就是履带底盘。桥式起重机、龙门起重机、塔式起重机及门座起重机的运行机构是专门设计的并在轨道上运行的行走台车，如图4.4所示。

(2)金属机构

桥式类型起重机的桥架、支腿，臂架类型起重机的吊臂、回转平台、人字架、底架(车架大梁、门架、支腿横梁等)及塔身等金属结构是起重机的重要组成部分。起重机的各工作机构的零部件都是安装或支承在金属结构上的。起重机的金属结构是起重机的骨架，它承受起重机的自重以及作业时的各种外载荷。

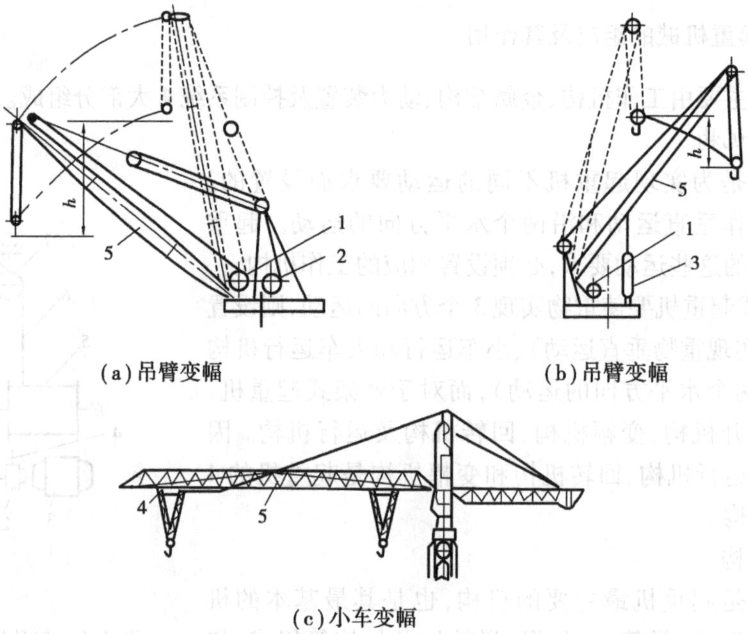

图 4.2　变幅机构示意图

1—起升卷筒；2—变幅卷筒；3—变幅液压缸；4—起重小车；5—吊臂

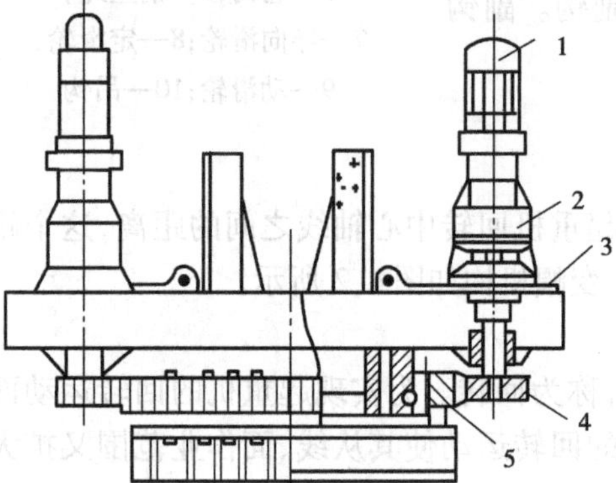

图 4.3　回转机构示意图

1—原动机；2—减速器；3—上转台；4—小齿轮；5—大齿轮

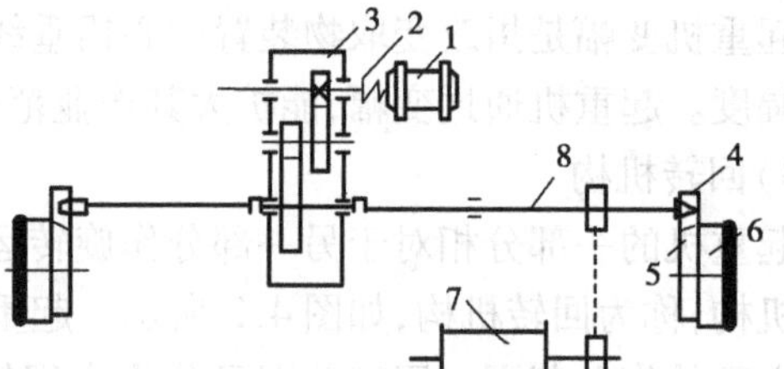

图 4.4　行走机构示意图

1—电动机；2—联轴器；3—减速箱；4—小齿轮；5—大齿轮；6—行走轮；7—电缆卷筒；8—传动轴

(3) 动力装置

动力装置是起重机的动力源。它是起重机的重要组成部分，在很大程度上决定了起重机的性能和构造特点。不同类型的起重机配备不同的动力装置。轮式起重机和履带式起重机的动力装置多为内燃机，一般可由一台内燃机对上下车各工作机构供应动力。对于大型汽车起重机，有的上下车各设一台内燃机，分别供应起重作业（起升、变幅、回转）的动力和运行机构的动力。塔式起重机、门座起重机、桥式起重机及龙门起重机的动力装置是外接动力电源的电动机。

(4)控制系统

起重机的控制系统包括操纵装置和安全装置。动力装置是解决起重机做功所需要的能源,而控制系统则是解决各机构怎样运动的问题。例如,动力传递的方向、各机构运动速度的快慢,以及使机构制动和停止等。控制装置能够改善起重机的运动特性,实现各机构的启动、调速、转向、制动和停止,从而达到起重机作业所要求的各种动作,保证起重机安全作业。

4.1.3 起重机械的主要性能参数

(1)起重量 G

①起重量。被起升重物的质量,单位为 t。

②额定起重量 G_n。起重机允许吊起的重物连同吊具质量的总和。

③最大起重量 G_{max}。起重机正常工作条件下,允许吊起的最大额定起重量。

(2)幅度 L

①幅度。起重机置于水平场地时,空载吊具垂直中心线至回转中心线之间的水平距离,单位为 m。

②最大幅度 L_{max}。起重机工作时,臂架倾角最小或小车在臂架最外极限位置时的幅度。

③最小幅度 L_{min}。臂架倾角最大或小车在臂架最内极限位置的幅度。

(3)起重力矩 M

幅度 L 和相应起吊物品重力 Q 的乘积,称为起重力矩,单位为 kN · m。

塔式起重机的起重能力是以起重力矩表示的。它是以最大工作幅度与相应的最大起重载荷的乘积作为起重力矩的标定值。

(4)起升高度 H

它是指起重机水平停车面至吊具允许最高位置的垂直距离,单位为 m 。

(5)运动速度

①起升(下降)速度 v_n。稳定运动状态下,额定载荷的垂直位移速度,单位为 m/min。

②起重机(大车)运行速度 v_k。稳定运动状态下,起重机运行的速度。规定为在水平路面(或水平轨面)上,离地 10 m 高度处,风速小于 3 m/s 时的起重机带额定载荷时的运行速度。

③小车运行速度 v_t。稳定运动状态下,小车运行的速度。规定为离地 10 m 高度处,风速小于 3 m/s 时,带额定载荷的小车在水平轨道上运行的速度。

④变幅速度 v_r。稳定运动状态下,额定载荷在变幅平面内水平位移的平均速度。规定为离地 10 m 高度处,风速小于 3 m/s 时,起重机在水平面上,幅度从最大值至最小值的平均速度。

⑤回转速度 W。稳定运动状态下,起重机转动部分的回转速度。规定为在水平场地上离地 10 m 高度处,风速小于 3 m/s 时,起重机幅度最大,且带额定载荷时的转速,单位为 r/min。

(6)轨距或轮距 K

对于除铁路起重机之外的臂架型起重机,它是指轨道中心线或起重机行走轮踏面(或履带)中心线之间水平距离,单位为 m。

(7)起重机总质量 G_0

它包括压重、平衡重、燃料、油液、润滑剂及水等在内的起重机各部分质量的总和,单位为 t。

4.2 施工升降机

施工升降机是一种采用齿轮齿条啮合方式或钢丝绳提升方式，使吊笼作垂直或倾斜运动，用以输送人员和物料的机械。

4.2.1 井架升降机

井架升降机是施工中常用的也是最简单的垂直运输设施。井架升降机的稳定性好，运输量大，除可采用型钢和钢管加工而成的定型井字架之外，还可采用多种脚手架材料搭设，从而使井字架的应用更加广泛和便捷。井字架的搭设高度一般可达到50 m以上，目前附着式高层井字架的搭设高度已经超过100 m。

一般井字架多为单孔，也可组装成两孔或3孔。单孔井字架内设置吊盘或在吊盘下加设混凝土斗；两孔或3孔井字架内可分设吊盘和料斗。井字架上也可根据需要设置扒杆，其起重量一般为0.5～1.5 t，回转半径可以达10 m。

如图4.5所示为普通型钢井字架的构造。

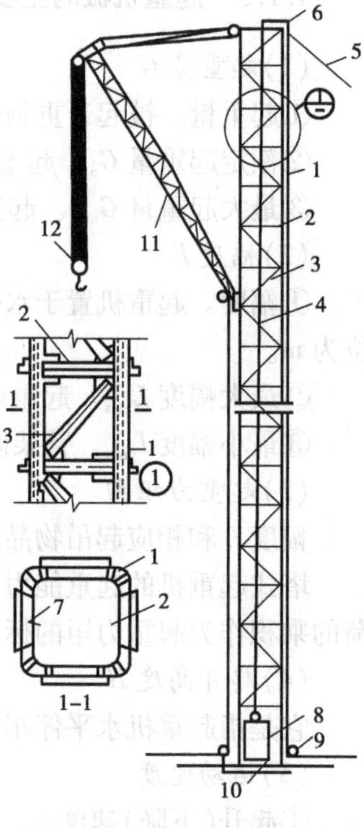

图4.5 普通型钢井字架构造简图

1—立柱；2—平撑；3—斜撑；4—钢丝绳；5—缆风绳；6—天轮；7—导轨；8—吊盘；9—地轮；10—垫木；11—摇臂拔杆；12—滑轮组

4.2.2 施工电梯

施工电梯是一种施工工地用的沿垂直导轨架上下运移的载物乘人电梯，其升降速度快、起升高度大，是高层建筑施工的垂直输送设备，用来运送建筑材料、构件、设备和施工人员。

(1)施工电梯的分类

施工电梯的分类及适用范围见表4.1。

表4.1 施工电梯分类和适用范围表

分类方法	类 型	适用范围
按构造分类	①单笼式：电梯单侧有一个吊笼 ②双笼式：电梯双侧各有一个吊笼	①适用于输送量较小的建筑物 ②适用于输送量较大的建筑物
按提升方式分类	①齿轮齿条式：吊笼通过齿轮和齿条啮合的方式作升降运动 ②钢丝绳式：吊笼由钢丝绳牵引的方式作升降运动 ③混合式：一个吊笼由齿轮齿条驱动，另一个吊笼由钢丝绳牵引	①结构简单，传动平稳，已较多采用 ②早期升降机都采用此式，现已较小采用 ③构造复杂，已很少采用

(2)施工电梯的构造

外用施工电梯是由导轨架、底笼、梯笼、平衡重以及动力、传动、安全和附墙装置等构成(见图4.6)。

1)导轨架

施工电梯的导轨架是该机的承载系统,一般由型钢和无缝钢管组合焊接形成格构式桁架结构。截面形式分为矩形和三角形。导轨架由顶架(顶节)、底架(基节)和标准节组成。顶架上布置有导向滑轮,底架上也布置有导向滑轮,并与基础连接。标准节具有互换性,节与节之间采用销轴联接或螺栓联接。导轨架的主弦杆用作吊笼的导轨。SC型施工电梯的齿条布置在导轨架的一个侧面上。

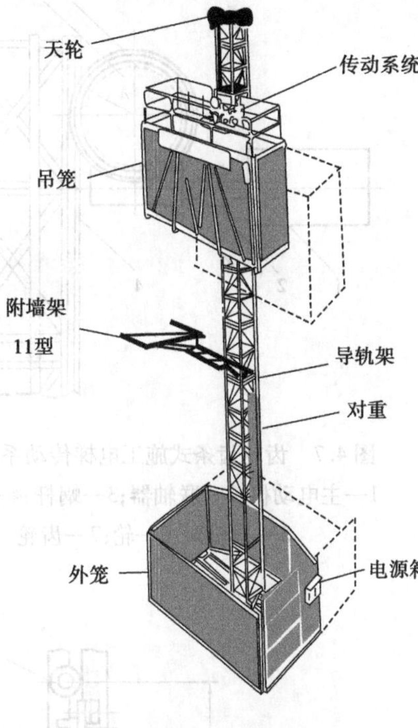

图4.6 施工电梯构造简图

为了保证施工电梯正常工作以及导轨架的强度、刚度和稳定性,当导轨架达到较大高度时,每隔一定距离要设置横向附墙架或锚固绳。附墙架的间隔一般为8~9 m,导轨架顶部悬臂的自由高度为10~11 m。

2)齿轮齿条式施工电梯的传动装置

①传动形式

齿轮齿条式施工电梯上的传动装置即是驱动工作机钩,一般由机架、电动机、减速机、制动器、弹性联轴器、齿轮及靠轮等组成。随着液压技术的不断发展,在施工电梯中也出现了原动机-液压传动方式的传动装置。液压传动系统具有可无级调速、启动制动平稳的特点。

②布置方式

传动装置在吊笼上的布置方式分为内布置式、侧布置式、顶布置式及顶布置内布置混合式4种。

③传动装置的工作原理

如图4.7所示,动力由主电动机,经联轴器、蜗杆、蜗轮、齿轮传到齿条上。由于齿条固定在导轨架上,导轨架固定在施工电梯的底架和基础上。齿轮的转动带动吊笼上下移动。

④制动器

制动器采用摩擦片式制动器,安装在电动机尾部,也有用电磁式制动器。摩擦片式制动器,如图4.8所示。内摩擦片与齿轮联轴器用键联接,外摩擦片经过导柱与蜗轮减速箱联接。失电时,线圈无电流,电磁铁与衔铁脱离,弹簧使内外摩擦片压紧,联轴器停止转动,传动装置处于制动状态。通电时,线圈有电流,电磁铁与衔铁吸紧,弹簧被压缩,外摩擦片在小弹簧作用下与内摩擦片分离,联轴器处于放开状态,传动装置处于非制动状态,吊笼可以运行。

3)吊笼

吊笼是施工电梯中用以载人和载物的部件,为封闭式结构。吊笼顶部及门之外的侧面应设有护围,进料和出料两侧设有翻板门,其他侧面由钢丝网围成。齿轮齿条式施工电梯在吊笼外挂有司机室，司机室为全封闭结构。吊笼与导轨架的主弦杆一般有4组导向轮联接，(见图4.9)，保证吊笼沿导轨架运行。

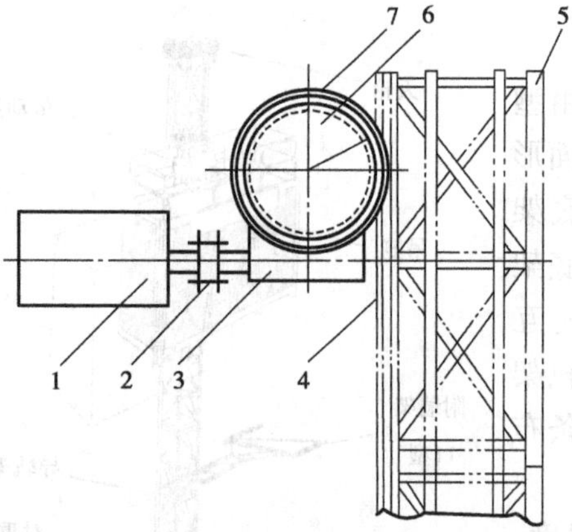

图4.7　齿轮齿条式施工电梯传动系统简图

1—主电动机；2—联轴器；3—蜗杆；4—齿条；5—导轨架；6—轮；7—齿轮

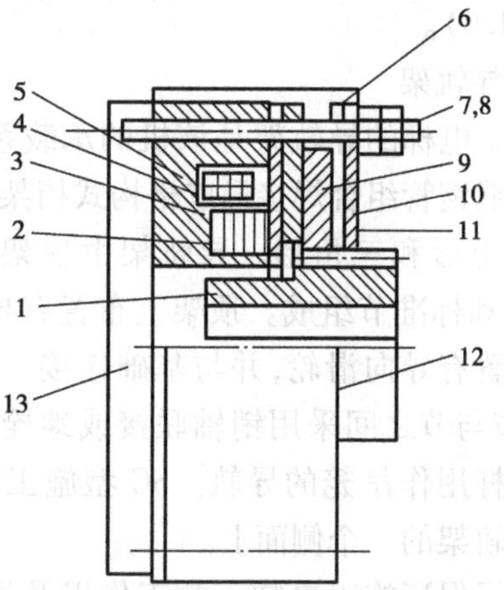

图4.8　摩擦片式制动器结构简图

1—联轴器；2—衔铁；3,6—弹簧；4—磁线圈；5—电磁铁；7—螺栓；8—螺母；9—内摩擦片；10—外摩擦片；11—端板；12—罩壳；13—轮减速

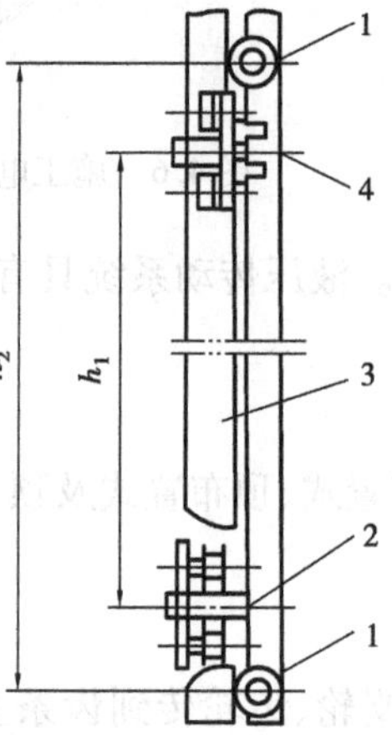

图4.9　吊笼与导轨的连接示意图

1—两侧导向轮；2—后导向轮支点；3—导轨架主弦杆；4—前导向轮支点

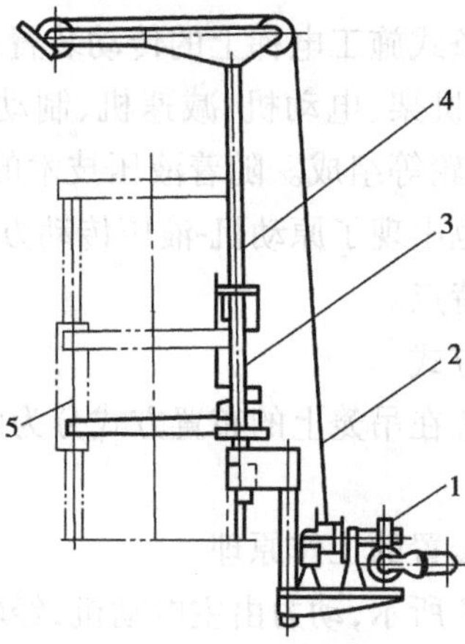

图4.10　简易拆装系统简图

1—卷扬机；2—钢丝绳；3—销轴；4—立柱；5—套架

4）对重

在齿轮齿条驱动的施工电梯中，一般均装有对重，用来平衡吊笼的质量，降低主电动机的功率，节省能源。对重也起到改善导轨架的受力状态，提高施工电梯运行平稳性的作用。

5）附墙架

为保证施工电梯的稳定性和垂直度，每隔一定距离用附墙架将导轨架和建筑物连接起来。附墙架一般由连接环、附着桁架和附着支座组成。附着桁架常见的是两支点式和三支点式附着桁架。

6)导轨架拆装系统

施工电梯一般都具有自身接高加节和拆装系统,常见的是类似自升式塔机的自升加节机构,主要由外套架、工作平台、自升动力装置及电动葫芦等组成。另一种是简易拆装系统(见图4.10),由滑动套架和套架上设置的手摇吊杆组成,其工作原理是:转动卷扬机收放钢丝绳,即可吊装标准节;吊杆的立柱在套架中既可转动,也可上下滑动,以保证标准节方便就位;待标准节安装后,通过吊笼将吊杆和套架一起顶升到新的安装工作位置,以准备下一个标准节的安装;安装工作完毕,利用销轴将其固定在导轨架上部。

7)基础围栏

基础围栏设置在施工电梯的基础上,用来防护吊笼和对重。在进料口上部设有坚固的顶棚,能承受重物打击。围栏门装有机械或电气联锁装置,围栏内有电缆回收筒,施工电梯的附件和地面操作箱置于围栏内部。

(3) 施工电梯的安全操作要点

①施工电梯应为人货两用电梯,其安装和拆卸工作必须由取得建设行政主管部门颁发的拆装资质证书专业队负责,并必须由经过专业培训,取得操作证的专业人员进行操作和维修。

②地基应浇制混凝土基础,其承载能力应大于 150 kPa,地基上表面平整度允许偏差为 10 mm,并应有排水设施。

③应保证升降机的整体稳定性,升降机导轨架纵向中心线至建筑物外墙面的距离宜选用较小的安装尺寸。

④导轨架安装时,应用经纬仪对升降机在两个方向进行测量校准,其垂直度允许偏差为其高度的0.05%。

⑤导轨架顶端自由高度、导轨架与附壁距离、导轨架的两附壁连接点间距离和最低附壁点高度均不得超过出场规定。

⑥升降机的专用开关箱应设在底架附近、便于操作的位置,馈电容量应满足升降机直接启动的要求,箱内必须设短路、过载、相序、断相及零位保护等装置。

⑦升降机梯笼周围2.5 m 范围内应设置稳固的防护栏杆,各楼层平台通道应平整牢固,出入口应设防护栏杆和防护门。全行程四周不得有危害安全运行的障碍物。

⑧升降机安装在建筑物内部井道中间时,应在全行程范围井壁四周搭设封闭屏障。装设在阴暗处或夜班作业的升降机,应在全行程上装设足够的照明和明亮的楼层编号标志灯。

⑨升降机安装后,应经企业技术负责人会同有关部门对基础和附壁支架以及升降机架设安装的质量、精度等进行全面检查,并应按规定程序进行技术试验(包括坠落试验),经试验合格签证后,方可投入运行。

⑩升降机的防坠安全器,在使用中不得任意拆检调整,需要拆检调整时或每满 1 年后,均应由生产厂或指定的认可单位进行调整、检修或鉴定。

⑪新安装或转移工地重新安装以及经过大修后的升降机,在投入使用前,必须经过坠落试验。升降机在使用中每隔 3 个月,应进行一次坠落试验。试验程序应按说明书规定进行,当试验中梯笼坠落超过 1.2 m 制动距离时,应查明原因,并应调整防坠安全器,切实保证不超过 1.2 m制动距离。试验后以及正常操作中每发生一次防坠动作,均必须对防坠安全器进行复位。

⑫作业前重点检查项目应符合下列要求：

a.各部分结构无变形，联接螺栓无松动。

b.齿条与齿轮、导向轮与导轨均接合正常。

c.各部钢丝绳固定良好，无异常磨损。

d.运行范围内无障碍。

⑬启动前，应检查并确认电缆、接地线完整无损，控制开关在零位。电源接通后，应检查并确认电压正常，测试无漏电现象，应试验并确认各限位装置、梯笼、围护门等处的电器联锁装置良好可靠，电器仪表灵敏有效。启动后，应进行空载升空试验，测定各传动机构制动器的效能，确认正常后，方可开始作业。

⑭升降机在每班首次载重运行时，当梯笼升离地面 1～2 m 时，应停机试验制动器的可靠性；当发现制动效果不良时，应调整或修复后方可运行。

⑮梯笼内乘人或载物时，应使荷载均匀分布，不得偏重，严禁超载运行。

⑯操作人员应根据指挥信号操作。作业前应鸣声示意。在升降机未切断总电源开关前，操作人员不得离开操作岗位。

⑰当升降机运行中发现有异常情况时，应立即停机并采取有效措施将梯笼降到底层，排除故障后方可继续运行。在运行中发现电器失控时，应立即按下急停按钮；在未排除故障前，不得打开急停按钮。

⑱升降机在大雨、大雾、6 级及以上大风以及导轨架、电缆及结冰时，必须停止运行，并将梯笼降到底层，切断电源。暴风雨后，应对升降机各有关安全装置进行一次检查，确认正常后，方可运行。

⑲升降机运行到最上层或最下层时，严禁用行程限位开关作为停止运行的控制开关。

⑳当升降机在运行中由于断电或其他原因而中途停止时，可进行手动下降，将电动机尾端制动电磁铁手动释放拉手缓缓向外拉出，使梯笼缓慢的向下滑行。梯笼下滑时，不得超过额定运行速度，手动下降必须由专业维修人员进行操作。

㉑作业后，应将梯笼降到底层，各控制开关拨到零位，切断电源，锁好开关箱，闭锁梯笼门和围护门。

4.3 塔式起重机

塔式起重机是臂架安置在垂直的塔身顶部的可回转臂架型起重机。塔式起重机又称塔机或塔吊，是现代工程建设中一种主要的起重机械。它由钢结构、工作机构、电气设备及安全装置 4 部分组成。

4.3.1 塔式起重机的类型、特点和适用范围

塔式起重机的分类、特点和适用范围见表 4.2。

表4.2 塔式起重机的分类、特点和适用范围

类型		主要特点	适用范围
按行走机构分类	固定式（自升式）	没有行走装置，塔身固定在混凝土基础上，随着建筑物的升高，塔身可以相应接高，由于塔身附着在建筑物上，能提高起重机的承载能力	高层建筑施工，高度可达100 m以上，对施工现场狭窄、工期紧迫的高层建筑施工，更为适用
	自行式（轨道式）	起重机可在轨道上负载行走，能同时完成垂直和水平运输，并可接近建筑物，灵活机动，使用方便。但需铺设轨道，装拆较为费时	起升高度在50 m以内的中小型工业和民用建筑施工
按升高（爬升）方式分类	内部爬升式	起重机安装在建筑物内部（电梯井、楼梯间等），依靠一套托架和提升机构随建筑物升高而爬升。塔身不需附着装置，不占建筑场地。但起重机自重及载重全部由建筑物承担，增加了施工的复杂性，竣工时起重机从顶部卸下较为困难	框架结构的高层建筑施工，特别适用于施工现场狭窄的环境
	外部附着式	起重机安装在建筑物的一侧，底座固定在基础上，塔身用几道附着装置和建筑物固定，随建筑物升高而接高，其稳定性好，起重能力能充分利用，但建筑物附着点要适当加强	高层建筑施工中应用最广泛的机型，可达到一般高层建筑需要的高度
按变幅方式分类	动臂变幅式	起重臂与塔身铰接，利用起重臂的俯仰实现变幅，变幅时载荷随起重臂升降。这种动臂具有自重小，能增加起升高度、装拆方便等特点，但其变幅量较小，吊重水平移动时功率消耗大，安全性较差	工业厂房的重、大构件吊装，这类起重机当前已较少采用
	小车变幅式	起重臂固定在水平位置，下弦装有起重小车，依靠调整小车的距离来改变起重幅度，这种变幅装置的有效幅度大，变幅所需时间少、工效高、操作方便、安全性好，并能接近机身，还能带载变幅，但起重臂结构较重	由于其作业覆盖面大，这类起重机一般适用于大面积的高层建筑施工
按回转方式分类	上回转式	塔身固定，塔顶上安装起重臂及平衡臂，可简化塔身和底架的连接，底部轮廓尺寸较小，结构简单，但重心提高，需要增加底架上的中心压重，安装、拆卸费时	适应性强，大中型塔式起重机都采用上回转结构
	下回转式	塔身和起重臂可以同时回转，回转机构在塔身下部，所有传动机构都装在底架上，其重心低，稳定性好，自重较轻，能整体拖运，但下部结构占用空间大，起升高度受限制	适用于整体架设、整体拖运的轻型塔式起重机。由于具有架设方便，转移快速的特点，故下回转式塔式起重机较适用于分散施工

续表

类型		主要特点	适用范围
按起重量分类	轻型	起重量为0.5～3 t	适用于5层以下民用建筑施工
	中型	起重量为3～15 t	适用于高层建筑施工
	重型	起重量为20～40 t	适用于重型工业厂房和高炉等设备的吊装
按起重机安装方式分类	整体架设式	塔身与起重臂可以伸缩或折叠后，整体架设和拖运，能快速转移和安装	适用于工程量不大的小型建筑工程或流动分散的建筑施工
	组拼安装式	体积和质量都超过了整体架设式塔式起重机，必须解体运输到现场组拼安装	重型起重机都属于这类方式的起重机，适用于高层或大型建筑施工

4.3.2 塔式起重机的基本构造

(1)塔式起重机的主要工作机构

1)变幅机构

变幅机构和起升机构一样，也是由电动机、减速器、卷筒和制动器等组成，但其功率和外形尺寸较小。其作用是使起重臂俯仰以改变工作幅度。为了防止起重臂变幅时失控，在减速器中装有螺杆限速摩擦停止器，或采用蜗轮蜗杆减速器和双制动器。水平式起重臂的变幅是由小车牵引机构实现，即电动机通过减速器转动卷筒，使卷筒上的钢丝绳收或放，牵引小车在起重臂上往返运行。

2)回转机构

回转机构一般由电动机、减速器、回转支承装置等组成。一般塔式起重机只装一台回转机构，重型塔式起重机装有2台甚至3台回转机构。电动机采用变极电动机，以获得较好调速性能。回转支承装置由齿圈、座圈、滚动体(滚球或滚柱)、保持隔离体及联接螺栓组成。由于滚球(柱)排列方式不同，可分为单排式和双排式。由于回转小齿轮和大齿圈啮合方式不同，又可分为内啮合式和外啮合式。塔式起重机大多采用外啮合双排球式回转支承。

3)起升机构

起升机构是由电动机、减速器、卷筒、制动器、离合器、钢丝绳及吊钩装置等组成。电动机通电后，通过联轴器带动减速器进而带动卷筒转动。电动机正转时，卷筒放出钢丝绳，电动机反转时，卷筒回收钢丝绳。通过滑轮组及吊钩把重物提升或下降。起升机构有多种速度，在起吊重物和安装就位时适当放慢，而在空钩时能快速下降。大部分起重机都具有多种起降速度，如采用功率不同的双电动机，主电动机用于载荷作业，副电动机用子空钩高速下降。另一种双电动机驱动是以高速多极电动机和低速多极电动机经过行星传动机构的差动组合获得多种起升速度，如图4.11所示。如图4.11(a)所示为滑环电动机驱动的起升机构；如图4.11(b)所示为主电动机负责载重起升，副电动机负责空钩下降的起升机构；如图4.11(c)所示为双电动机驱动的起升机构。

4)大车行进机构

大车行进机构是起重机在轨道上行进的装置，其构造按行走轮的多少而有所不同。一般轻

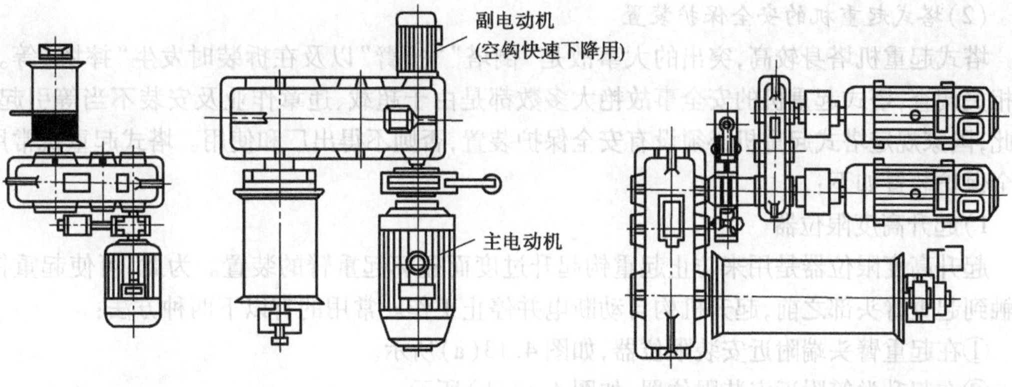

图 4.11　塔式起重机起升机构简图

型塔式起重机为 4 个行进轮，中型的装有 8 个行进轮，而重型的则装有 12 个甚至 16 个行进轮。4 个行走轮的传动机构设在底架一侧或前方，由电动机带动减速器通过中间传动轴和开式齿轮传动，从而带动行进轮使起重机沿轨道运行。8 个行进轮的需要两套行走机构（两个主动台车），而 12 个行走轮的则需要 4 套行走机构(4 个主动台车)。大车行进机构一般采用蜗轮蜗杆减速器，也有采用圆柱齿轮减速器或摆线针轮行星减速器的。大车行进机构中一般不设制动器，也有的则在电动机另一端装设摩擦式电磁制动器。如图 4.12 所示为各种行进机构简图。

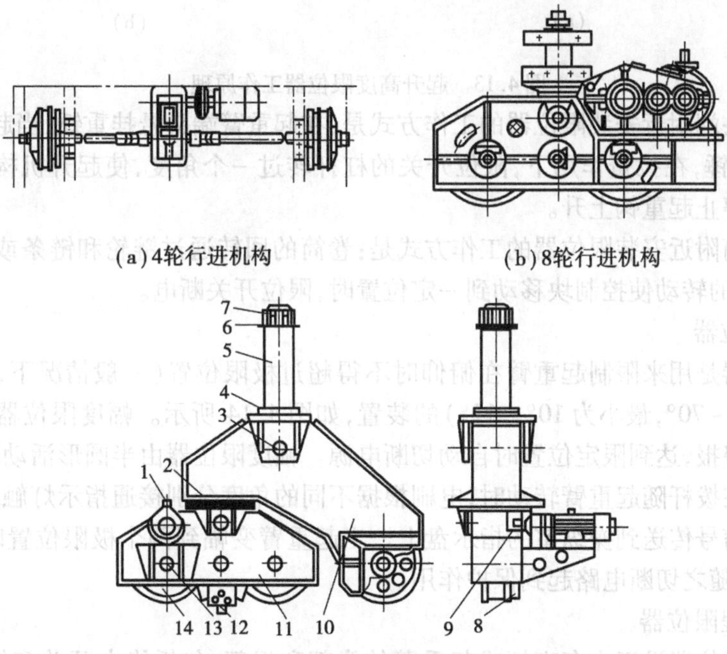

图 4.12　塔式起重机行走进机构简图

1—电动机及减速器；2—叉架；3—心轴；4—铜垫；5—枢轴；
6—圆垫；7—锁紧螺母；8—大齿圈；9—小齿轮；10—从动台车梁；
11—主动台车梁；12—夹轨器；13—主动轴；14—车轮

(2)塔式起重机的安全保护装置

塔式起重机塔身较高,突出的大事故是“倒塔”“折臂”以及在拆装时发生“摔塔”等。根据相关调查,塔式起重机的安全事故绝大多数都是由于超载、违章作业及安装不当等引起的。为此,国家规定塔式起重机必须设有安全保护装置,否则不得出厂和使用。塔式起重机常用的安全保护装置如下:

1)起升高度限位器

起升高度限位器是用来防止起重钩起升过度而碰坏起重臂的装置。为此,可使起重钩在接触到起重臂头部之前,起升机构自动断电并停止工作。常用的有以下两种方法:

①在起重臂头端附近安装限位器,如图4.13(a)所示。

②在起升卷筒附近安装限位器,如图4.13(b)所示。

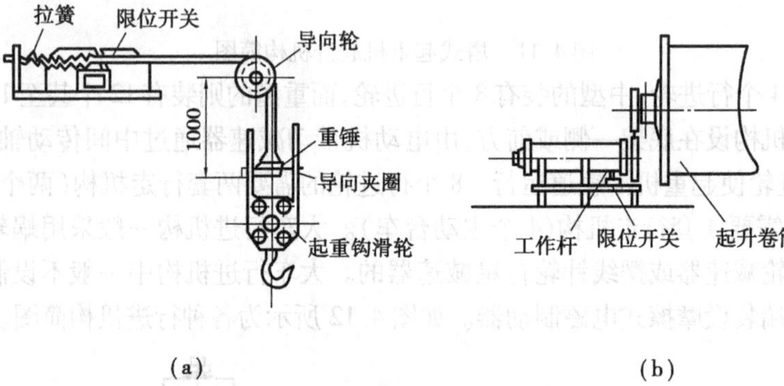

图4.13 起升高度限位器工作原理

在起重臂头端附近安装限位器的工作方式是:在起重臂端头悬挂重锤,当起重钩达到限定位置时,托起重锤,在拉簧作用下,限位开关的杠杆转过一个角度,使起升机构的控制回路断开,切断电源,停止起重钩上升。

在起升卷筒附近安装限位器的工作方式是:卷筒的回转通过链轮和链条或齿轮带动丝杠转动,通过丝杠的转动使控制块移动到一定位置时,限位开关断电。

2)幅度限位器

幅度限位器是用来限制起重臂在俯仰时不得超过极限位置(一般情况下,起重臂与水平夹角最大为60°~70°,最小为10°~12°)的装置,如图4.14所示。幅度限位器在起重臂接近限度之前发出警报,达到限定位置时自动切断电源。幅度限位器由半圆形活动转盘、拨杆和限位器等组成。在拨杆随起重臂转动时,电刷根据不同的角度分别接通指示灯触点,将起重臂的倾角通过灯光信号传送到操纵室的指示盘上。当起重臂变幅到两个极限位置时,则分别撞开两个限位开关,随之切断电路起到保护作用。

3)小车行程限位器

小车行程限位器设于小车变幅式起重臂的头部和根部,包括终点开关和缓冲器(常用的有橡胶和弹簧两种),用来切断小车牵引机构的电路,防止小车越位而造成安全事故,如图4.15所示。

4)大车行程限位器

大车行程限位器设于轨道两端,由止动缓冲装置、止动钢轨以及装在起重机行进台车上的终点开关组成,用于防止起重机脱轨事故的发生。

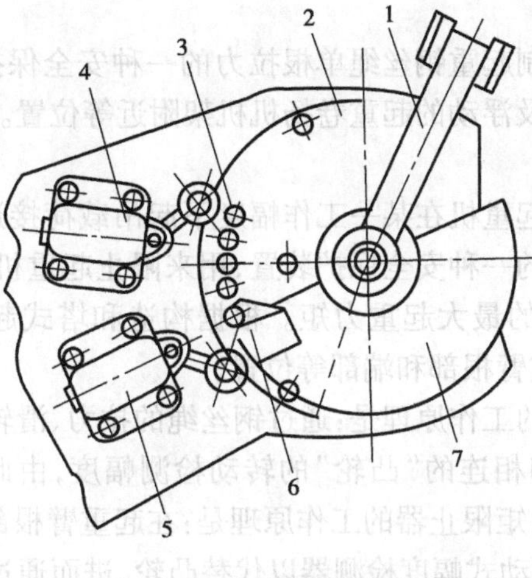

图4.14　幅度限位器

1—拨杆;2—刷托;3—电刷;4,5—限位开关;6—撞块;7—半圆形活动转盘

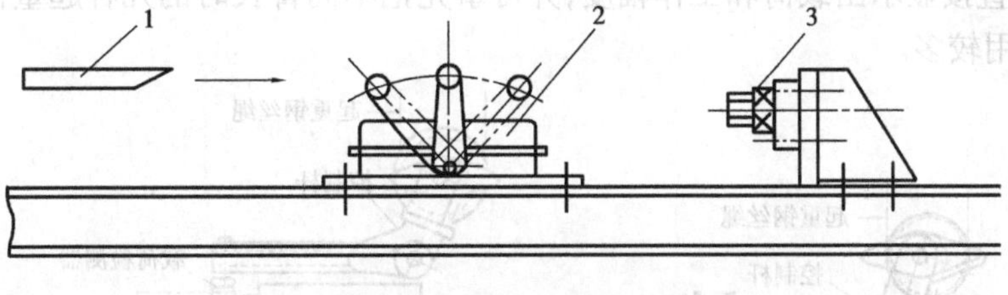

图4.15　小车行程限位器

1—起重小车止挡块;2—限位开关;3—缓冲器

如图4.16所示为目前塔式起重机较多采用的一种大车行程限位装置。当起重机按图示箭头方向行进到设定位置时,终点开关的杠杆即被止动断电装置(如斜坡止动钢轨)所转动,电路中的触点断开,则行进机构停止运行。

5)夹轨钳

夹轨钳装在行走底架(或台车)的金属结构上,用来夹紧钢轨,防止起重机在大风情况下被风力吹动。夹轨钳如图4.17所示。它由夹钳和螺栓等组成。在起重机停放时,拧紧螺栓,可使夹钳夹紧钢轨。

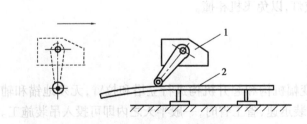

图4.16　大车行程限位器

1—终点开关;2—止动断电装置

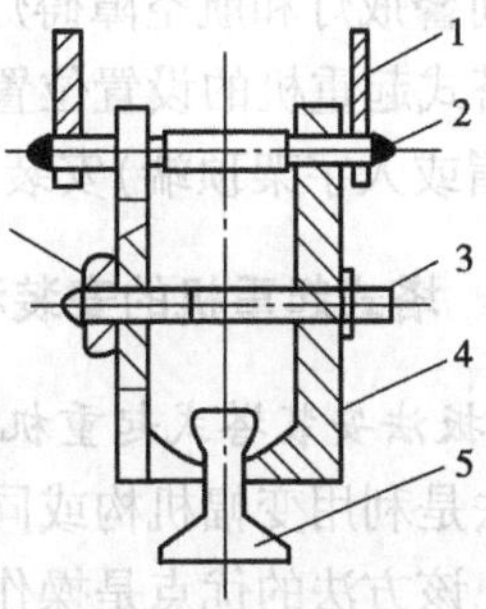

图4.17　夹轨钳

1—侧架立柱;2—轴;3—螺栓;
4—夹钳;5—钢轨;6—螺母

6)起重量限制器

起重量限制器是用来限制起重钢丝绳单根拉力的一种安全保护装置。根据构造,可安装在起重臂根部、头部、塔顶以及浮动的起重卷扬机机架附近等位置。

7)起重力矩限止器

起重力矩限止器是指当起重机在某一工作幅度下起吊载荷接近、达到该蝠度下的额定载荷时发出警报进而切断电源的一种安全保护装置,用来限止起重机在起吊重物时所产生的最大力矩不超越该塔机所允许的最大起重力矩。根据构造和塔式起重机形式(动臂式或小车式)不同,可安装在塔帽、起重臂根部和端部等位置。

机械式起重力矩限止器的工作原理是:通过钢丝绳的拉力、滑轮、控制杆及弹簧进行组合,检测载荷,通过与臂架的俯仰相连的"凸轮"的转动检测幅度,由此再使限位开关工作,如图4.18(a)所示。电动式起重力矩限止器的工作原理是:在起重臂根部附近,安装"测力传感器"以代替弹簧;安装电位式或摆动式幅度检测器以代替凸轮,进而通过设在操纵室里的力矩限止器合成这两种信号,在过载时切断电源,如图4.18(b)所示。其优点是可在操纵室里的刻度盘(或数码管)上直接显示出载荷和工作幅度,并可事先把不同臂长时的几种起重性能曲线编入机构内,故,使用较多。

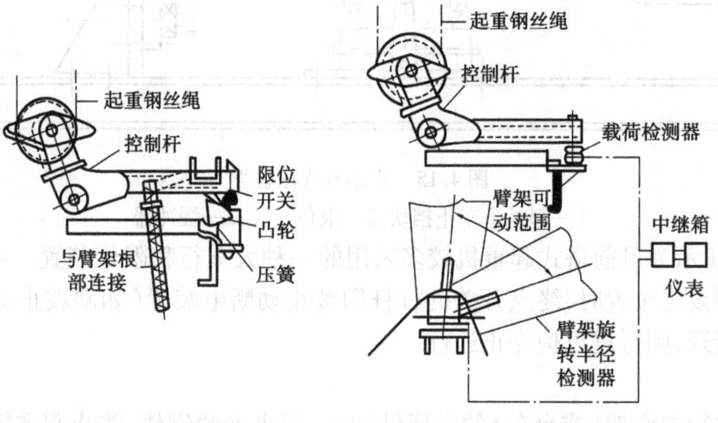

(a)机械式　　(b)电动式

图4.18　动臂式起重力矩限止器的工作原理图

8)夜间警戒灯和航空障碍灯

由于塔式起重机的设置位置一般比正在建造中的大楼高,因此,必须在起重机的最高部位(臂架、塔帽或人字架顶端)安装红色警戒灯,以免飞机相撞。

4.3.3　塔式起重机的安装和顶升

(1)起扳法安装塔式起重机

起扳法是利用变幅机构或同时利用变幅机构和起升机构进行立塔和拉臂,无须地锚和辅助起重机。该方法的优点是操作方便,安装迅速,省工省时,一般半天之内即可投入吊装施工。但存在的问题是要求有较高大的安装场地,而且当塔身和吊臂长度大时,会产生很大的钢丝绳拉力和塔身安装内力。

1)整体起扳法

整体起扳法一般是利用自身变幅机构(此时变幅滑轮组作安装架设用)整体起扳塔身和吊臂,如图4.19所示。塔身在立起与放倒时,要求有较慢的速度,但起扳塔身的力量则要求很大,如图4.19所示的变幅绳绕法正好能满足这一要求,图示机型正常变幅时变幅滑轮组倍率为4,安装塔身时,倍率为7。其架设过程如下:

①首先将塔式起重机拖上轨道,夹轨器夹紧钢轨,并用楔块塞住车轮防止其移动。然后将回转平台与底盘临时固定,以防在架设过程中回转。臂架与塔身用扣件扣住,穿绕好变幅钢丝绳,此时塔式起重机处于如图4.19(a)所示的状态。

②开动变幅机构,塔身开始绕 O_1 点转动拉起,直至塔身至垂直位置,如图4.19(b)所示。

③拆除臂架与塔身的连接扣件,穿绕好起升钢丝绳,在臂架头部绑扎一麻绳,尽量将臂架外拉,使其与塔身成一夹角,以克服死点,然后开动变幅卷扬机,臂架将绕 O_2 点转动拉起,直至所需位置,变幅卷扬机刹车。最后升起吊钩,放松夹轨器,拆卸平台与底盘的固定件,塔机架设结束,如图4.19(c)所示。

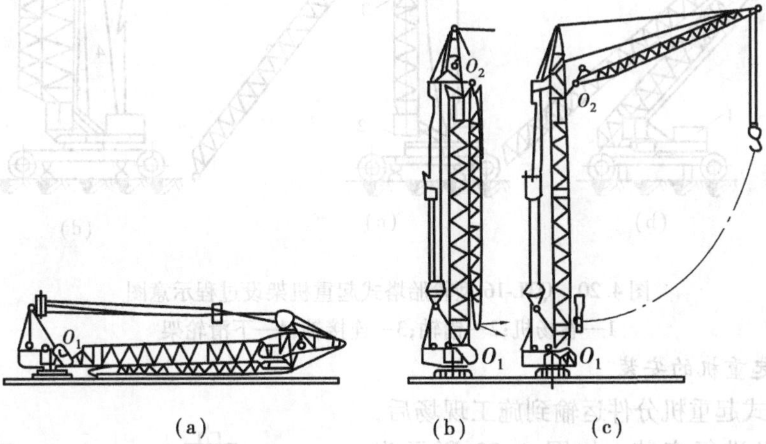

图4.19 整体起扳法安装塔式起重机示意图

2)折叠法

为了减少安装时所需的场地面积,减少拖运长度,有利于整体拖运,下回转塔式起重机塔身和吊臂常做成伸缩和折叠的构造形式。QTL-16型轮胎塔式起重机如图4.20(a)所示,是使用钢丝绳滑轮组进行安装架设的,其塔身可以伸缩,吊臂可以侧折,塔身和吊臂缩进、折叠后向后倾倒(后倾式折叠)。该起重机的整个架设过程包括竖塔、伸塔和拉起吊臂等动作,均通过本身的卷扬机加以实现。它大致有以下5个步骤:

①由下部操纵台控制进行立塔身。开动卷扬机,收紧安装钢丝绳使塔身与起重臂一起逐渐立起,臂头着地,起重臂向外滑行(见图4.20(b)),直至塔身垂直,再用销轴将塔身与转台连接(见图4.20(c))。

②外塔身固定后,首先推出内外塔身的连接轴,继续开动卷扬机,内塔身就逐渐向上伸出,直至限位开关断电后自动停止。然后插上内外塔身的连接轴,同时顶紧外塔身顶部的4个螺旋千斤顶,如图4.20(d)所示。

③拉起重臂取下外塔身的下滑轮架4,并把下滑轮架4与变幅拉绳连接起来,再开动卷扬

机,即可把起重臂拉至水平位置或成40°仰角位置。

④若需在低塔进行工作,则首先在安装前预先取下伸缩调节拉绳,接入其余各根钢丝绳,然后再按第三步拉起重臂至工作位置(水平或成40°仰角),即为低塔工作状态。

⑤首先开动卷扬机,放松安装钢绳,使塔身拉绳受力,然后拨动卷扬机的拨叉,让接合齿轮与起重卷筒的内齿圈啮合,起重机即可投入工作。

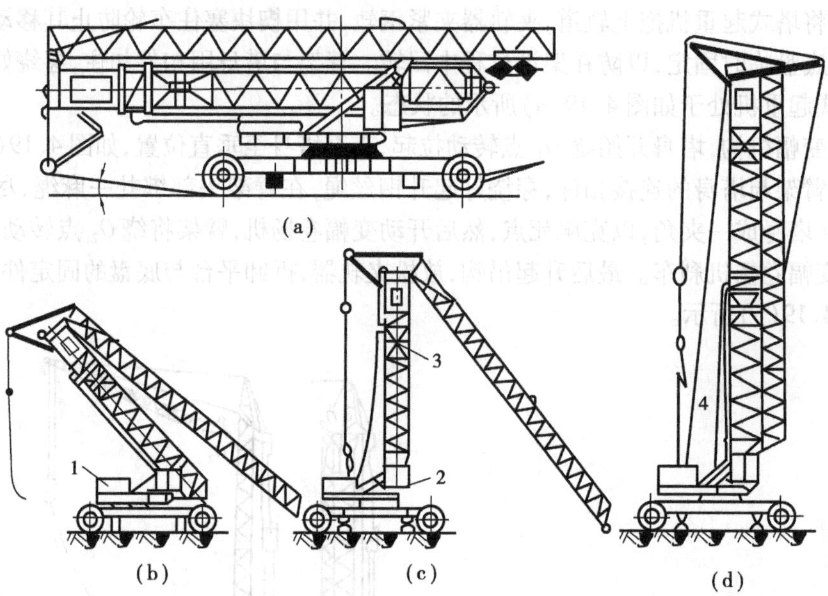

图4.20　QTL-16型轮胎塔式起重机架设过程示意图

1—卷扬机;2—销轴;3—连接轴;4—下滑轮架

(2)塔式起重机的安装

自升式塔式起重机分件运输到施工现场后,用汽车起重机进行安装。如图4.22所示为QTZ40D塔机安装顺序示意图。

1)安装底盘

塔机底盘构造如图4.21所示。安装时,将塔机底盘安放在预先浇灌好的混凝土基础上,校平底盘上4个法兰盘,用压板、螺母、地脚螺栓将底盘固定在基础上(见图4.21)。

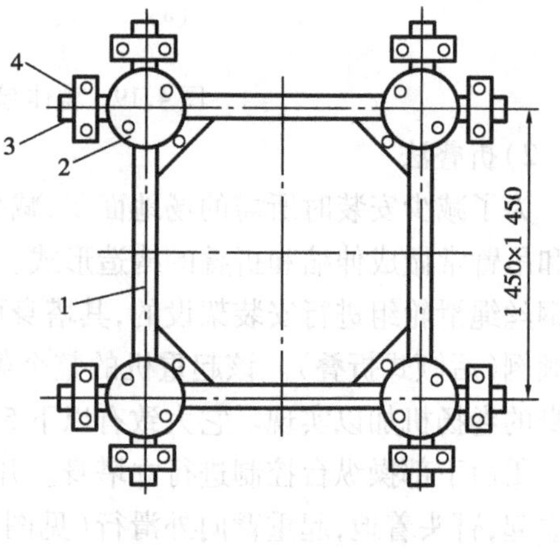

图4.21　QTZ40D塔机底盘

2)安装顶升机构

塔机出厂以及转场时,一般是将塔机底节、标准节(一节)、顶升套架、爬升过渡节、顶升装置等组装成一个整体。安装时,将此部分整体吊到塔机底盘上(要确定好塔身升高时,标准节的进入方向)对准联接孔,用螺栓将塔机底节与底盘联接牢固,如图4.22(b)所示。

3)安装回转机构

塔机出厂及转场时,一般将回转支承、回转减速器、回转过渡节等组成一个整体。安装时,

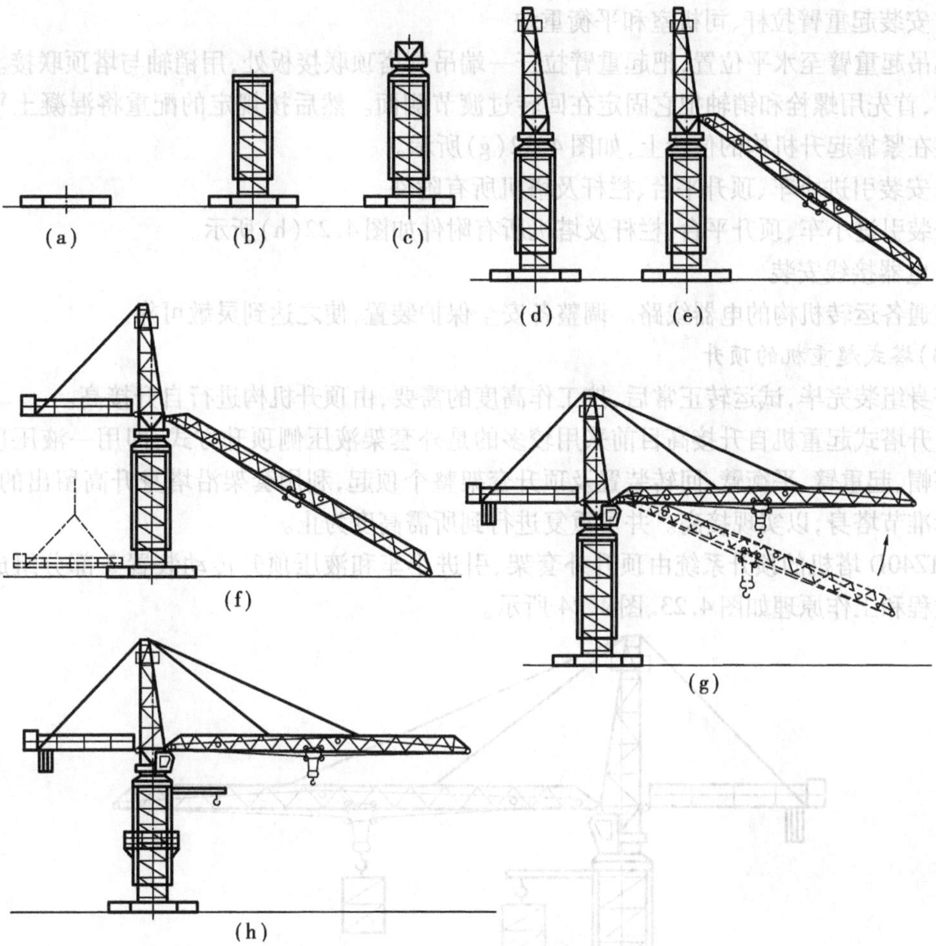

图4.22　塔机安装过程

(a)安装底盘　(b)安装爬升机构　(c)安装回转机构　(d)安装塔帽

(e)安装起重臂(倾斜位置)　(f)吊装平衡臂

将此部分整体吊到顶升套架上面,对准联接孔,用螺栓联接紧固,如图4.22(c)所示。

4)安装塔帽

首先将塔帽吊到回转过渡节上,用特制的销轴将塔帽与回转过渡节联接好。然后组装塔帽平台、栏杆、导向轮等,如图4.22(d)所示。

5)组装起重臂并吊装成倾斜位置

在地面上正对顶升套架进标准节的方向将各单节臂架组装成整臂。将起重小车和变幅卷扬机装在起重臂上,穿小车牵引钢丝绳。组装起重臂拉杆两根,用销轴联接在起重臂上弦杆两吊点中,并用夹板固定。吊装起重臂成倾斜位置,用销轴将臂根与回转过渡节铰接好,如图4.22(e)所示。

6)安装平衡臂

在地面上拼接平衡臂拉杆两根,首先将起升机构装在平衡臂上,起吊平衡臂,将臂根铰接好,装好平衡臂拉杆,拉杆的另一端固定在塔顶上。然后穿绕起升钢丝,如图4.22(f)所示。

7)安装起重臂拉杆、司机室和平衡重块

起吊起重臂至水平位置,把起重臂拉杆一端吊到塔顶联接板处,用销轴与塔顶联接。吊装司机室,首先用螺栓和销轴把它固定在回转过渡节侧面。然后按规定的配重将混凝土平衡重块吊装在紧靠起升机构的位置上,如图 4.22(g)所示。

8)安装引进小车、顶升平台、栏杆及塔机所有附件

安装引进小车、顶升平台、栏杆及塔机所有附件如图 4.22(h)所示。

9)电器接线安装

接通各运转机构的电器线路。调整各安全保护装置,使之达到灵敏可靠。

(3)塔式超重机的顶升

塔身组装完毕,试运转正常后,按工作高度的需要,由顶升机构进行自升接高。

自升塔式起重机自升接高目前采用较多的是外套架液压侧顶升方式,即用一液压顶升机构将塔帽、起重臂、平衡臂、回转装置及顶升套架整个顶起,利用套架沿塔身升高留出的空间,装入标准节塔身,以实现接高。并可重复进行到所需高度为止。

QTZ40D 塔机的顶升系统由顶升外套架、引进小车和液压顶升传动装置 3 部分组成。其顶升过程和工作原理如图 4.23、图 4.24 所示。

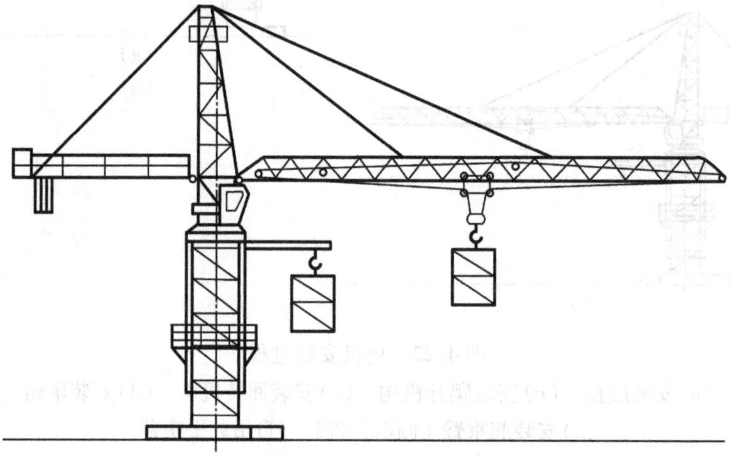

图 4.23　塔机顶升前配平衡

①将起重臂保持在引进标准节的方位,并使回转机钩处于有效的制动状态。

②首先起吊一标准节放置在引进小车上。然后起重小车再起吊一标准移动到规定的位置,将塔机上部配平衡(见图 4.23)。

③把外套架与标准节联接螺栓 2 拆除(见图 4.24(a))。如图 4.24 所示的液压缸 6 上端与外套架横梁 5 铰接,液压缸的活塞杆从液压缸下端伸出并与顶升横梁 9 铰接。

④操纵项升液压缸上下微动,将顶升横梁 9 两端放入标准节顶升块 7 槽中,如图 4.24 所示的 *A* 向图。

⑤操纵液压缸伸出活塞杆。驱动外套架上升直至外套架止动器 3 略高于标准节上一顶升块为止。此时,外套架相对塔身被顶起半个多标准节高(见图 4.24(b))。

⑥转动止动器 3,操纵液压缸向下微动,使止动器 3 放入顶升块 7 槽中(见图 4.24(b)的 *B* 向图)。

⑦收缩活塞杆,使顶升横梁上升到上一顶升块的位置(见图 4.24(c))。

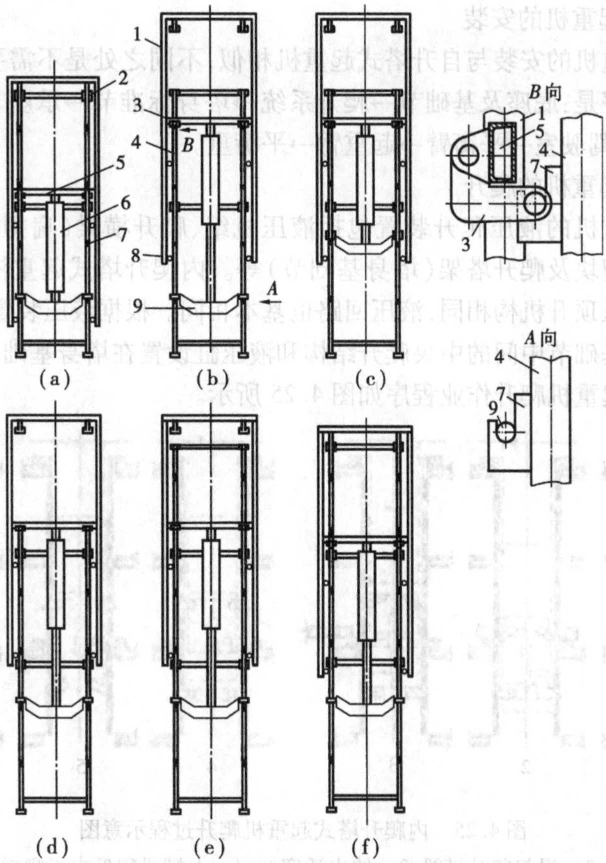

图4.24　顶升过程及原理示意图

(a)拆除联接2　(b)第一次顶升　(c)顶升横梁上移

(d)第二次顶升　(e)装入一标准　(f)联接标准节

1—外套架;2—联接螺栓;3—外套架止动器;4—标准节;5—外套架横梁;

6—顶升液压缸;7—标准节顶升块;8—滚轮;9—顶升横梁

⑧重复④、⑤过程,外套架内就形成大于一个标准节高度的空间(见图4.24(d))。

⑨把标准节引入外套架内(见图4.24(e))。

⑩操纵液压缸下降,使外套架内新装入的标准节下降与原标准节联接,松去引进小车吊钩,紧固标准节螺栓。

⑪液压缸继续下降,使外套架的4根短立柱与新装入的标准节上端联接,并紧固联接螺(见图4.24(f))。

以上是增加一个标准节的过程,若连续增加标准节,可在⑩动作后,重复⑥、⑦、⑧,然后做⑨、⑩动作。当塔身升高到施工规定高度时,做⑪动作,完成塔身加高。

降塔和拆除按升高和安装的相反顺序进行。

(4)内爬升塔式起重机的安装和爬升

内爬升塔式起重机安装在建筑物内部(电梯井或楼梯间),能随着建筑物升高而逐层向上爬升。由于内爬升塔式起重机具有不占用施工场地,不需构筑轨道基础,塔身不需接高和附着等优点,在高层建筑和超高层建筑施工中得到广泛使用。

1)内爬升塔式起重机的安装

内爬升塔式起重机的安装与自升塔式起重机相似,不同之处是不需要安装行走底架和顶升套架。其安装顺序是:底座及基础节→爬升系统→塔身标准节→承座、支承回转装置、转台及回转机构→塔帽、驾驶室→平衡臂→起重臂→平衡重。

2)内爬升塔式起重机的爬升

内爬升塔式起重机的液压爬升装置包括液压机组、爬升横梁(扁担梁)、爬升框架、爬升梯、导向装置、止降楔块及爬升塔架(塔身基础节)等。内爬升塔式起重液压机组的组成与自升塔式起重机的液压顶升机构相同,液压回路也基本相同。根据液压装置的安装位置,可分为液压缸设置在塔身基础节中间的中央爬升结构和液压缸设置在塔身基础节一侧的侧爬升结构两种。内爬升塔式起重机爬升作业程序如图 4.25 所示。

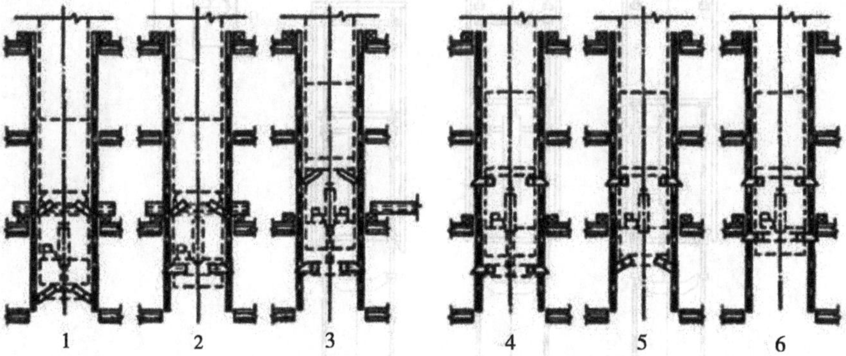

图 4.25　内爬升塔式起重机爬升过程示意图

1—缩回活塞杆;2—提起爬升横梁;3—伸出活塞杆;4—上横梁爬爪支于爬梯另一踏步块上;
5—缩回活塞杆;6—继续提起爬升横梁支于踏步块上,完成爬升循环

(5)塔式起重机的选用

1)建筑物主体结构工程施工选用塔式起重机应考虑的主要问题

①使用轨行式塔式起重机,应考虑到轨道中心至建筑物外墙之间的距离,一般控制为 4.5 ~6.5 m;使用外附式自升塔式起重机时,应考虑被附着的框架节点的承载能力;若使用内爬式塔式起重机,则应考虑建筑结构支承塔式起重机后的强度和稳定性。

②塔式起重机的吊高,应是施工过程的最大吊装高度;作业回转半径,应是施工过程中要求的最远的安装(卸物)距离。

③在同一施工现场使用多台塔式起重机同时作业时,应考虑有没有障碍物,塔式起重机的起重大臂是否会出现碰撞,对平衡臂同样应有可靠的安全措施。

2)塔式起重机的选择步骤

①选机

根据建筑物施工要求的最大吊高来选定塔式起重机的类型。倾斜臂架式塔式起重机的最大吊高为 60 m,外附式自升塔式起重机的最大吊高为 160 m,内爬式自升塔式起重机的最大吊高大于 160 m。

塔式起重机最大吊高可计算为

$$H_{塔} \geqslant H_1 + H_2 + H_3 + H_4 \tag{4.1}$$

式中　$H_{塔}$——要求塔式起重机的最大起吊高度,m;

H_1——建筑物总高度,m;

H_2——建筑物施工层施工人员安全生产所需要的安装高度,m,一般为1.5~2 m;

H_3——被安装的构件或最高吊物的高度,m,一般为3~3.5 m;

H_4——索具高度,m,一般为2.5~3 m。

②定型

根据建筑构件安装或重物卸物的不同距离和不同质量来选定适宜的塔式起重机的型号,以满足吊装作业全过程的要求,并做到经济、合理。

4.4　自行式起重机

自行式起重机具有良好的行走装置,不需铺设轨道而能在整个施工场地自行移动。移到作业场地后,能迅速投入工作,机动灵活,工作可靠,所以广泛应用于建筑施工中的吊、运、装、卸等作业。

自行式起重机按底盘形式可分为汽车起重机、轮胎起重机和履带起重机。它们的工作机构包括起升、变幅、回转及行走4大基本机构。

4.4.1　轮式起重机

(1)轮式起重机的分类

轮式起重机按结构形式可分为以下4类:

①按底盘的特点,可分为汽车式起重机和轮胎式起重机。汽车式起重机行驶速度高,机动灵活,接近汽车行驶速度;轮胎式起重机则具有转弯半径小、全轮转向、吊重行驶等特点。汽车式起重机和轮胎式起重机(包括越野轮胎式起重机)的工作机构及其工作设备均安装在自行式充气轮胎底盘上。

②按起重量,可分小型(起重量在12 t以下)起重机、中型(起重量在16~40 t)起重机、大型(起重量大于40 t)起重机及超大型(起重量在100 t以上)起重机。

③按起重吊臂形式,可分为桁架臂式(定长臂或接长臂)起重机和箱形臂式(伸缩臂式)起重机。桁架臂式起重机的自重轻,可接长到数十米,主要用于大型起重机。箱形臂式起重机在行驶状态时吊臂缩在基本臂内,不妨碍高速行驶,工作时外伸到所需的长度,因此,箱形臂式起重机转移快、准备时间短、利用率高,并能进入(伸入)仓库、厂房、窗口工作,但其吊臂自重大,在大幅度工作时起重性能较差。

目前,100 t以上的桁架吊臂的轮胎式起重机吊臂长度在60~70 m,部分超过100 m。起重量超过100 t的箱形伸缩臂的轮胎式起重机(目前最大为250 t),由于受到结构、材料、行驶尺寸和臂端挠曲等限制,箱形吊臂长度一般在40 m以内,个别的在50 m左右。

④按传动装置形式,可分为机械传动式起重机、电力-机械传动式起重机和液压-机械传动式起重机。目前,机械传动式起重机已逐步被淘汰,而电力-机械传动式起重机仅在大型的桁架臂轮胎式起重机中采用。液压-机械传动式起重机由于具有结构紧凑、传动平稳、操纵省力、元件尺寸小、质量轻、易于“三化”等特点,故得到广泛的应用。

(2)轮式起重机的构造特点

轮式起重机的构造可分为上车、下车两大部分。上车一般称为作业部分,安装有起升机构、变幅机构、回转机构(包括回转支承机构)、臂架及臂架伸缩机构、转台及平衡座等。其中,臂架伸缩机构仅限于箱形臂架式的起重机。轮式起重机的下车(又称底盘部分)就是一个轮胎式的底盘。底盘部分具有保证整机正常行驶所需要的传动系统、转向机构、制动机构、悬挂装置和车架等。

轮式起重机除具有工程起重机械都具备的起升机构、变幅机构、回转机构、行进机构、臂架、转台和底架外,还安装两个特有的部件,即支腿的收、放部件以及稳定器。

轮式起重机设置支腿的目的:一是增大起重支承的面积,提高起重机作业过程的稳定性;二是使轮胎在起重作业中离地不受压,变浮动支承为刚性支承,同时可防止轮胎由于过载而被损坏。

对于处于运输状态的底盘,悬挂弹簧被车重压缩,支腿撑起车架时,板弹簧要恢复成无荷状态。稳定器的作用在于防止板弹簧复原,使车轮在车架被顶起后,不与地面接触,以保证起重机在进行起重作业时有较好的稳定性。

近年来,在世界各国研制和发展大型起重机的过程中,汽车式起重机比轮胎式起重机发展更为迅速。其原因是汽车式起重机具有以下3大优势:

①底盘总体积小,行驶速度快,机动性好,可充分提高大型机械的利用率。

②动力、传动链短,结构和安装相对简单。一般汽车式起重机的起重部分和行进部分都是分别驱动的,因此,不需要将动力经中心回转接头从上车引到下车,从而缩短了传动链。

③汽车式起重机的零部件和专用底盘供应方便。变速箱、液压转向器、前后桥、各种液压元件以及动力装置等都可由相应的专业生产厂家组织生产或按专业协作网络进行供应。

(3)汽车式起重机

汽车式起重机的外形如图4.26所示。

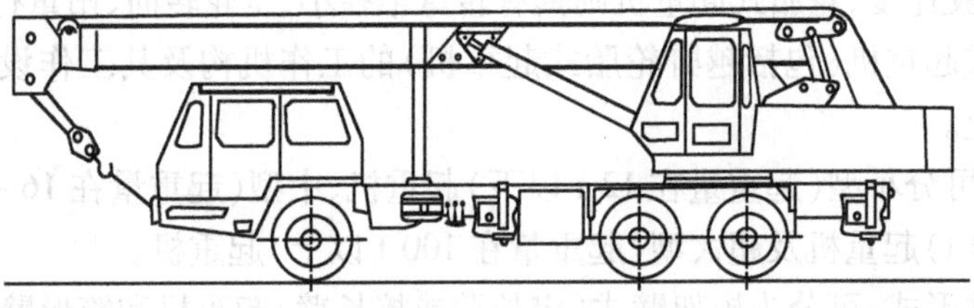

图4.26 汽车起重机

(4)轮胎式起重机

根据轮胎式起重机传动方式的不同,可分为机械式起重机、液压式起重机和电动式起重机3种。早期的机械传动式轮胎起重机已被淘汰;电动式起重机是由柴油机拖动直流发电机组发出直流电,再由直流电动机驱动各工作机构做功;20世纪90年代以来世界各国推出的轮胎式起重机,几乎都是液压式起重机。

电动式轮胎式起重机主要有QLD16型、QLD2D型、QLD25型、QLD40型等;液压式轮胎起重机主要有QLY16型、QLY25型等。例如,QLD20型起重机的起重量最大可达200 kN,起重臂长度为12~24 m,最大起升高度可达22.4 m;又如,QLY16型起重机的起重量最大可达160 kN,起重臂长度为8~19 m,带副臂可达24.5 m,最大起升高度可达24.4 m。

轮胎式起重机的外形如图4.27所示。其上部构造和履带式起重机基本相同,吊装作业时则与汽车式起重机相同,也是用4个支腿支承地面以保持稳定。轮胎式起重机在平坦地面上进行小起重量作业时可带负荷行进，但不适合在松软泥泞的建筑场地上工作。

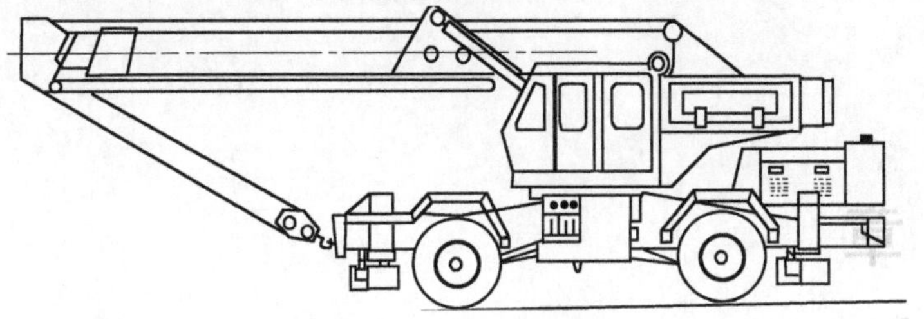

图4.27 轮胎起重机

4.4.2 履带式起重机

履带起重机是以履带为运行底架的自行式起重机。这种起重机将起重工作装置安装在履带底盘上，行走依靠履带装置。更换工作装置后，还可作正铲、拉铲、抓斗、打桩等多项作业。由于履带接地面积大，故能在较差的地面上行驶和作业。作业时，由于履带支承宽度大，故稳定性好，不需设置支腿，可带载移动，并可原地转弯。其缺点是自重大，行驶速度慢（<5 km/h），易损坏路面，故转场时需要平板拖车装运。

如图4.28所示为履带起重机外形结构示意图。它主要由履带行走装置、回转机构、转台、起升机构、变幅机构及工作装置等部分组成。工作装置的起重臂为多节桁架结构，下端铰装在转台前部，顶端由变幅钢丝绳支持，并装有起升滑轮。司机室、机棚、动力装置、起升机构、变幅机构、配重等均安装在转台上。

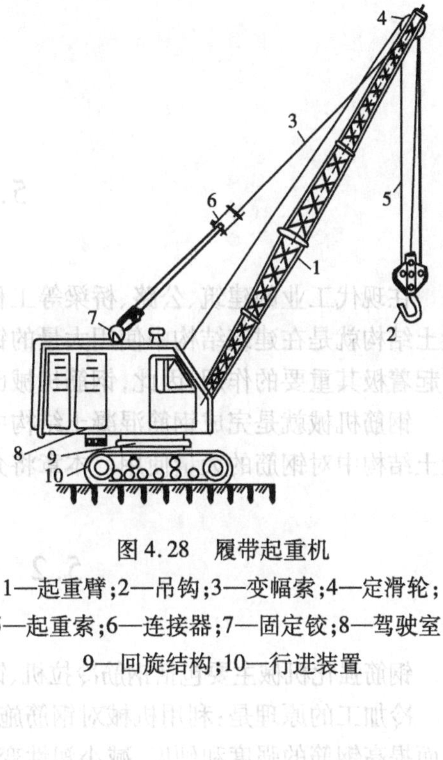

图4.28 履带起重机

1—起重臂；2—吊钩；3—变幅索；4—定滑轮；5—起重索；6—连接器；7—固定铰；8—驾驶室；9—回旋结构；10—行进装置

思考题与习题

4.1 起重机主要性能参数有哪些内容？

4.2 起重机的工作机构一般分为哪几部分？各部分起何作用？

4.3 施工电梯按传动形式分为哪几种？

4.4 简述固定式塔式起重机的安装顺序。

4.5 自升式塔式起重机是如何自升接高的？

4.6 下回转快速安装塔式起重机有哪些主要特点？

4.7 汽车起重机、轮胎起重机和履带起重机各有何特点？汽车起重机与轮胎起重机有何区别？

第 5 章
钢筋机械

5.1 概 述

在现代工业的建筑、公路、桥梁等工程中，非常广泛地采用了钢筋混凝土的结构。钢筋混凝土结构就是在建筑结构中使用大量的钢筋作骨架，以提高建筑的抗振性能，在构筑物和构件中起着极其重要的作用，因此，钢筋机械已成为建筑施工中一种重要的机械。

钢筋机械就是完成钢筋混凝土结构中钢筋的强化、调直切断、弯曲、焊接等，以满足钢筋混凝土结构中对钢筋的大量使用。本章将介绍钢筋施工中常用的机械设备。

5.2 钢筋强化机械

钢筋强化机械主要包括钢筋冷拉机、钢筋冷拔机、冷轧带肋钢筋成型机以及钢筋冷轧扭机。

冷加工的原理是：利用机械对钢筋施以超过屈服点的外力，使钢筋产生不同形式的变形，从而提高钢筋的强度和硬度，减小塑性变形。

5.2.1 钢筋冷拉机

钢筋冷拉是指在常温下，以超过钢筋屈服强度的拉应力拉伸钢筋，使钢筋产生塑性变形，达到提高其强度和节约钢材的目的。钢筋冷拉后屈服点提高、塑性降低（变脆）弹性模量也略有降低，还可平直钢筋，去除钢筋表面的氧化皮，提高钢筋表面质量。

根据冷拉机工艺和控制冷拉参数的要求不同，钢筋冷拉机的种类主要有卷扬机式冷拉机、液压式冷拉机和阻力轮式冷拉机等。

(1)卷扬式冷拉机

1)构造组成

卷扬式冷拉机主要由卷扬机、定动滑轮组、导向滑轮、地锚、夹具及测量装置等组成，如图

5.1所示。卷扬机式冷拉机一般采用电动慢速卷扬机驱动。牵引力一般控制为30～50 kN，卷扬机筒直径为350～450 mm，转速为6～8 r/min。

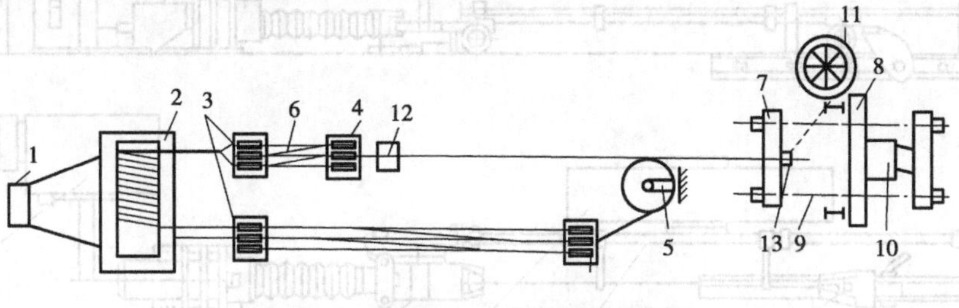

图5.1　卷扬机式冷拉机示意图

1—地锚；2—卷扬机；3—定滑轮组；4—钢丝绳；
5—动滑轮组；6—前夹具；7—活动横梁；8—放盘器；
9—固定横梁；10—测力器；11—传力杆；12—后夹具；13—导向滑轮

2)工作原理

卷扬式钢筋冷拉机的工作原理是：卷扬机卷筒上的钢丝绳正、反向绕在两幅动滑轮组上，当卷扬机旋转时，夹持钢筋的一副动滑轮组被拉向卷扬机，钢筋被拉长。另一副动滑轮组被拉向导向滑轮，为下一次冷拉时交替使用。钢筋所受的拉力，经传力杆11和活动横梁7传给测力器10，测出拉力的大小。钢筋拉伸长度通过机身上的标尺直接测量或用行程开关控制。

3)性能指标

电动卷扬式钢筋冷拉机的主要性能指标如表5.1。

表5.1　扬式钢筋冷拉机的技术性能

性能指标	粗钢筋冷拉	细钢筋冷拉
卷扬机型号规格	JM5(5 t慢速)	JM5(3 t慢速)
滑轮直径及门数	计算确定	计算确定
钢丝绳直径/mm	24	15.5
卷扬机速度/(m·min^{-1})	小于10	小于10
测力器形式	千斤顶测力器	千斤顶测力器
冷拉钢筋直径/mm	12～36	6～12

(2)液压式冷拉机

1)构造组成

液压式冷拉机主要由泵阀控制器、液压冷拉机、装料小车及夹具等组成。其结构如图5.2所示。

2)工作原理

液压式冷拉机采用液压拉伸机作为冷拉动力。工作时，两台电动机分别带动高、低压油泵，使高、低压油经过输油管路、液压控制阀进入油压张拉油缸，完成拉伸钢筋和回程动作。

3)主要特点

液压式冷拉机的特点是：结构紧凑、工作平稳、噪声小，能正常测定冷拉率和冷拉应力，易于实现自动控制。但液压装置行程短，适用范围受到限制，较适用于冷拉粗钢筋的机械。

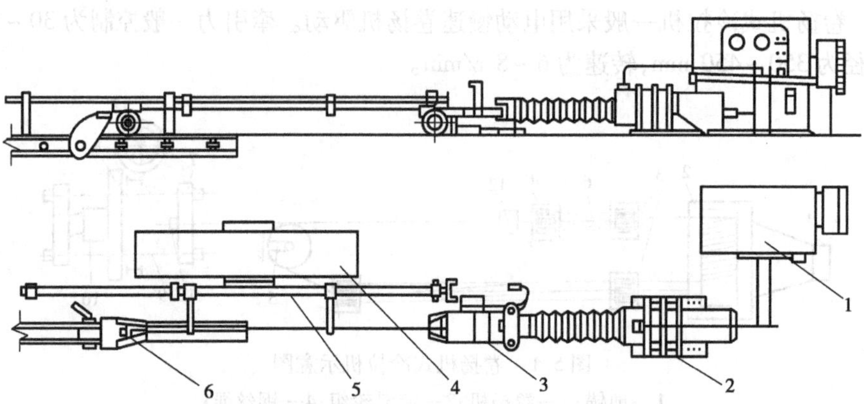

图 5.2　液压钢筋冷拉机

1—泵阀控制器;5—翻料架;4—装料小车;3—前端夹具;2—液压冷拉机;6—后端夹具

4)性能指标

GL18 型液压式冷拉机的技术性能见表 5.2。

表 5.2　GL18 型液压式冷拉机的技术性能

性能指标	指标值	技术性能		指标值
冷拉钢筋直径/mm	12～18	高压油泵	型号	ZBD40
冷拉钢筋长度/mm	9 000	高压油泵	压力/MPa	210
最大拉力/kN	320	高压油泵	流量/($ML \cdot min^{-1}$)	40
液压缸直径/mm	220	高压油泵	电动机型号	Y 型 6 极
液压缸行程/mm	600	高压油泵	电动机功率/kW	7.5
液压缸截面面积/cm^2	380	高压油泵	电动机转速/($r \cdot min^{-1}$)	960
冷拉速度/($m \cdot s^{-1}$)	0.04～0.05	低压油泵	型号	CB-B50
回程速度/($m \cdot s^{-1}$)	0.06	低压油泵	压力/MPa	2.5
工作压力/MPa	32	低压油泵	流量/($L \cdot min^{-1}$)	50
台班产量/(根·台班$^{-1}$)	700～720	低压油泵	电动机型号	Y 型 4 极
油箱容量/L	400	低压油泵	电动机功率/kW	2.2
总质量/kg	1 250	低压油泵	电动机转速/($r \cdot min^{-1}$)	1 430

(3)阻力轮式冷拉机

1)构造组成

阻力轮式冷拉机由支承架、阻力轮、电动机、减速器及胶轮等组成,如图 5.3 所示。

2)工作原理和特点

电动机为动力,经减速器使胶轮旋转,通过阻力轮将绕在胶轮上的钢筋拉动,并把冷拉后的钢筋送入调直机进行调直和切断。它主要是通过调节阻力大小来控制冷拉率的。

阻力轮冷拉机适用于直径在 6～8 mm 粗的圆盘钢筋,冷拉率为 6%～8%。阻力轮冷拉机和钢筋调直机配合使用,对钢筋进行冷拉和调直。

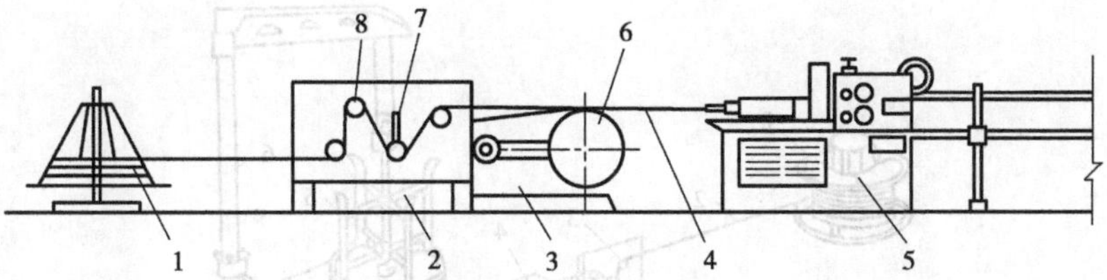

图 5.3　阻力轮冷拉机
1—钢筋放盘价;2—阻力轮冷拉机;3—减速器;4—钢筋;
5—调直机;6—钢筋胶轮;7—调节槽;8—阻力轮

5.2.2　钢筋冷拔机

钢筋冷拔机是钢筋冷加工方法之一,是利用钢筋冷拔机将直径为 6 ~ 8 mm 的Ⅰ级钢筋,以强力拉拔的方式,通过用钨合金钢制成的拔丝模(模孔比钢筋直径小 0.5 ~ 1 mm),而把钢筋拔成比原钢筋直径小的冷拔钢筋。如果将钢筋进行多次冷拔,可加工直径更小的冷拔钢丝。一般冷拔钢丝的直径为 3 ~ 5 mm,根据钢筋原材料质量和冷拔道次而提高的冷拔钢丝强度不同,可分为甲级和乙级冷拔钢丝。钢筋经冷拔后,强度可大幅提高,一般可提高 40% ~ 90%,但是塑性降低,延伸率变小。其工艺流程为:原料上盘→轧头→除锈→润滑→冷拔→收线→卸成品。

拔丝模是拔丝机上主要的工作机构,如图 5.4 所示。根据拔丝模在拔丝过程中的作用不同,可将其分为以下 4 个工作区域:

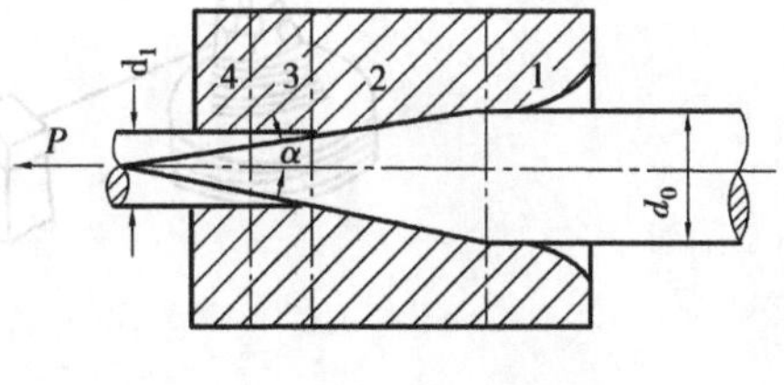

图 5.4　钢筋冷拔机示意图
1—进口区;2—挤压区;
3—定径区;4—出口区

①进口区。进口区的形状呈喇叭状,便于被拔钢丝的引入。

②挤压区。此区域为拔丝模的主要工作区域,被拔的粗钢筋在该区域内被强力拉拔和挤压又粗变细,挤压的角度为 14° ~ 18°;拔制直径为 4 mm 的钢丝为 14°;直径为 5 mm 的钢丝为 16°;直径大于 5 mm 的钢筋为 18°。

③定径区。该区域使被拔钢筋保持一定的截面,又称为圆形挤压区。其轴向长度约为所拔钢丝的 1/2。

④出口区。拔制成一定直径的钢丝从该区域引出,缠绕在卷筒上。

钢筋冷拔机主要分为立式和卧式冷拔机两种。每种又分为单卷筒和双卷筒。当拔丝的生产任务大时,可将几台拔丝机组合起来,形成三联、四联、五联的拔丝机。

(1)构造组成

1)立式冷拔机

立式钢筋冷拔机的构造如图 5.5 所示。它是由卷筒固定在锥齿轮传动箱的立轴上,电动机通过变速器和一对锥齿轮传动带动卷筒旋转,使圆盘钢筋的断头经轧细后穿过润滑剂盒及拔丝模而被固结在卷筒上,开动点击即可进行拔丝。

2)卧式冷拔机

卧式双卷筒冷拔机主要由电动机驱动,通过减速带动卷筒旋转,在钢筋子卷筒旋转产生的

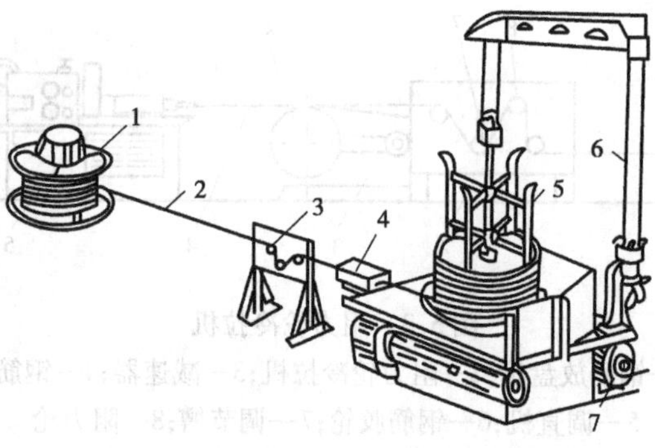

图 5.5　立式单卷筒冷拔机示意图

1—盘料架;2—钢筋;3—阻力轮;

4—拔丝模;5—卷筒;6—支架;7—电动机

强拉力作用下,通过拔丝模盒完成冷拔工序,并将冷拔塑细后的钢筋缠绕在卷筒上,达到一定数量后卸下,使卷筒继续冷拔作业。其卧式双筒拔丝机结构如图 5.6 所示。

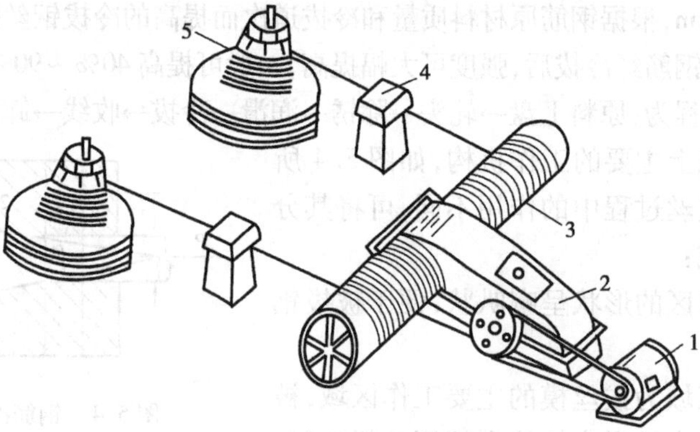

图 5.6　卧式双筒冷拔机示意图

1—放圈架;2—拔丝模块;3—卧式卷筒;4—变速箱;5—电动机

(2)性能指标

冷拔机的性能指标见表 5.3。

表 5.3　冷拔机的性能指标

性能指标	1/750 型	4/650 型	4/550 型
卷筒个数及直径/(个 · min^{-1})	1/750	4/650	4/550
进料钢材直径/mm	9	7.1	6.5
成品钢丝直径/mm	4	3 ~ 5	3
钢材抗拉强度/MPa	1 300	1 450	1 100
成品卷筒的转速/(r · min^{-1})	30	40 ~ 80	60 ~ 120
成品卷筒的线速度/(m · min^{-1})	75	80 ~ 160	104 ~ 207

5.2.3　冷轧带肋钢筋成型机

冷轧带肋钢筋(冷轧螺纹钢筋)是近几年发展起来的一种新型建筑用钢材,用普通低碳钢盘条或低合金盘条,经多道冷轧或冷拔减径和一道压痕,最后形成带有两面或三面月牙形横肋的钢筋。

冷轧带肋钢筋因其轻度高(抗拉强度比热轧线材高50% ~100%)、塑性好、握裹力强,因而得到迅速发展,广泛应用于各种建筑工程。冷轧带了钢筋适合于10 mm 以下的小规格钢筋,弥补了热轧螺纹钢筋品种的不足。

目前,带肋钢筋的生产工艺可分为以下两种:

①轧制工艺。利用三辊技术实现“原料断面→弧三角断面→圆断面→弧三角断面→刻痕”的流程,如图5.7所示。

②拉拔工艺。利用冷拔模具实现“原料断面→圆断面→圆断面→弧三角断面→刻痕”流程,如图5.8所示。

一般最后道次压缩率固定位22.1%。

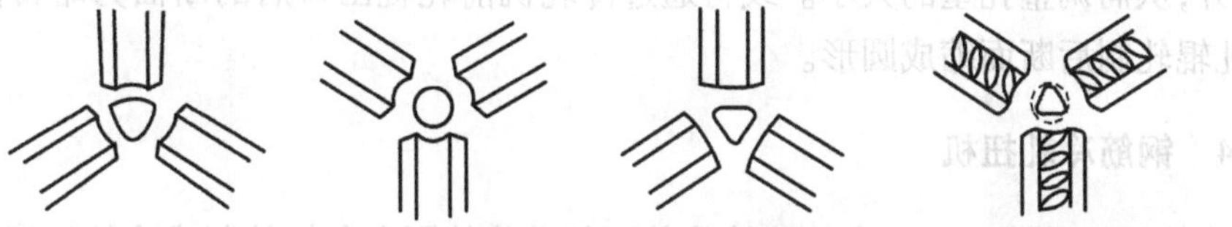

图5.7　冷轧带肋钢筋轧制生产工艺图

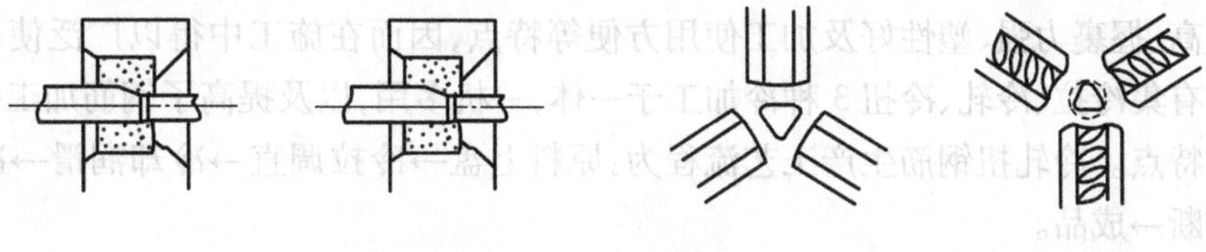

图5.8　冷轧带肋钢筋拉拔生产工艺图

两种工艺比较,冷轧更有利于钢筋的塑性变形,应为钢筋与轧辊之间为滚动摩擦,有较好的塑性变形条件和较低的加工硬化率,可提高钢筋的延伸率和变形效率,适合于负偏差轧制。另外,轧制使盘条之间的对焊接头仅受到压力作用,断头率较低,可以充分发挥设备的速度潜力。轧制工艺生产的成品松弛性能较拉拔成品的好,而且轧制的成品有更高的屈服极限。但是轧制工艺成品抗拉强度一般低于冷拔工艺成品的5%左右,生产成本要比冷拔工艺略高。若生产要求较高强度或原材料强度较低,可以采用拉拔工艺,并增加消除应力装置,将成品延伸率提高1% ~2%,从而克服成品延伸率低的缺陷。

冷轧带肋钢筋成型机有主动式和被动式两种,目前趋向使用以拉拔机带动的辊模进行被动轧制。

被动式冷轧带肋钢筋成型机主要由机架、调整手轮、传动箱和轧辊组等组成。其结构如图5.9所示。

冷轧机是通过轧辊组内3个互成120°角并带有孔槽的辊片组成的孔型来完成减径或成型。每台轧机装有两套轧辊组,两套轧辊组的辊片交差成60°角,使钢筋经轧制后,上下两面

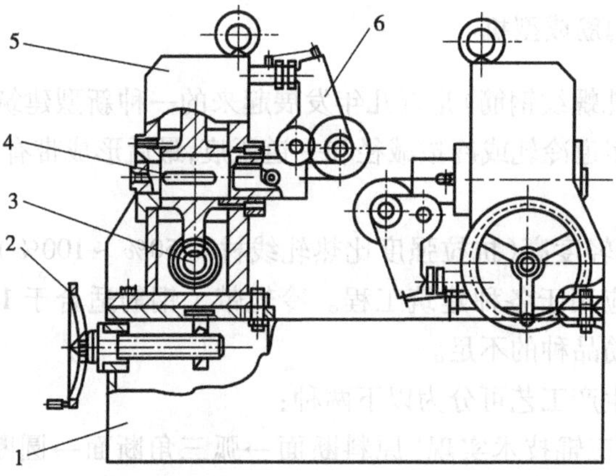

图 5.9　被动式冷轧带肋钢筋成型机示意图

1—机架；2—调整手轮；3—蜗杆；4—蜗轮；5—传动箱；6—轧辊组

形成相互交错为60°角的肋条。冷轧机通过左、右侧轴，经蜗轮和蜗杆传动来实现3个辊片的收拢和张开，从而调整孔型的大小。线材通过冷轧机前轧辊出口后的断面为略带圆角的三角形，经后轧辊轧制后断面缩成圆形。

5.2.4　钢筋冷轧扭机

钢筋冷轧扭机是施工工程中能连续将普通低碳热轧圆盘条钢轧制成冷轧扭钢筋的主导专用设备。冷轧扭钢筋又称为“冷轧变形金刚”，是具有一定螺距的连续螺旋状冷强化钢筋；由于其强度高、握裹力强、塑性好及加工使用方便等特点，因而在施工中得以广泛使用。钢筋冷轧扭机具有集冷拉、冷轧、冷扭3种冷加工于一体，一机多用，以及提高了钢筋加工生产的机械化等主要特点。冷轧扭钢筋生产工艺流程为：原料上盘→冷拉调直→冷却润滑→冷轧→冷扭→定尺切断→成品。

(1) 构造组成

钢筋冷轧扭机主要由调直机构2、冷轧机构4、冷扭机构6及定尺切断机构8等组成。其结构如图5.10所示。

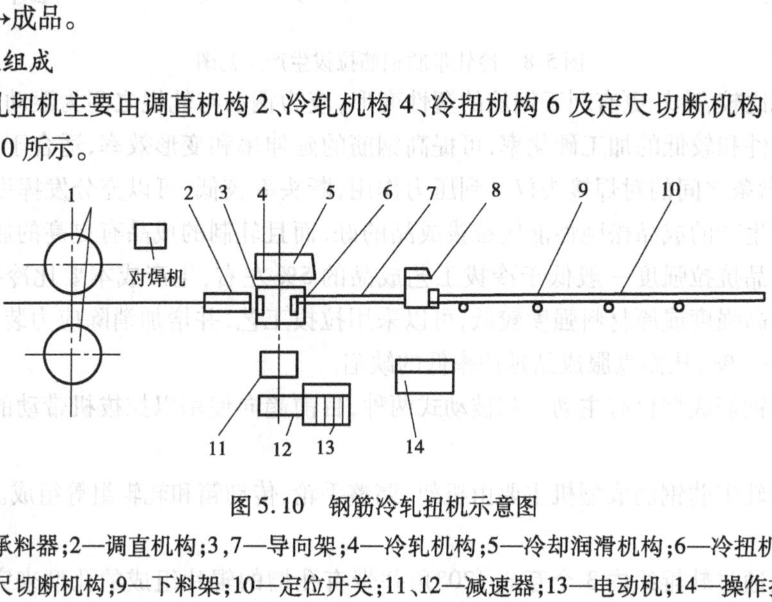

图 5.10　钢筋冷轧扭机示意图

1—承料器；2—调直机构；3,7—导向架；4—冷轧机构；5—冷却润滑机构；6—冷扭机构；8—定尺切断机构；9—下料架；10—定位开关；11、12—减速器；13—电动机；14—操作控制台

(2)工作原理

钢筋由承料器1上引出,经过调直机构调直,并清除氧化皮,在经导向架3和7进入轧机,冷轧至一定厚度,其断面轧成近似于矩形。在轧辊推动下,钢筋被迫通过已旋转了定角度的一对扭转辊,从而形成连续旋转的螺旋状钢筋。再通过渡架穿过切断机构,进入下料架的料槽,碰到定位开关而启动切断机构,钢筋被切断落到料架上。

(3)性能指标

钢筋冷轧扭机的主要技术参数见表5.4。

表5.4 冷轧扭机的主要技术参数

项 目	技术参数
轧辊转速	42.7 r/min
可轧钢筋规格	Q235盘圆钢筋 ϕ5~10 mm
轧扁厚度	连续可调,可满足不同规格钢筋的轧制工艺要求
钢筋切断长度	0.6~6.3 mm
冷轧扭钢筋线速度	约为24 m/min
最大外形尺寸	13.5 m×3.55 m×1.35 m
总量	3 t

5.3 钢筋切断机械

钢筋切断机是用于对钢筋原材和矫直的钢筋按需要的尺寸进行切断的专用机械。它广泛用于施工现场和混凝土预制构件厂剪切直径6~60 mm的钢筋,是建筑工程施工企业的常规设备。更换相应刀片、可用于圆钢、方钢的下料。按传动方式,可分为机械传动和液压传动两类。

(1)机械传动式钢筋切断机

1)构造组成

曲柄连杆式钢筋切断机是机械传动式钢筋切断机的一种。其结构简单,使用方便。其结构如图5.11所示。它主要由电动机、带轮、齿轮、曲柄滑块机构、切刀及机架组成。

2)工作原理

由电动机驱动,通过V形带和两对齿轮使偏心轴旋转。装在偏心轴上的连杆带动滑块和动刀片在机座的滑到中作往复运动,与固定在机座上的定刀片相配合切断钢筋。切断机的刀片选用碳素工具钢并经热处理制成,一般前角度为3°,后角度为12°。一般定刀片和动刀片之间的间隙为0.5~1 mm。在刀口两侧机座上装有两个挡料架,以减少钢筋的摆现象。

3)性能指标

机械传动式钢筋切断机主要型号及性能指标见表5.5。

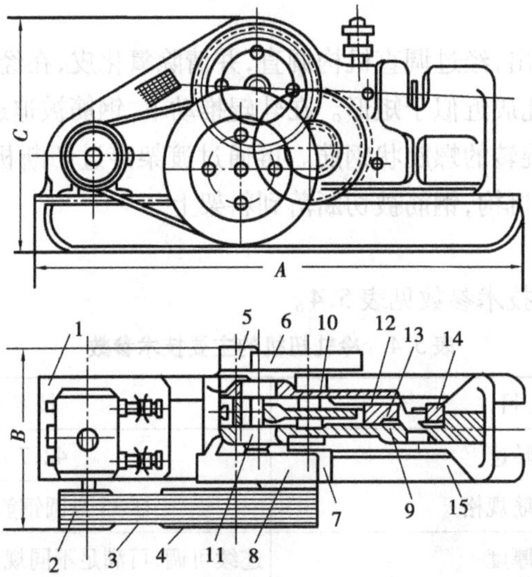

图 5.11　曲柄连杆式钢筋切断机示意图

1—电动机；2，4—带轮；3—V 形带；5，7—齿轮轴；6，8—齿轮；

9—机体；10—连杆；11—偏心轴；12—滑块；13—动刀片；14—定刀片；15—底架

表 5.5　传动式钢筋切断机主要型号及性能指标

性能指标		形式及型号							
		半封闭式				封闭式			立式
		GQ40A	GQ40F	GQ50B	GQ65A	GQ35B	GQ40D	GQ50A	GQL40
切断盘圆钢筋直径/mm		6～40	6～40	6～50	6～65	6～35	6～40	6～50	6～40
切断螺纹钢筋直径/mm		6～32	6～28	6～40	6～50	6～35	6～30	6～36	6～30
动力往复次数/(次·min^{-1})		28	31	29	29	29	37	40	38
开口距/mm			35～42	44～54	52～68	34	34	40	
电动机	型号	Y112M-4	Y100L-2	Y112M-2	Y132-4	Y110L-4	Y100L-2	Y100L-2	Y100L-4
	功率/kW	4	3	4	5.5	2.2	3	4	3
	转速/(r·min^{-1})	1 430	2 870	2 890	1 440	2 840	2 880	2 890	1 420
外形尺寸	长/mm	1 525	1 080	1 240	1 500	980	1 200	1 270	690
	宽/mm	615	433	550	654	395	420	590	575
	高/mm	810	795	1 160	864	645	570	580	984
质量/kg		670	560	820	1 100	375	460	705	600

(2)液压传动式钢筋切断机

1)构造组成

液压传动式钢筋切断机主要由电动机、液压传动系统、操纵装置、切断刀机架等组成。其结构如图5.12所示。

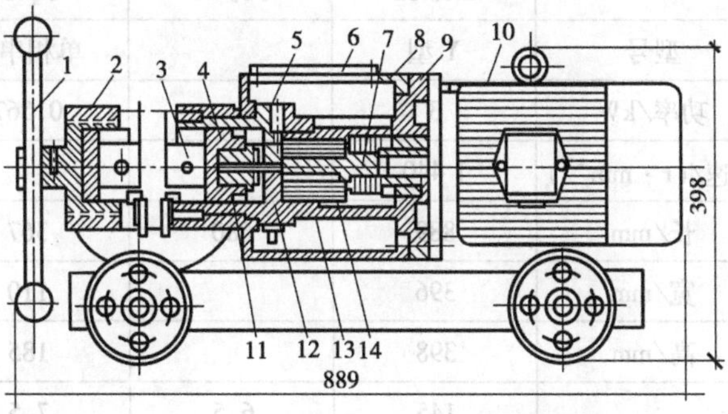

图5.12　液压传动式钢筋切断机示意图

1—手柄;2—支座;3—主刀片;4—活塞;5—放油阀;6—观察玻璃;7—偏心轮;
8—油箱;9—连接架;10—电动机;11—皮碗;12—液压缸体;13—液压泵缸;14—柱塞

2)工作原理

电动机带动偏心轴旋转,偏心轴的偏心面推动和它接触的柱塞作往返运动,使柱塞泵产生高压油压入油缸体内,推动油缸内的活塞,驱使动刀片前进,与固定在支座上的定刀片相错而切断钢筋。

3)性能指标

液压传动式钢筋切断机的主要技术指标见表5.6。

表5.6　传动式钢筋切断机的主要性能指标

性能指标	形式及型号			
	电　动	手　动	手持电动	
	DYJ-32	SYJ-16	GQ-12	GQ20
切断钢筋直径/mm	8～32	16	6～12	6～20
工作总压力/kN	320	80	100	150
活塞直径/mm	95	36		
最大行程/mm	28	30		
液压泵柱塞直径/mm	12	8		
单位工作压力/kN	45.5	79	34	34
液压泵输油率/(L·min⁻¹)	4.5			
压杆长度/mm		438		
压杆作用力/mm		220		
储油量/kg		35		

续表

性能指标		形式及型号			
		电　动	手　动	手持电动	
		DYJ-32	SYJ-16	GQ-12	GQ20
电动机	型号	Y 型		单相串激	单相串激
	功率/kW	3		0.567	0.750
	转速/($r \cdot min^{-1}$)	1 440			
外形尺寸	长/mm	889	680	367	420
	宽/mm	396		110	218
	高/mm	398		185	130
质量/kg		145	6.5	7.5	14

5.4 钢筋调直剪切机

普通钢筋混凝土结构钢筋有圆盘钢筋和直条钢筋。圆盘钢筋在使用前需要进行调直,否则普通钢筋混凝土构件中的曲折钢筋将会影响构件受力性能及切断钢筋长度的准确性。调直后的圆盘钢筋和直条钢筋均需切断成所需长度。钢筋调直剪切机是能自动调直和定尺切断钢筋的专用机械设备,并可清除钢筋表面的氧化皮和污渍。

钢筋调直剪切机按调直原理,可分为孔模式钢筋调直剪切机和斜辊式钢筋调直剪切机;按切断原理,可分为锤击式钢筋调直剪切机和轮剪式钢筋调直剪切机;按传动方式,可分为液压式钢筋调直剪切机、机械式钢筋调直剪切机和数控式钢筋调直剪切机。按切断运动方式,可分为固定式钢筋调直剪切机和随动式钢筋调直剪切机。

(1)构造组成

以 GT4/8 型钢筋调直剪切机为例,其机构主要由放盘架、调直筒、传动箱、切断机构、承受架及机座等组成,如图 5.13 所示。

(2)工作原理

电动机经 V 胶带轮驱动调直筒旋转,实现调直钢筋动作。此外,通过同一电动机上的另一胶带轮传动一对锥齿轮转动偏心轴,再经过两级齿轮减速后带动上压辊和下压辊相对旋转,从而实现调直和曳引运动。偏心轴通过双滑块机构,带动锤头上下运动。当上切刀进入锤头下面时收到锤头敲击,实现切断作业。上切刀以来拉杆重力作用完成回程。

(3)性能指标

钢筋调直剪切机的主要性能指标见表 5.7。

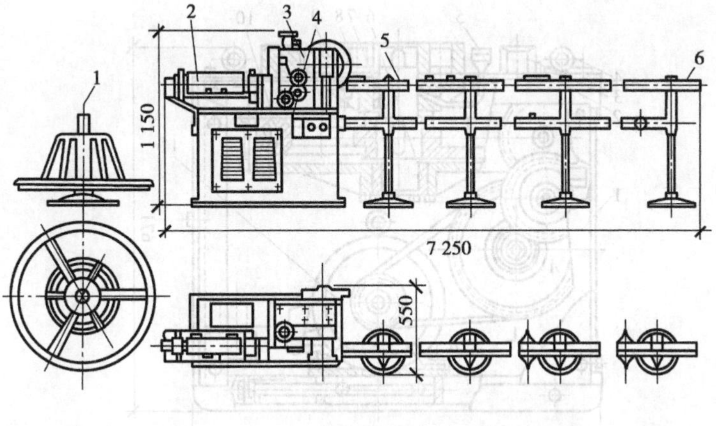

图5.13　GT4/8型钢筋调直剪切机示意图

1—放盘架;2—调直筒;3—传动箱;4—机座;5—承受架;6—定尺板

表5.7　钢筋调直剪切机的主要型号及性能指标

性能指标	型号					
	GT1.6/4	GT3/8	GT6/12	GT5/7	GT4/8	GT6/14
钢筋公称直径/m	1.6~4	3~8	6~12	5~7	4~8	6~14
钢筋抗拉强度/MPa	650	650	650	1 500	800	800
切断长度/mm	300~8 000	300~8 000	300~8 000	300~8 000	300~6 500	300~8 000
切断长度误差/mm	1	1	1	1	1	1
牵引速度/$(m\cdot min^{-1})$	20~30	40	30~50	30~50	40	20~30
调直筒转速/$(r\cdot min^{-1})$	2 800	2 800	1 900	1 900	2 900	1 450

5.5　钢筋弯曲机械

钢筋弯曲机是将已切断的钢筋按要求弯曲成所需的形状和尺寸的专用机械设备。钢筋弯曲机用于钢筋弯曲加工。按传动方式,可分为机械式钢筋弯曲机和液压式钢筋弯曲机;按工作原理,可分为蜗轮蜗杆式钢筋弯曲机和齿轮式钢筋弯曲机;按结构形式,可分为台式钢筋弯曲机和手持式钢筋弯曲机。

GW40型蜗轮蜗杆式钢筋弯曲机因其结构简单、实用性强,能将直径40 mm以下的钢筋弯制成各种角度,成为建筑工地使用最广泛的钢筋弯曲机。

(1)构造组成

GW40型蜗轮蜗杆式钢筋弯曲机主要由机架、主轴、工作圆盘、电动机及孔眼条板等组成。其结构如图5.14所示。

(2)工作原理

电动机经一级V带传动、两级齿轮传动和一级蜗杆传动减速,带动工作盘转动。倒顺开

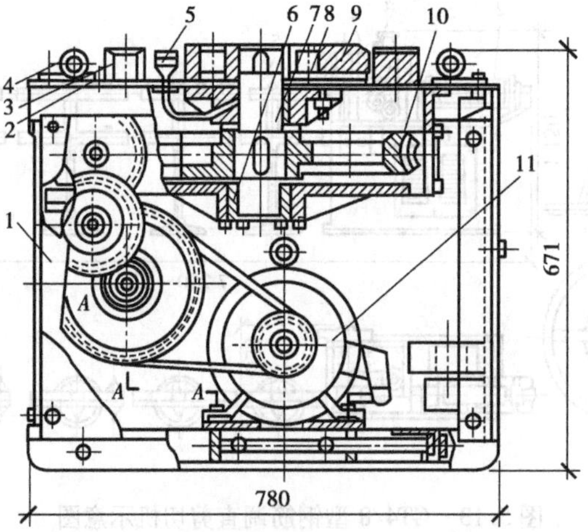

图 5.14　GW40 型蜗轮蜗杆式钢筋弯曲机示意图
1—机架;2—工作台;3—插座;4—滚轴;5—油杯;
6—蜗轮箱;7—工作主轴;8—立轴承;9—工作圆盘;10—蜗轮;11—电动机

关控制工作盘的正反转动,靠改换齿轮的齿数来改变工作盘转速。工作盘上有一个中心轴孔和 8 个成型轴孔,供安插中心轴和成型轴用。工作台面上对称安装两块条形挡铁轴插座和两根滚轴。插座上有 6 个孔,可安装挡铁轴。滚轴则是用来托起钢筋,以便于钢筋移动。GW40 型蜗轮蜗杆式钢筋弯曲机能弯曲钢筋的最大直径为 40 mm。

(3)工作过程

工作盘是钢筋弯曲机的工作装置,其工作过程如图 5.15 所示。工作盘上 4 上装有中心轴 1、成型轴 2,工作台上安装挡铁轴 3。当工作盘旋转时,钢筋 5 在中心轴、成型轴及挡铁轴的共同作用下弯曲成型。工作盘反装复位。控制工作盘的转角,便可控制钢筋的弯曲角度。中心轴的直径即钢筋弯曲直径,有 16,20,25,35,45,60,75,85 和 100 mm 这 9 种规格,具体按有关规定选用。

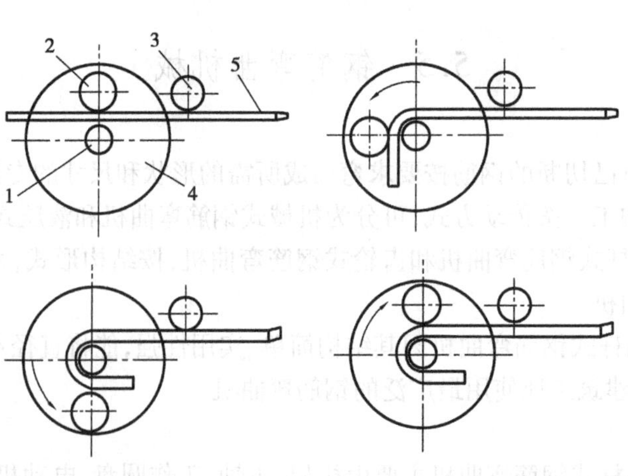

图 5.15　钢筋弯曲机工作过程示意图
1—中心轴;2—成型轴;3—挡铁轴;4—工作盘;5—钢筋

(4)性能指标

常用钢筋弯曲机的主要型号及性能指标见表 5.8。

表 5.8　常用钢筋弯曲机的主要型号及性能指标

性能指标		型号		
		GW32	GW40A	GW50A
弯曲钢筋直径/mm		6 ~ 32	6 ~ 40	6 ~ 50
工作盘直径/mm		360	360	360
工作盘转速/($r \cdot min^{-1}$)		10/20	3.7/14	6
电动机	型号	YEJ100L-4	Y100L2-4	Y112M-4
	功率/kW	2.2	3	4
	转速/($r \cdot min^{-1}$)	1 420	1 430	1 440
外形尺寸	长/mm	875	774	1 075
	宽/mm	615	898	930
	高/mm	945	728	890
质量/kg		340	442	740

5.6　钢筋连接机械

钢筋连接机械是钢筋混凝土结构中钢筋进行连接机械化作业使用的机械。相对于使用手工绑扎钢筋连接作业方法可提高劳动生产率、减轻劳动强度、保证钢筋网和骨架的刚度,并节省材料。钢筋连接机械的种类按钢筋连接的方法的不同,可分为钢筋焊接连接机械和钢筋机械连接机械。其中,钢筋焊接连接机械主要有钢筋点焊机、钢筋闪光对焊机、钢筋电渣压力焊机及钢筋气压焊机等;钢筋机械连接机械主要有钢筋挤压连接设备和钢筋螺纹连接设备等。

5.6.1　钢筋焊接连接机械

钢筋焊接连接机械是专用于焊接钢筋的设备。常用的有点焊机、对焊机、电弧焊机及电渣焊机等种类。

(1)钢筋点焊机

点焊机是进行钢筋电焊的专门机械,适用于钢筋预制加工中焊接各种形式的钢筋网。电焊机种类按结构形式,可分为固定式和悬挂式;按压力传动方式,可分为杠杆弹簧式、气动式和液压式;按电极类型,可分为单头、双头和多头。

1)构造组成

以杠杆弹簧式点焊接为例,其结构主要由电焊变压器、电极臂、杠杆系统、分级转换空管及冷却系统等组成。其结构如图 5.16 所示。

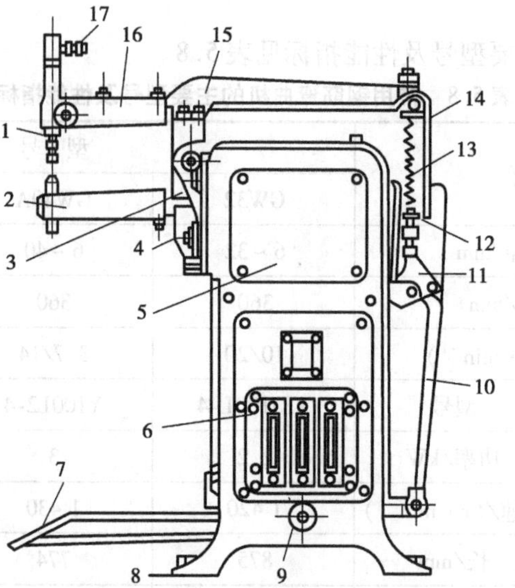

图 5.16　杠杆弹簧式点焊机

1—电极;2—下电极臂;3—下夹块;4—支座;5—焊接变压器;
6—分级开关;7—脚踏板;8—机脚;9—支点销轴;10—连杆;
11—三角形连杆;12—调节螺母;13—压簧;14—指示板;
15—压力臂;16—上电极臂;17—水嘴

2)工作原理

点焊时,将表面清理好的平直钢筋叠合在一起放在两个电极之间,踏下脚踏板,使两根钢筋的交点接触紧密。同时,断路器也相接触,接通电源使钢筋交接点在短时间内产生大量的电阻热,钢筋很快被加热到熔点状态;放开脚踏板,断路器随杠杆下降切断电流,在压力作用下,融化了的钢筋交接点冷却凝结成焊接点。其工作原理示意图如图 5.17 所示。

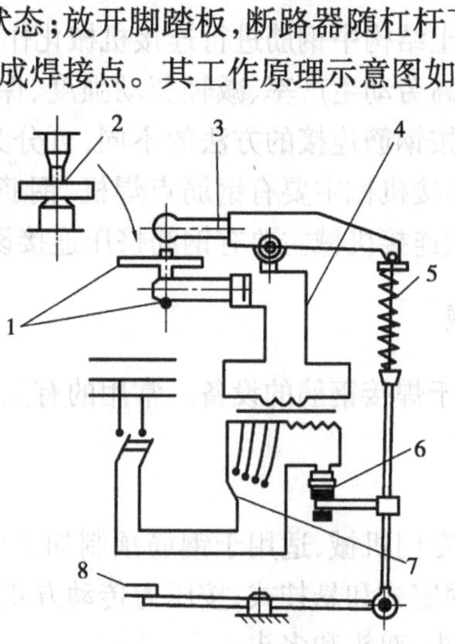

图 5.17　杠杆弹簧式点焊机工作原理示意图

1—电极;2—钢筋;3—电极臂;4—变压器刺激线圈;
5—弹簧;6—断路器;7—变压器调节级数开关;8—脚踏板

3)性能指标

常用钢筋电焊机的主要型号和性能指标见表5.9。

表5.9 常用钢筋点焊机的主要型号和性能指标

性能指标	形式及型号		
	脚踏式	凸轮式	气动式
	DN-25	DN1-75	DN-75
额定容量/(kV·A)	25	75	75
额定电压/V	220/380	220/380	220/380
初级线圈电流/A	114/66	341/197	
每小时焊点数	600	3 000	
次级电压/V	1.76~3 052	3.52~7.04	8
次级电压调节数	8(9)	8	8
悬臂有效伸长距离/mm	250	350	800
上电极行程/mm	20	20	20
电极间最大压力/N	1 250	1 600(2 100)	1 900
自重/kg	240	455(370)	650

(2)钢筋对焊机

钢筋对焊机简称“对焊机”,是完成钢筋对焊的机械。使用对焊机对焊钢筋,可将工程省下来的短料按新的工程配筋要求对接起来重新利用,可节省钢材。同手工电弧焊搭接焊工艺相比,焊缝部位强度高,特别是在承重大梁钢筋密集的底部、曲线梁或拼装块体预应力主筋的穿孔、张拉等施工中,更显示出钢筋对焊的优越性。在钢筋工程中,通常使用UN1系列的对焊机,该机是用于截面为300~1 000 mm^2 的低碳钢及截面为200 mm^2 以下的铜和铝的焊接。

1)构造组成

钢筋对焊机主要有焊接变压器、左电极、右电极、交流接触器、送料机构及控制元件等组成,如图5.18所示。

2)工作原理

对焊机的电极分别装在滑动平板上,滑动平板可沿机身上的导轨移动,电流通过变压器次级线圈传到电极上。当推动压力机构使两根钢筋端头接触在一起后,造成短路电阻产生热量,加热钢筋端头。当加热到高塑性后,再加力挤压,使两端头达到牢固地对接。其工作原理图如图5.19所示。

3)性能指标

常见的对焊机的型号及性能指标见表5.10。

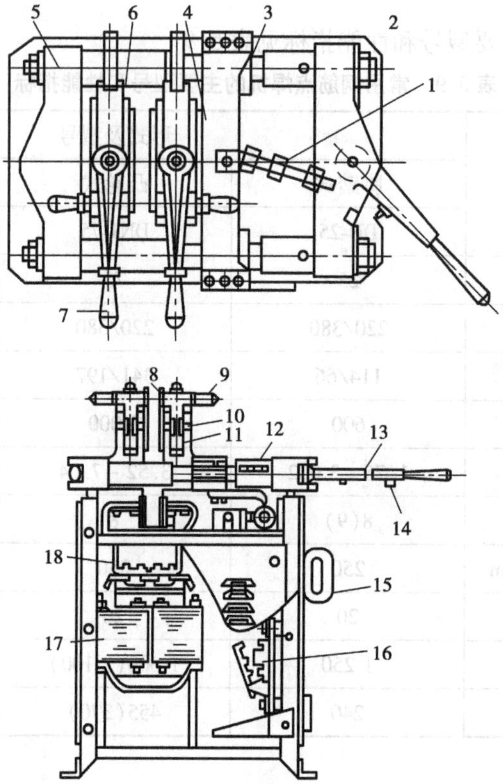

图 5.18　钢筋对焊机示意图

1—调节螺钉;2—导轨架;3—导轮;4—滑动平板;5—固定平板;6—左电极;
7—旋紧手柄;8—护板;9—套钩;10—右电极;11—夹紧臂;12—行程标尺;
13—操纵杆;14—接触器按钮;15—分级开关;16—交流接触器;17—焊接变压器;18—铜引线

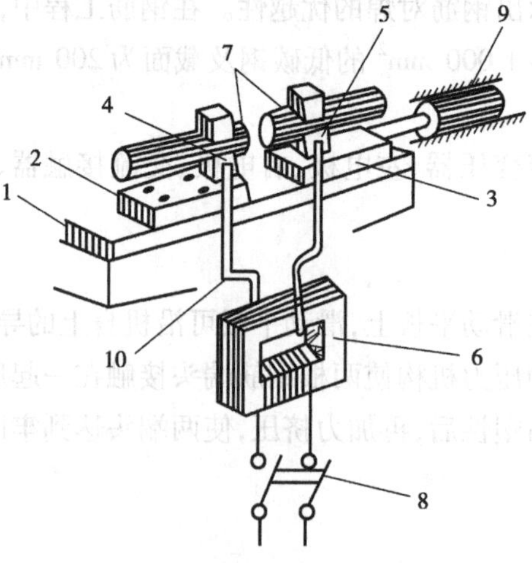

图 5.19　钢筋对焊机的工作原理

1—机身;2—固定平板;3—滑动平板;4—固定电极;5—活动电极;
6—变压器;7—钢筋;8—开关;9—加压机构;10—变压器次级线圈

表5.10 常见的对焊机的型号及性能指标

性能指标	UN1-25	UN1-75	UN1-100
额定功率/(kV·A)	25	75	100
初级电压/V	220/380	220/380	220/380
负载持续率/%	20	20	20
次级电压调节范围/V	1.75~3.25	3.52~7.04	4.5~7.6
次级电压调节级数	8	8	8
最大送料行程/mm	20	30	40~50
钢筋最大截面/mm^2	300	600	1 000
焊接生产率/(次·h^{-1})	110	75	20~30

(3)钢筋电渣压力焊机

钢筋电渣压力焊机是完成钢筋电渣压力焊的机械。它具有生产率高、施工简单、节约材料、质量高、成本低等特点,应用广泛。它主要用于现浇钢筋混凝土结构中竖向或斜向(倾斜度在4:1范围内)主筋的连接,焊接范围为$\phi4\sim\phi40$的钢筋。按控制方式可分为手动式、半自动式和自动式;按传动方式可分为手摇齿轮式和手压杠杆式。

钢筋电渣压力焊机主要由焊接电源、控制系统、夹具及辅件等组成。其工作原理如图5.20所示。钢筋电渣压力焊工作时,首先利用电源3提供的电流,通过上下两根钢筋2和4端面之间引燃的电弧,使电热能转化为热能,将电弧周围的焊剂8不断融化,形成渣场;然后将上钢筋端部潜入扎池中,利用电阻热能使钢筋端面熔化并形成有利于保证焊接质量的端面形状;最后在断电的同时,迅速进行挤压,排除全部熔渣和融化金属,形成焊接接头。

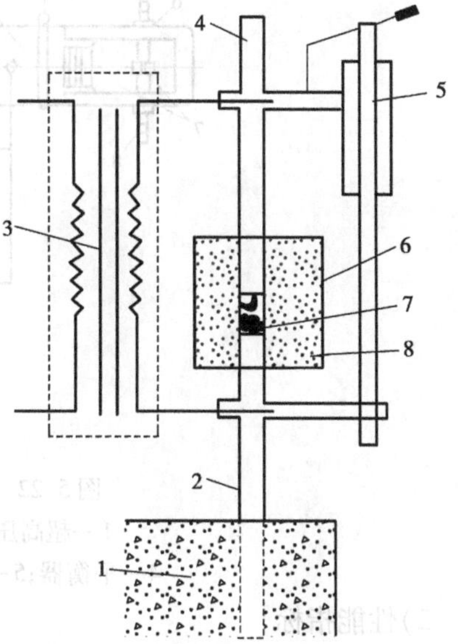

图5.20 钢筋电渣压力焊工作原理图
1—混凝土;2,4—钢筋;3—电源;
5—夹具;6—焊剂盒;7—铁丝球;8—焊剂

5.6.2 钢筋机械连接机械

钢筋机械连接机械主要有钢筋挤压连接设备和钢筋螺纹连接设备等。

(1)钢筋挤压连接设备

钢筋挤压连接是将需要连接的螺纹钢筋插入特制的钢套筒内,利用挤压机压缩钢套筒,使之产生塑性变形,靠变形后的钢套筒与钢筋的紧固力来实现钢筋的连接。这种方法具有节电节能、节约钢材、不受钢筋可焊性制约、不受季节影响、不用明火、施工简便、工艺性能良好及接头质量可靠度高等特点,适用于各种直径的螺纹钢筋的连接。钢筋挤压连接技术可分为径向挤压和轴向挤压工艺。其中,径向挤压连接技术应用较为广泛。

1)工作原理

钢筋径向挤压连接是利用挤压机将套筒1沿直径方向挤压变形,使之紧密地咬住带肋钢筋2的横肋,实现两根钢筋的连接,如图5.21所示;径向挤压方法适用于连接直径12~40 mm的HPB335,HRB400级钢筋。如图5.22所示为钢筋径向挤压连接设备示意图。

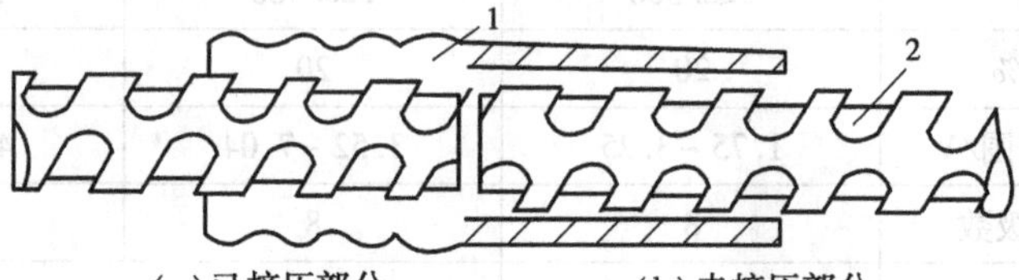

图5.21 钢筋径向挤压连接示意图
1—钢套筒;2—带肋钢筋

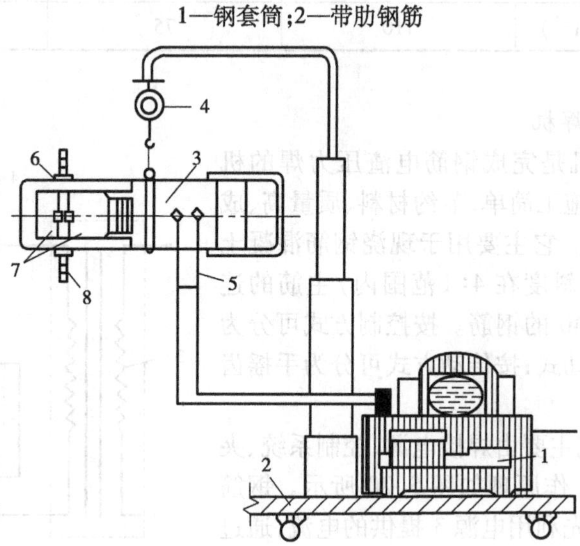

图5.22 钢筋径向挤压连接设备示意图
1—超高压泵站;2—吊挂小车;3—挤压钳;
4—平衡器;5—软管;6—钢套筒;7—压模;8—钢筋

2)性能指标

常用钢筋挤压设备型号及性能指标见表5.11。

表5.11 常用钢筋挤压设备型号及性能指标

性能指标		型号				
		YJH25	YJH32	YJH40	YJ32	YJ40
挤压钳	额定压力/MPa	80	80	80	80	80
	额定挤压力/kN	760	760	900	600	600
	外形尺寸/mm	$\phi150\times433$	$\phi150\times480$	$\phi170\times530$	$\phi120\times500$	$\phi150\times250$
	质量/kg	28	33	41	32	36
	使用钢筋/mm	$\phi20\sim\phi25$	$\phi25\sim\phi32$	$\phi32\sim\phi40$	$\phi20\sim\phi32$	$\phi32\sim\phi40$

续表

性能指标		型号				
		YJH25	YJH32	YJH40	YJ32	YJ40
泵	电动机	380 V,50 Hz,1.5 kW			380 V,50 Hz,1.5 kW	
	高压泵	80 MPa,0.8 L/mm			80 MPa,0.8 L/mm	
	低压泵	2.0 MPa,0.4 ~ 6.0 L/min				
	外形尺寸/mm	790 × 540 × 785(长 × 宽 × 高)			390 × 535(宽 × 高)	
	质量/kg	96	96	96	40	40
	油箱容量/L	20	20	20	12	12
超高压胶管		100 MPa,内径 6.0 mm,长度 3.0 m(0.5 m)				

(2)钢筋螺纹连接设备

钢筋螺纹连接是利用钢筋端部的外螺纹和特制钢套筒上的内螺纹连接钢筋的一种机械连接方法。按螺纹形式钢筋螺纹连接方法,可分为锥螺纹连接和直螺纹连接两种。

1)锥螺纹连接技术原理及设备

锥螺纹连接是利用钢筋 1 端部的外锥螺纹和套筒 2 上的内螺纹来连接钢筋,如图 5.23 所示。它具有连接速度快、对中性好、工艺简单、安全可靠、无名火作业、可全天候施工、节约钢材和能源等优点。适用于在施工现场连接直径为 16 ~ 40 mm 的同径或异径钢筋,直径差不得超过 9 mm。

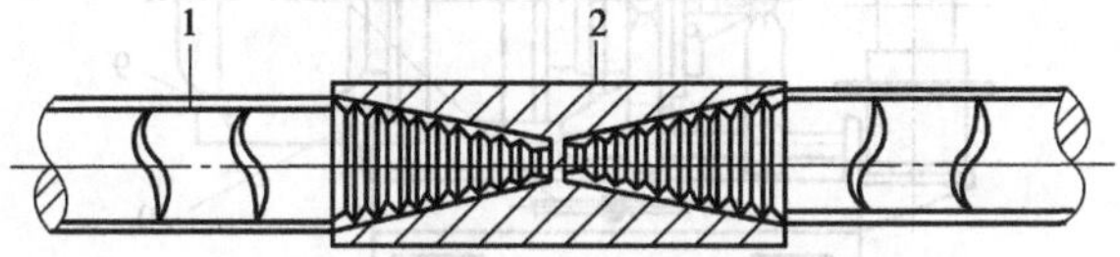

图 5.23　钢筋锥螺纹连接示意图

1—钢筋;2—套筒

锥螺纹连接设备主要有钢筋锥螺纹套丝机、量规、力矩扳手及砂轮锯等。如图 5.24 所示为钢筋套丝机示意图。它由夹紧机构、切削头、退刀机构、减速器、冷却泵及机体等组成。量规用于检查钢筋连接端锥螺纹的加工质量。力矩扳手是保证钢筋连接质量的重要测力工具;砂轮锯用于切断挠曲的钢筋接头。

2)直螺纹连接技术原理及设备

直螺纹连接是利用钢筋 1 端部的外直螺纹和套筒 2 上的内直螺纹来连接钢筋,如图 5.25 所示。直螺纹连接具有连接两钢筋强度相等、筋接头强度高、施工操作简便、质量稳定可靠等特点,用于直径 20 ~ 40 mm 的同径、异径、不能转动或位置不能移动钢筋的连接。直螺纹连接有镦粗直螺纹连接工艺和滚压直螺纹连接两种工艺。

镦粗直螺纹连接是钢筋通过镦粗设备,将端头镦粗,再加工出使小径不小于钢筋母材直径的螺纹,使接头与母材等强。

滚压直螺纹连接是通过滚压后接头部分的螺纹和钢筋表面因塑性变形而强化,使接头与母材等强度。滚压直螺纹连接可分为直接滚压螺纹、挤压肋滚压螺纹和剥肋滚压螺纹。

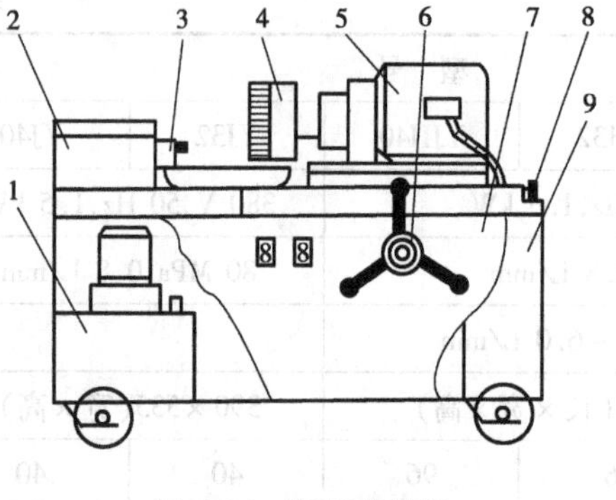

图 5.24 钢筋套丝机

1—冷却泵;2—夹紧机构;3—退刀机构;4—切削头;

5—减速器;6—手轮;7—机体;8—限位器;9—电器箱

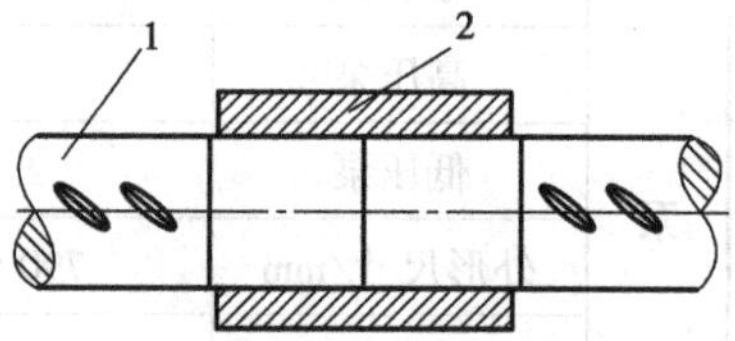

图 5.25 钢筋直螺纹连接示意图

1—钢筋;2—套管

滚压直螺纹连接设备主要由滚压直螺纹机、量具、管钳及力矩扳手等组成。如图 5.26 所示为剥肋滚压直螺纹成型机构造图。其工作原理是钢筋夹持在管钳上,扳动进给扳手,减速机向前移动,剥肋机构对钢筋进行剥肋。到调定长度后,通过涨刀触头是剥肋机构停止剥肋,减速机继续向前进给,涨刀触头缩回,滚丝头开始滚压螺纹。滚到设定长度后,行程挡块与限位开关接触断电,设备自动停机并延时反转,将钢筋退出滚丝头,扳动进给手柄后退,通过收刀触头收刀复位,减速机退到极限位置后停机,松开管钳,去除钢筋,完成螺纹加工。

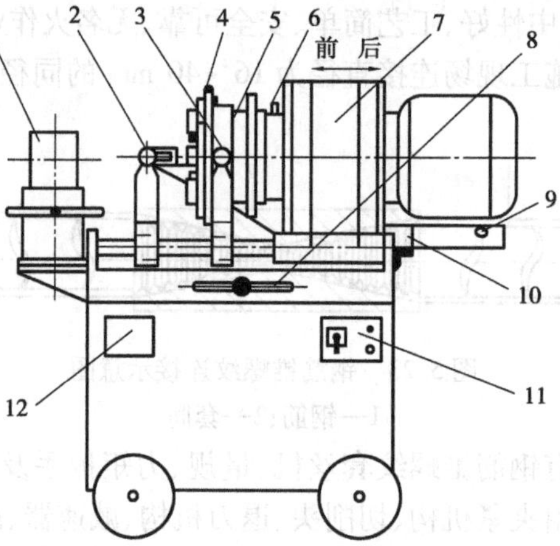

图 5.26 剥肋滚压直螺纹成型机示意图

1—管钳;2—涨刀触头;3—收刀触头;4—剥肋机构;5—滚丝头;6—上水管;

7—减速机;8—进给手柄;9—行程挡块;10—行程开关;11—控制面板;12—机座

5.7 预应力钢筋加工机械

预应力钢筋加工机械是生产预应力钢筋混凝土构件的专用设备。常用的主要设备有预应力钢筋张拉机、预应力千斤顶、预应力液压泵、预应力锚具及夹具等。它广泛地应用于工业与民用建筑、市政、公路、铁路、桥梁、水电、隧道等建筑工程的施工中。

5.7.1 夹具

夹具是用于夹持预应力钢筋以便张拉，预应力构件制成后，取下来可重复使用的钢筋端部紧固件。夹具的种类很多，常见的有钢丝张拉夹具和钢筋张拉夹具。

(1)钢丝夹具

钢丝张拉夹具可分为以下两类：

①将预应力钢筋锚固在台座或钢模上的锚固夹具。如图5.27所示为一个的钢丝锚固夹具。

②张拉时夹持预应力钢筋用的夹具。如图5.28所示为常用的钢丝张拉夹具。

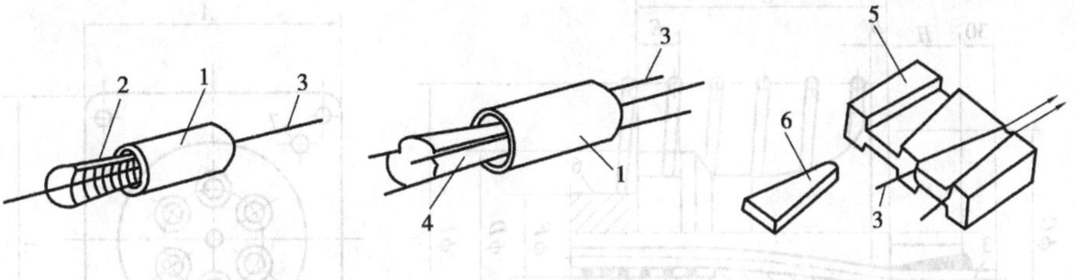

图5.27　钢丝用锚固夹具

1—套筒；2—齿板；3—钢丝；4—锥塞；5—锚板；6—楔块

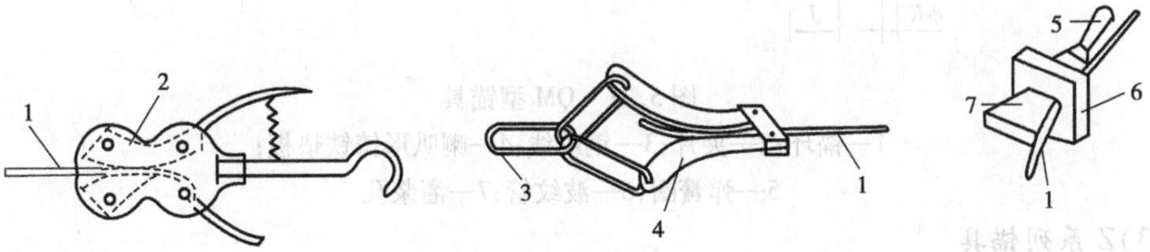

图5.28　钢丝张拉夹具

1—钢丝；2—钳齿；3—拉钩；4—偏西齿条；5—拉环；6—锚板；7—楔块

(2)钢筋夹具

钢筋锚固多用螺丝端杆锚具、墩头锚具和销片夹具(见图5.29)。张拉时，可用连接器与螺丝端杆锚具连接，或用销片夹具。

5.7.2 锚具

锚具是在后张法预应力混凝体结构或构件中固定预应力钢筋所使用的机械装置。它起着固定预应力钢筋、保持预应力钢筋的拉力并将其传递到混凝土上去的作用，是一种永久性的锚固装置。锚具的产品种类很多。

(1)XM型锚具

XM型锚具适用于锚固单根至多根钢绞线或钢丝束。它属于独立锚固单元的群锚锚具。它由锚环和夹片组成，如图5.30所示。

(2)QM型锚具

QM型锚具适用于锚固单线至多根钢绞线。它属于独立锚固单元的群锚锚具。它由锚环和夹片组成，如图5.31所示。

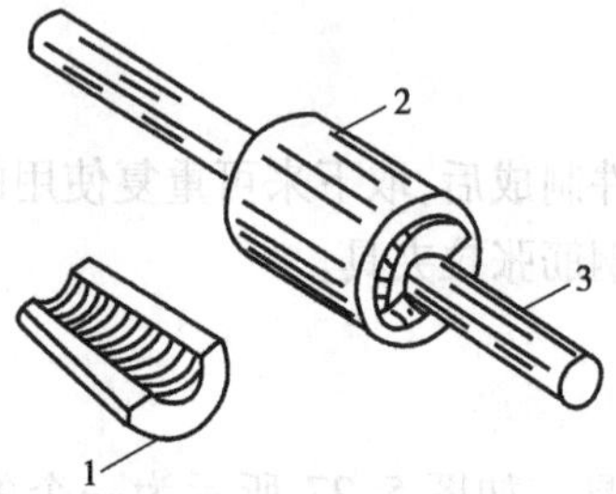

图 5.29　两片式销片夹具

1—销片;2—套筒;3—预应力钢筋

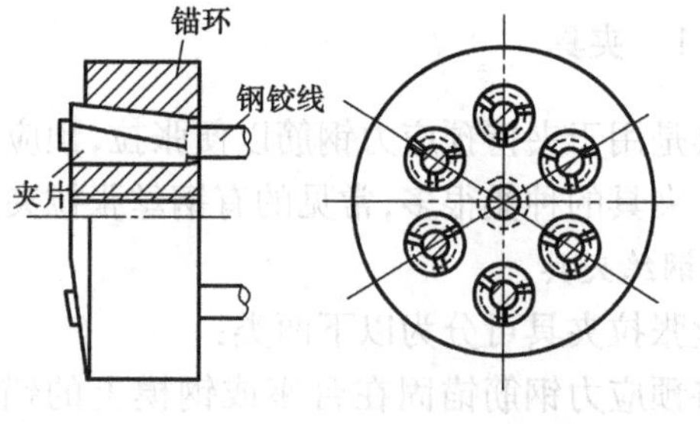

图 5.30　XM 型锚具

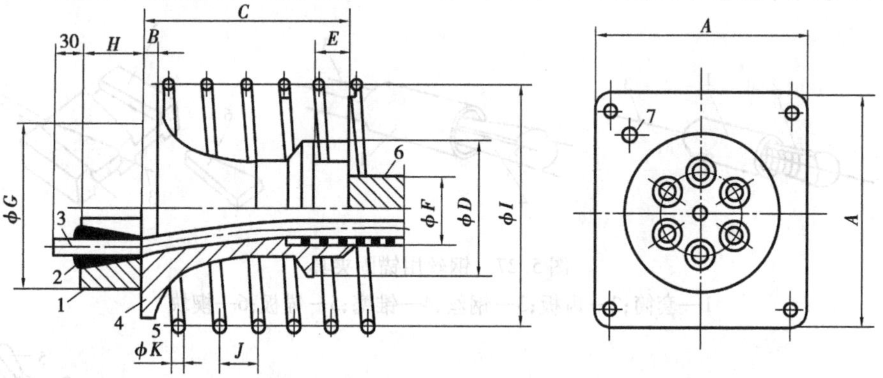

图 5.31　QM 型锚具

1—锚环;2—夹片;3—钢纹线;4—喇叭形铸铁垫板;
5—弹簧圈;6—波纹管;7—灌浆孔

(3)Z 系列锚具

Z 系列锚具适用于锚固单根至多根钢绞线或钢丝束。它属于独立锚固单元的群锚锚具。它由锚环和夹片组成,如图 5.32 所示。

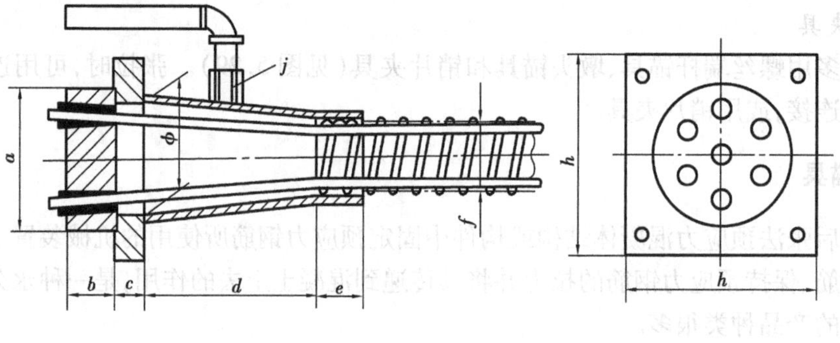

图 5.32　Z 系列锚具

(4)JM 型锚具

JM 型锚具是我国使用较早的锚固体系之一。它适用于锚固多根钢绞线以及光圆和螺纹钢筋。它主要由锚环和夹片组成,如图 5.33 所示。

(5)螺丝端杆锚具

螺丝端杆锚具适用于 18 ~36 mm 的钢筋,如图 5.34 所示。螺丝端杆与预应力钢筋用对焊连接应在预应力钢筋冷却前进行。

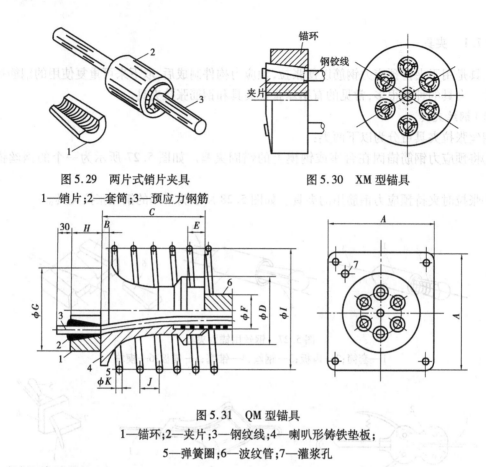

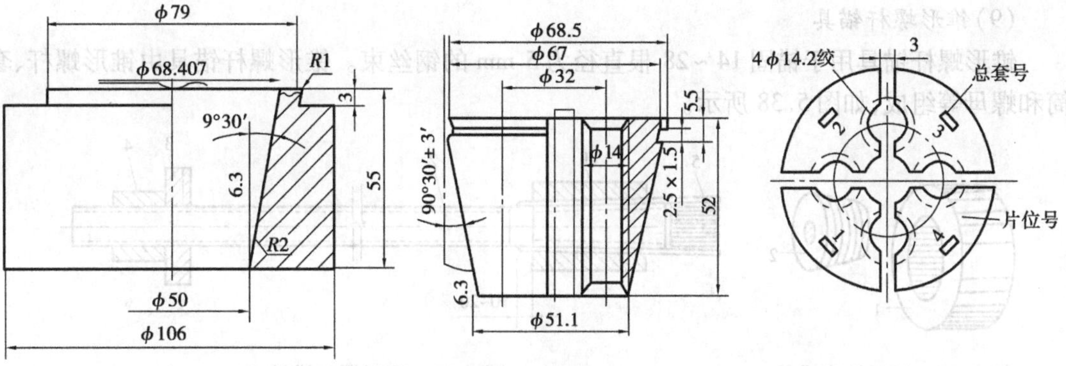

图 5.33　JM 型锚具

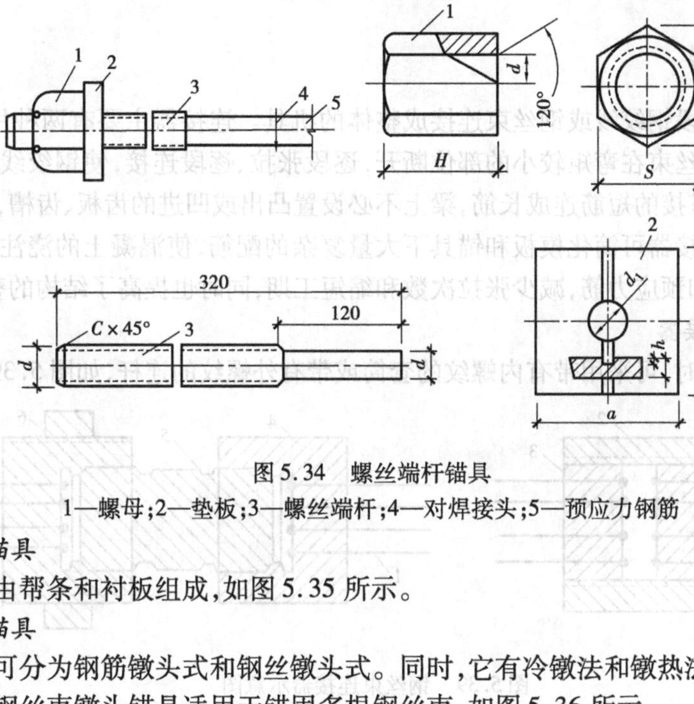

图 5.34　螺丝端杆锚具

1—螺母；2—垫板；3—螺丝端杆；4—对焊接头；5—预应力钢筋

(6) 帮条锚具

帮条锚具由帮条和衬板组成，如图 5.35 所示。

(7) 镦头锚具

镦头锚具可分为钢筋镦头式和钢丝镦头式。同时，它有冷镦法和镦热法。它既可作锚具，又可作夹具。钢丝束镦头锚具适用于锚固多根钢丝束，如图 5.36 所示。

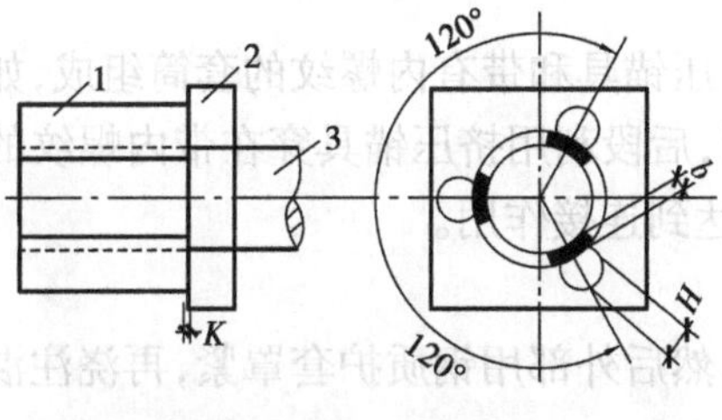

图 5.35　帮条锚具

图 5.36　钢丝束镦头锚具

(8) 钢质锥形锚具

钢质锥形锚具也是我国使用较早的锚固体，使用较普遍。它适用于锚固多根钢丝。锚具由锚环和锚塞组成，如图 5.37 所示。

(9)锥形螺杆锚具

锥形螺杆锚具用于锚固14~28根直径为5 mm的钢丝束。锥形螺杆锚具由锥形螺杆、套筒和螺母等组成,如图5.38所示。

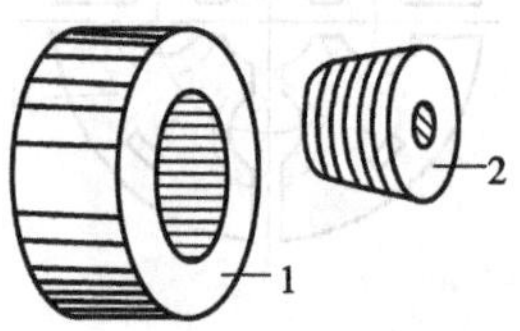

图5.37 钢质锥形锚具

1—锚环;2—锚塞

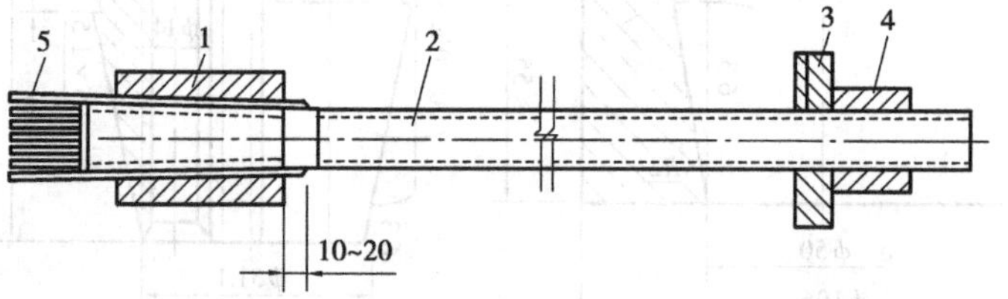

图5.38 锥形螺杆锚具

1—套筒;2—锥形螺杆;3—垫板;4—螺母;5—钢丝束

5.7.3 连接器

连接器是将两段钢绞线或钢丝束连接成整体的机具。连接器主要有两种用途:一是将特别长的钢绞线或钢丝束在弯矩较小的部位断开,逐段张拉、逐段连接,使钢绞线或钢丝束连为一体;二是将分段搭接的短筋连成长筋,梁上不必设置凸出或凹进的齿板、齿槽,也不必对结构局部加厚。使用连接器可简化模板和锚具下大量复杂的配筋,使混凝土的浇注质量更易得到保证,节约混凝土和预应力筋,减少张拉次数和缩短工期,同时也提高了结构的整体性。

(1)钢丝束连接器

采用镦头锚具时,可采用带有内螺纹的套筒或带有外螺纹的连杆,如图5.39所示。

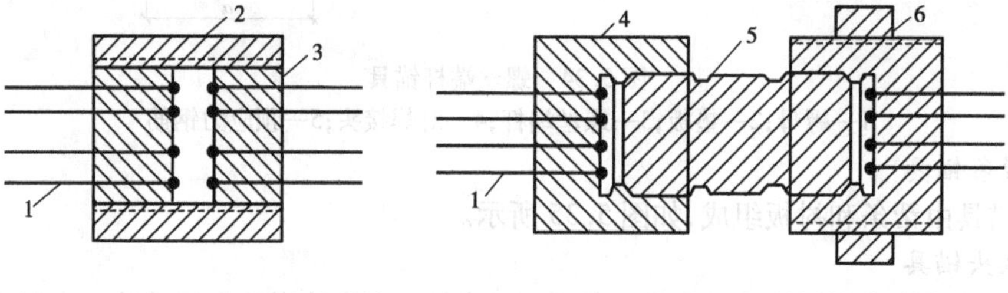

图5.39 钢丝束连接器示意图

1—钢丝束;2—套筒;3—锚板;4—锚环;5—连杆;6—螺母

(2)钢绞线连接器

1)单根钢绞线锚头连接器

单根钢绞线锚头连接器是由带外螺纹的卡片锚具、挤压锚具和带有内螺纹的套筒组成,如图5.40所示。钢绞线的前段用带外螺纹的卡片锚具锚固,后段利用挤压锚具穿在带内螺纹的套筒内,利用该套筒的内螺纹拧在卡片锚具的外螺纹上,达到连接作用。

2)单根对接式连接器

单根对接式连接器可将群锚锚固的钢绞线逐根接长,然后外部用钢质护套罩紧,再浇注混凝土,张拉后段钢绞线,如图5.41所示。

3)周边悬挂式连接器

周边悬挂式连接器的锚具中央为群锚,用以张拉、锚固前段预应力束;锚具直径大于群锚锚具,周边等距分布U形槽口,其数量和群锚锚孔数量相同;槽内放置有挤压式锚固头的钢绞

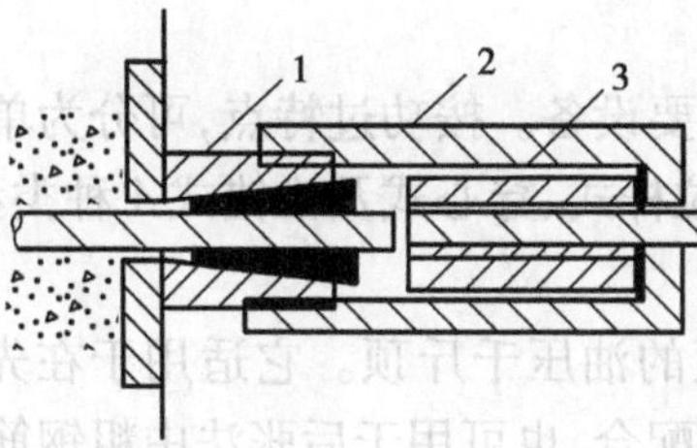

图 5.40　单根钢绞线锚头连接器示意图

1—带外螺纹的锚环;2—带内螺纹的套筒;3—挤压锚具;4—钢绞线

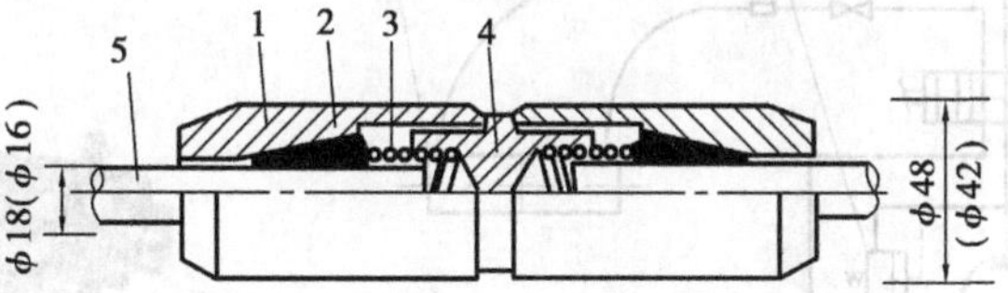

图 5.41　单根对接式连接器示意图

1—带内螺纹的锚环;2—带外螺纹的连接头;

3—弹簧;4—夹片;5—钢绞线

线或 7 根 ϕ^P5 钢丝束,并加以固定,然后用钢质护套罩紧。这种连接器构造简单、整体性好,适用范围广。但直径较大,要求结构截面厚度不能太小,一般应用于结构分段的端部、剪力较小处,如图 5.42 所示。

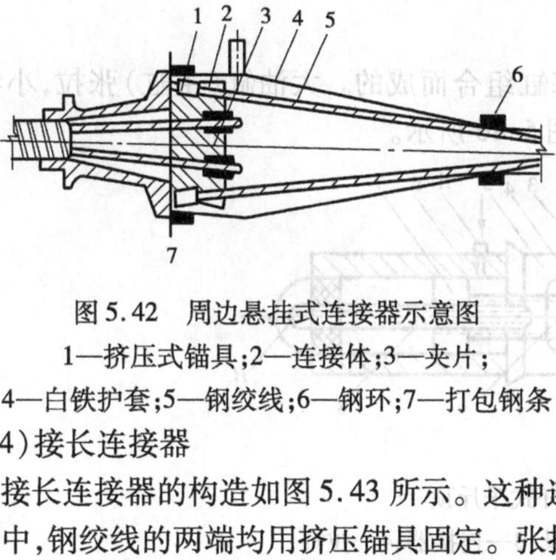

图 5.42　周边悬挂式连接器示意图

1—挤压式锚具;2—连接体;3—夹片;

4—白铁护套;5—钢绞线;6—钢环;7—打包钢条

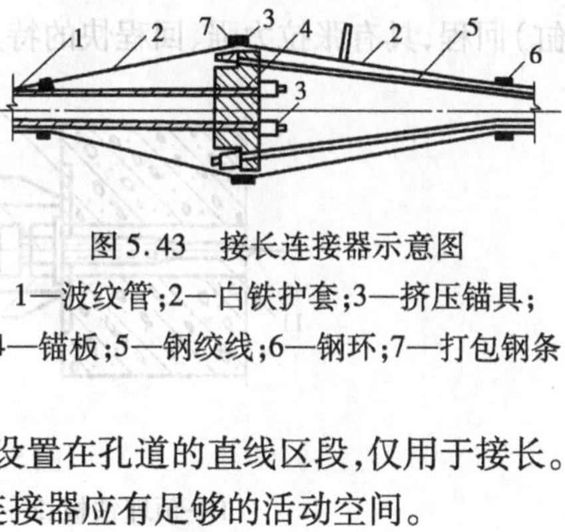

图 5.43　接长连接器示意图

1—波纹管;2—白铁护套;3—挤压锚具;

4—锚板;5—钢绞线;6—钢环;7—打包钢条

4)接长连接器

接长连接器的构造如图 5.43 所示。这种连接器设置在孔道的直线区段,仅用于接长。连接器中,钢绞线的两端均用挤压锚具固定。张拉时,连接器应有足够的活动空间。

5.7.4　张拉机械

预应力张拉机械可分为液压式张拉机、机械式张拉机和电热式张拉机 3 种。常用的是液压式张拉机和机械式张拉机。

(1)液压式张拉机

先张法张拉预应力粗钢筋和后张法张拉预应力钢筋时,用液压式张拉机张拉。液压式张拉机由千斤顶、高压油泵、油管和各种附件等组成。其工作原理如图 5.44 所示。

1)液压千斤顶

液压千斤顶是液压张拉机的主要设备。按功过特点,可分为单作用、双作用和三作用3种类型;按构造特点,可分为台座式、拉杆式、穿心式及锥锚式4种类型。

①台座式千斤顶

台座式千斤顶通常是采用普通的油压千斤顶。它适用于在先张法台座上整体张拉粗钢筋、钢绞线或成组钢丝;若与张拉架配合,也可用于后张法中粗钢筋的张拉,如图5.45所示。

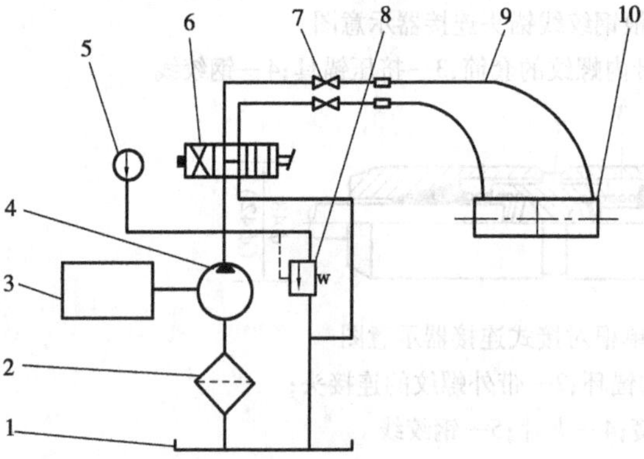

图5.44 液压式张拉机工作原理

1—油箱;2—滤油器;3—电动机;4—油泵;5—油压表;
6—换向阀;7—截止阀;8—溢流阀;9—高压软管;10—千斤顶

图5.45 台座式千斤顶

②拉杆式千斤顶

拉杆式千斤顶是由两个联动的单作用活塞缸组合而成的。大油缸(主缸)张拉,小油缸(副缸)回程,具有张拉力强、回程快的特点,如图5.46所示。

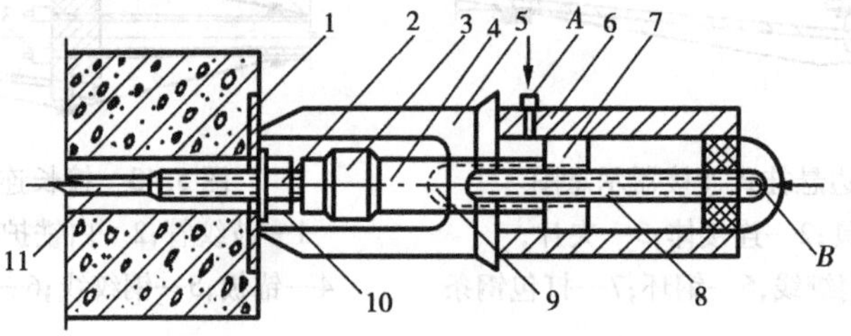

图5.46 拉杆式千斤顶

1—预埋铁板;2—螺杆锚具;3—连接器;4—拉杆;
5—撑脚;6—主缸体;7—主缸活塞;8—副缸活塞;9—副缸体;10—螺母

③穿心式千斤顶

穿心式千斤顶的结构特点是沿其轴线有一穿心孔道,供穿预应力筋用。该千斤顶是由一双作用张拉活塞油缸和一个单作用顶压活塞油缸组合而成的。空心的张拉活塞同时又是顶压缸缸体,是一种通用性强、应用广泛的千斤顶,如图5.47所示。

④锥锚式千斤顶

锥锚式千斤顶是由两个单作用活塞缸组合而成的。油缸均靠弹簧的弹力复位。其中,大缸为张拉缸,小缸为顶压缸。大缸活塞呈空心筒状,筒底为活塞的端面,大缸缸体同时又作小缸缸体。锥锚式千斤顶主要适用于张拉选用钢质锥形锚具的高强钢丝束,如图5.48所示。

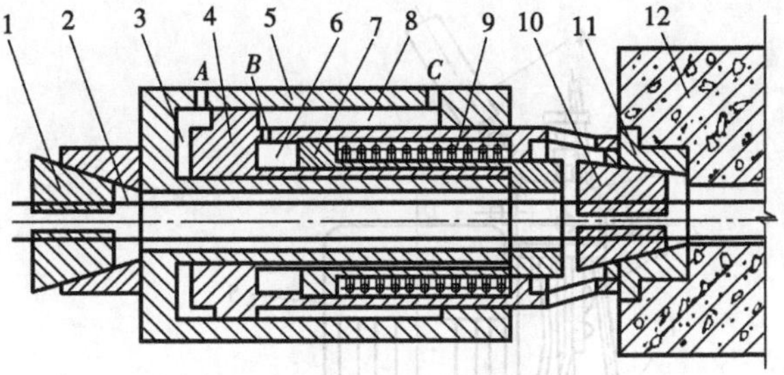

图5.47 穿心式千斤顶

1—工具锚;2—预应力筋;3—油腔;4—张拉活塞;5—张拉缸体;
6—顶压油腔;7—顶压活塞;8—回程油腔;9—弹簧;10—夹片;11—锚环;12—构件

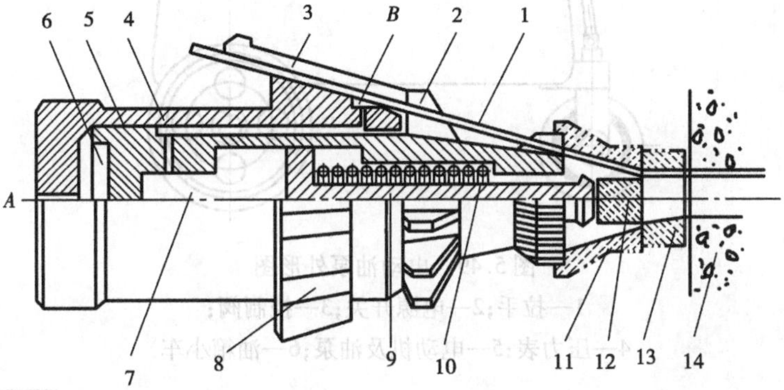

图5.48 锥锚式千斤顶

1—钢丝束;2—退楔翼板;3—楔块;4—大缸缸体;5—大缸活塞;6—大缸油腔;7—小缸油腔;
8—卡盘;9—小缸活塞;10—压簧;11—对中套;12—锚塞;13—锚环;14—构件

2)高压油泵

高压油泵是液压张拉机的动力装置。根据需要,供给液压千斤顶用。它有手动和电动两种形式。电动油泵可分为轴向式和径向式两种。如图5.49所示为电动油泵外形图。

(2)机械式张拉机

先张法张拉预应力钢丝时,主要使用机械式张拉机。机械式张拉机可分为手动和电动。常用的电动张拉机有千斤顶测力卷扬机式和弹簧测力螺杆式。如图5.50所示为千斤顶测力卷扬机式电动张拉机的结构示意图。其工作原理是:顶杆顶在台座横梁上,钢筋端头夹紧在夹具中,开动电动机,钢丝绳带动千斤顶向右移动,千斤顶和夹具连在一起,钢筋被张拉。张拉力的大小由压力表示出,达到规定拉力时,将钢筋用锚具锚固在台座上。

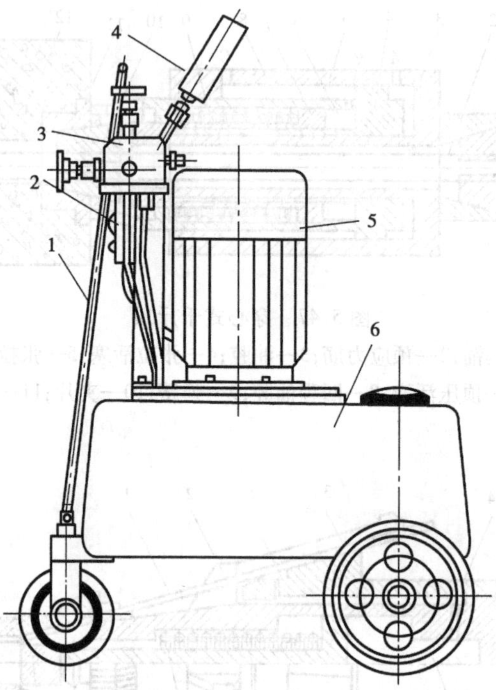

图 5.49　电动油泵外形图

1—拉手;2—电源开关;3—控制阀;

4—压力表;5—电动机及油泵;6—油箱小车

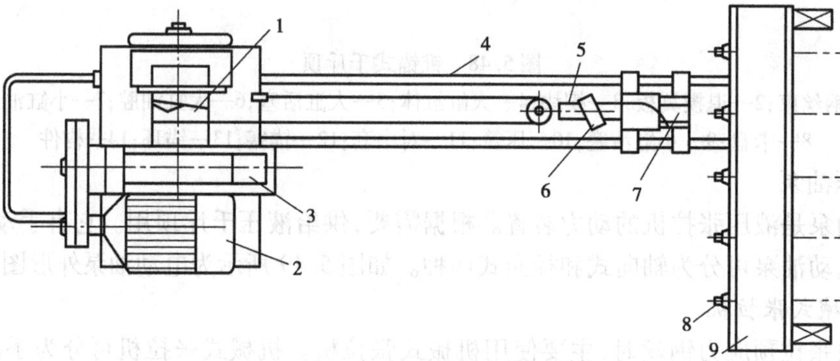

图 5.50　卷扬机式电动张拉机

1—卷筒;2—电动机;3—变速器;4—顶杆;

5—千斤顶;6—压力表;7—表具;8—锚具;9—台座

思考题与习题

5.1　钢筋冷拉方法有哪几种？试解释钢筋冷加工原理。

5.2　钢筋调直机的组成及调直原理是怎样的？

5.3　以钢筋弯曲 180 ℃为例，说明钢筋弯曲机的工作过程。

5.4　钢筋切断机有哪些种类？切断运动是怎样实现的？

5.5　杠杆弹簧式点焊机的结构是怎样的？简述其工作过程。

5.6　液压千斤顶包括哪几种类型？它们可分别适用于何种场合？

5.7　简述电渣焊机的工作原理。

第6章 混凝土机械

6.1 概 述

混凝土结构和钢筋混凝土结构在现代建筑工程中广泛应用,使得混凝土机械已成为土木建筑工程机械的重要组成部分。混凝土是由水泥、砂、石子和水按一定比例混合后,经搅拌、输送、浇注、密实成型和养护硬化而形成的一种建筑材料。混凝土机械就是完成以上各个工艺过程的机械设备。它大致可分为混凝土制备机械、混凝土运输机械和混凝土密实成型与喷射机械。

混凝土机械的类型见表6.1。

表6.1 混凝土机械的类型

一级类型	二级类型	一级类型	二级类型
石料破碎机械	颚式破碎机	石料筛洗机械	圆筒旋转式
	旋回破碎机		惯性振动筛
	圆锥破碎机		螺旋洗砂机
	锤式破碎机		链式洗砂机
混凝土搅拌机械	鼓形滚筒式搅拌机	混凝土输送设备	混凝土搅拌输送车
	锥形反转出料式搅拌机		混凝土泵及泵车
	锥形倾翻出料式搅拌机		混凝土风动输送设备
	立轴涡桨式搅拌机	混凝土喷锚设备	混凝土喷射设备
	单卧轴式搅拌机		混凝土锚杆设备
	双卧轴式搅拌机	混凝土振动机械	混凝土内部振动器
混凝土搅拌楼(站)	混凝土搅拌楼		混凝土外部振动器
			混凝土表面振动器
	混凝土搅拌站		混凝土振动台

6.2 混凝土制备机械

混凝土制备机械是指按配合比量配置各种混凝土的原材料,并均匀拌和成新鲜混凝土的混凝土生产机械。其作用是生产出满足施工要求的混凝土。混凝土制备机械主要由混凝土配料设备、称量设备和搅拌设备等组成。其中,混凝土搅拌设备即各种类型的混凝土搅拌机。

6.2.1 混凝土搅拌机

混凝土搅拌机械是制备新鲜混凝土料的成套专用机械。它是将水泥混凝土的原材料(水泥、水、砂、石料及附加剂等),按预先设定的配合比,分别进行输送、上料、储存、配料、称量、搅拌和出料,生产出符合质量要求的新鲜混凝土料。它广泛用于道路、工业与民用建筑、水坝、码头、机场等建筑工程施工。

混凝土搅拌机型号的表示方法见表6.2。

表6.2 混凝土搅拌机型号的表示方法

类	型	特 性	代 号	代号含义	主参数
混凝土搅拌机J(搅)	强制式Q(强)	强制式搅拌机	JQ	强制式搅拌机	出料容量(L)
		单卧轴式(D)	JD	单卧轴强制式搅拌机	
		单卧轴液压式(Y)	JDY	单卧轴液压强制式搅拌机	
		双卧轴式(S)	JS	双卧轴强制式搅拌机	
		立轴涡桨式(W)	JW	立轴涡桨强制式搅拌机	
		立轴行星式(X)	JX	立轴行星强制式搅拌机	
	锥形反转出料式Z(锥)		JZ	锥形反转出料搅拌机	
		齿圈(C)	JZC	齿圈锥形反转出料式搅拌机	
		摩擦(M)	JZM	摩擦锥形反转出料式搅拌机	
			JF	倾翻出料式锥形搅拌机	
	锥形倾翻出料式F(翻)	齿圈(C)	JFC	齿圈锥形倾翻出料式搅拌机	
		摩擦(M)	JFM	摩擦锥形倾翻出料式搅拌机	

混凝土搅拌机的型号由搅拌机形式、特征和主参数等组成。其详细内容如下:

(1)工作原理

混凝土搅拌机械的工作原理可分自落式和强制式两类,如图6.1所示。

1)自落式

如图6.1(a)、(b)所示,搅拌机搅拌筒旋转,筒内壁固定的叶片将物料带到一定高度,然后物料靠自重自由坠落,周而复始,使物料得到均匀拌和。

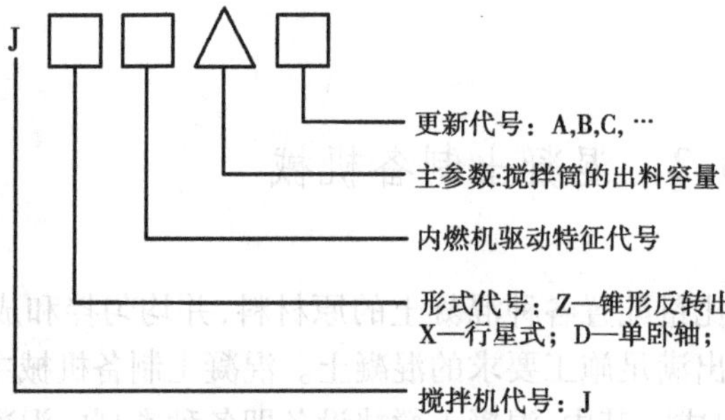

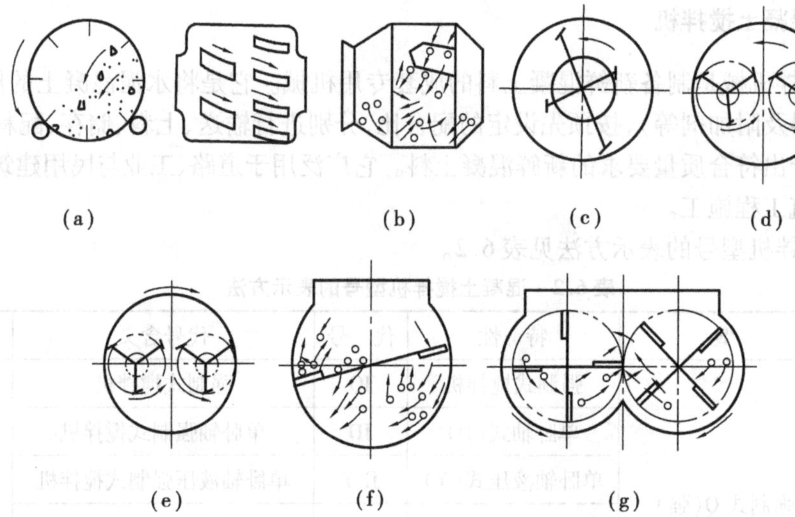

图 6.1　混凝土搅拌机械的工作原理

自落式:(a)鼓型　(b)锥形反转出料

强制式:(c)涡桨式　(d)、(e)星形式　(f)单卧轴式　(g)双卧轴式

2)强制式

如图 6.1(c)—(g)所示,搅拌机搅拌桶固定不动,桶内物料由转轴上的搅拌铲和刮铲强制挤压、翻转和抛掷,使物料得到均匀拌和。

(2)工作参数

周期式混凝土搅拌机的主要工作参数是额定容量、工作时间和搅拌转速。

1)额定容量

额定容量可分为进料容量和出料容量。我国规定以进料容量为主参数表示机械型号。

进料容量又称“装料容量”,是指装进搅拌筒未经搅拌的干料体积,单位用 L 表示。

出料容量又称“公称容量”,是指一罐次混凝土出料后经捣实的体积,单位用 m^3 表示。出料容量是搅拌机的主要性能指标,该指标决定着搅拌机的生产率,是选用搅拌机的重要依据。

进料容量和出料容量两种容量的关系如下:

①搅拌筒的集合体积 V_0 和装进干料容量 V_1 的关系为

$$\frac{V_0}{V_1}=2\sim4$$

②拌和后卸出的混凝土拌和物体积 V_2 和装进干料容量 V_1 比值 φ_1,称为“出料系数”,

$\varphi_1=0.65\sim0.7$,即

$$\frac{V_2}{V_1}=\varphi_1=0.65\sim0.7$$

③拌和后卸出的混凝土拌和物体积 V_2 和捣实后混凝土体积 V_3 的比值 φ_2,称为“压缩系数”。它与混凝土的性质有关:

对于干硬性混凝土

$$\frac{V_2}{V_3}=\varphi_2=1.45\sim1.26$$

对于塑性混凝土

$$\frac{V_2}{V_3}=\varphi_2=1.25\sim1.11$$

对于软性混凝土

$$\frac{V_2}{V_3}=\varphi_2=1.10\sim1.04$$

2)工作时间

以秒(s)为单位,可分为以下 4 个:

①上料时间 t_1。从料斗提升开始到料内混合干料全部卸入搅拌筒所用的时间。

②搅拌时间 t_2。从混合干料中粗骨料全部投入搅拌筒开始到搅拌机将混合搅拌成均质混凝土所用的时间。

③出料时间 t_3。从出料开始到至少 95%(强制式)或 95%(自落式)以上的拌和物卸出所用的时间。

④循环时间。在连续生产条件下,先一次上料过程开始至紧接着的后一直上料开始之间的时间,也就是一次作业循环的总时间。

3)搅拌转速(n)

搅拌筒的转速,单位为 r/min。

自落式搅拌机拌筒搅拌转速 n 值一般为 14 ~ 33 r/min,常用的 n 值为 18 r/min 左右。

强制式搅拌机拌筒搅拌转速 n 值一般为 28 ~ 36 r/min,常用的 n 值为 36 ~ 38 r/min。

4)搅拌机生产率 Q(m^3/h)

搅拌机生产率 Q(m^3/h)可计算为

$$Q=3.6\frac{V_2k}{t_1t_2t_3}$$

式中 V_2——出料容量,m^3;

t_1,t_2,t_3——上料、搅拌、卸料时间,s;

k——每循环工作时间的利用系数。

(3)构造组成

混凝土搅拌机主要由以下机构组成:

1)搅拌机构

搅拌机构是混凝土搅拌机的主要工作机构。它由搅拌筒、搅拌轴、搅拌叶片及搅拌铲(刮铲)等组成。

2）传动装置

传动装置是向搅拌机各工作机构传递力和速度的系统。它分为由带条、摩擦轮、齿轮、链轮及轴等传动元件组成的机械传动系统和由液压元件组成的液压传动系统两大类。

3）上料机构

上料机构是由搅拌筒内装入混凝土物料的设施。它有卷扬提升式料斗、固定式料斗和翻转式料斗 3 种形式。

4）配水系统

其作用是按照混凝土的配合比要求定量供给搅拌用水。搅拌机配水系统的形式主要有水泵-配水箱系统、水表系统、时间继电器系统。

5）卸料机构

卸料机构是将搅拌好的均质熟料混凝土从搅拌筒中卸出的装置。它有流槽式、螺旋叶片式和倾翻式 3 种形式。

（4）各类型混凝土搅拌机的构造

1）自落式混凝土搅拌机

自落式混凝土搅拌机主要由锥形反转出料混凝土搅拌机、锥形倾翻出料混凝土搅拌机和鼓筒混凝土搅拌机 3 种。

①锥形反转出料混凝土搅拌机

锥形反转出料混凝土搅拌机是使用较多的一种搅拌机，主要型号有 JZY150，JZC200，JZM200，JZY200，JZM350，JZY350，JZ350，JZ750。

JZ 系列的搅拌机结构基本相同，多采用齿轮传动的 JZC 型，动力经减速后带动搅拌筒上的大齿圈旋转。

如图 6.2 所示为 JZ350 型锥形反转出料混凝土搅拌机。该机进料容量为 560 L，额定出料容量为 350 L。它主要由动力装置、传动装置、上料结构、搅拌系统、供水系统、底盘及电气控制系统等组成。其主要型号及技术参数见表 6.3。

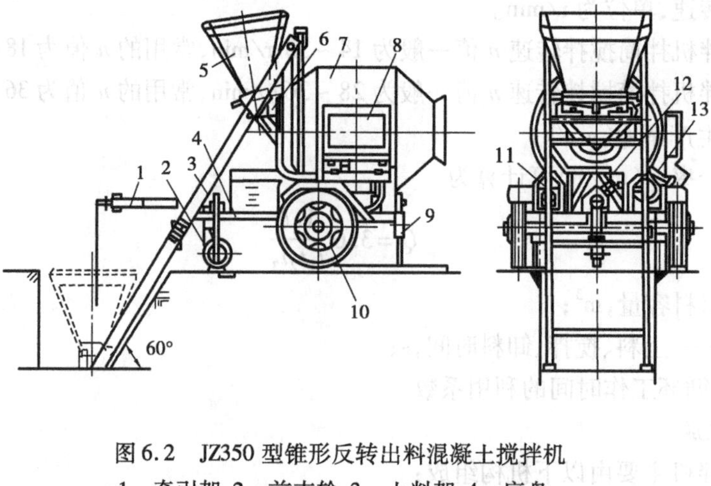

图 6.2　JZ350 型锥形反转出料混凝土搅拌机

1—牵引架；2—前支轮；3—上料架；4—底盘；

5—料斗；6—中间料斗；7—锥形搅拌桶；8—电气箱；9—支腿；

10—行走轮；11—搅拌动力和传动机构；12—供水系统；13—卷扬系统

表6.3 锥形反转出料混凝土搅拌机的型号及技术参数

性能参数	型号					
	JZ150	JZ120	JZ250	JZ350	JZ500	JZ750
出料容量/m^3	150	200	250	350	500	750
进料容量/L	24	320	400	560	800	1 200
搅拌额定功率/kW	3	4	4	5.5	10	15
工作循环次数不少于/(次·h^{-1})	30	30	30	30	30	30
骨料最大粒径/mm	60	60	60	60	60	80

②锥形倾翻出料混凝土搅拌机

锥形倾翻出料混凝土搅拌机的搅拌筒为锥形,进出料在同一口。搅拌时,搅拌筒轴线具有约15°倾角;出料时,搅拌筒向下旋转俯角为50°~60°,将拌和料卸出。这种搅拌机卸料快,搅拌筒溶剂利用系数大,能搅拌大骨料的混凝土,适用于搅拌楼。现以批量生产的有JF750,JF500,JF3000等型号,各型号结构相似。现已JF1000型为例,简述其构造,如图6.3所示。

锥形倾翻出料混凝土搅拌机的构造主要由搅拌系统和倾翻机构等部分组成。因大部分用作混凝土搅拌楼的主机,故该机的加料装置、供水装置以及空气压缩装置等辅助机构需另行配置。锥形倾翻出料混凝土搅拌机的型号和基本参数见表6.4。

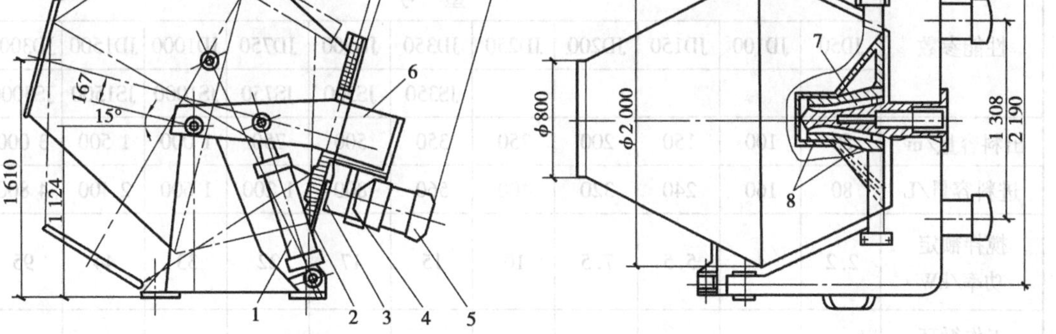

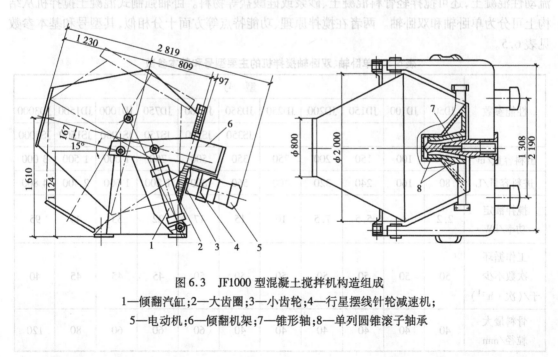

图6.3 JF1000型混凝土搅拌机构造组成

1—倾翻汽缸;2—大齿圈;3—小齿轮;4—行星摆线针轮减速机;
5—电动机;6—倾翻机架;7—锥形轴;8—单列圆锥滚子轴承

表 6.4　锥形倾翻出料混凝土搅拌机的型号和基本参数

性能参数	型号									
	JF50	JF100	JF150	JF250	JF350	JF500	JF750	JF1000	JF1500	JF3000
进料容量/L	80	160	240	400	560	800	1 200	1 600	2 400	4 800
搅拌额定功率/kW	1.5	2.2	4	4	5.5	7.5	11	15	20	40
工作循环次数不少于/(次·h^{-1})	30	30	30	30	30	30	30	25	25	20
骨料最大粒径/mm	40	60	60	60	80	80	120	120	150	250

2）强制式混凝土搅拌机

强制式混凝土搅拌机可分为卧轴强制式混凝土搅拌机和立轴强制式混凝土搅拌机两类。

①卧轴强制式混凝土搅拌机

卧轴强制式混凝土搅拌机搅拌质量好、生产效率高、耗能低，不仅能搅拌干硬性、塑性和低流动性混凝土，还可搅拌轻骨料混凝土、砂浆或硅酸盐等物料。卧轴强制式混凝土搅拌机从结构上可分为单卧轴和双卧轴。两者在搅拌原理、功能特点等方面十分相似，其型号和基本参数见表 6.5。

表 6.5　单卧轴、双卧轴搅拌机的主要型号和基本参数

性能参数	型号										
	JD50	JD100	JD150	JD200	JD250	JD350	JD500	JD750	JD1000	JD1500	JD3000
						JS350	JS500	JS750	JS1000	JS1500	JS3000
出料容量/m^3	50	100	150	200	250	350	500	750	1 000	1 500	3 000
进料容量/L	80	160	240	320	400	560	800	1 200	1 600	2 400	4 800
搅拌额定功率/kW	2.2	4	5.5	7.5	10	15	17	22	33	44	95
工作循环次数不少于/(次·h^{-1})	50	50	50	50	50	50	50	45	45	45	40
骨料最大粒径/mm	40	40	40	40	40	40	60	60	60	80	120

A. 双卧轴混凝土搅拌机

双卧轴混凝土搅拌机主要由搅拌传动系统、上料装置、搅拌筒、供水系统、卸料机构、供油装置及电气系统等组成整机结构，如图 6.4 所示。

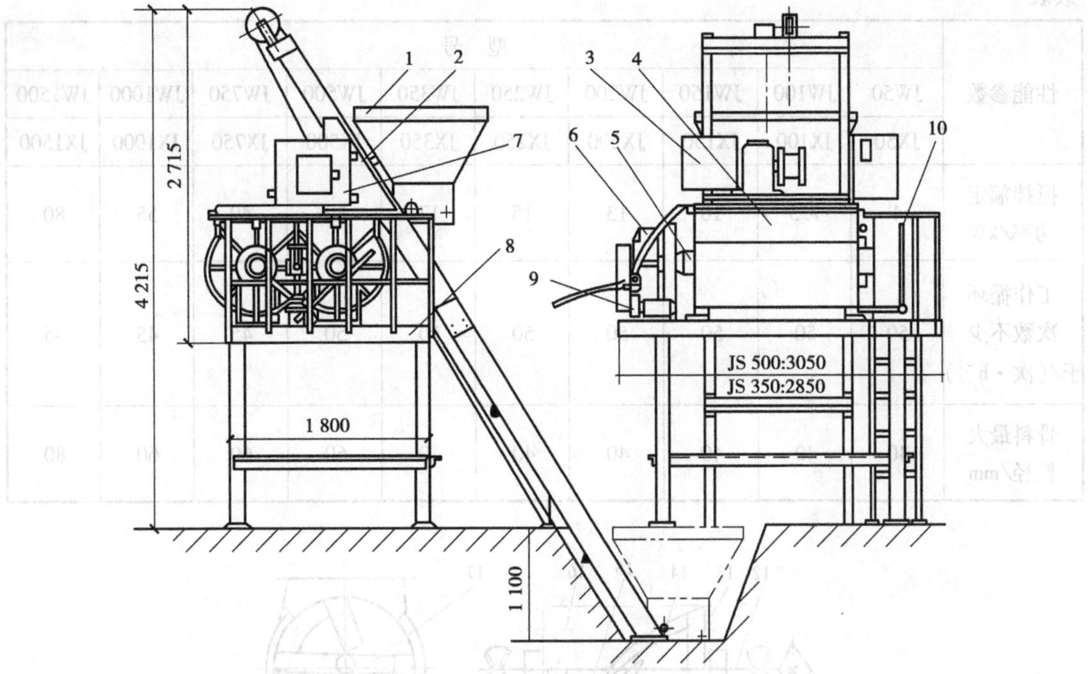

图6.4　双卧轴混凝土搅拌机

1—进料斗;2—上料架;3—卷扬机构;4—搅拌筒;5—进料斗;
6—搅拌传动系统;7—电气系统;8—机架;9—供水系统;10—卸料机构

B. 单卧轴混凝土搅拌机

单卧轴混凝土搅拌机具有搅拌质量好、生产效率高、能耗低等特点。它主要由传动系统、搅拌筒和搅拌机构、上料装置、离合器操纵系统、倾翻出料机构、供水系统、电气系统等机构组成,如图6.5所示。电动机1经齿轮减速器2驱动轴5,一路经过链传动7带动泵6对搅拌轴的轴端密封11给油;另一路经离合器9带动卷筒8、钢丝绳滑轮组4牵引料斗3上行;再一路经链传动10驱动搅拌轴12旋转,搅拌轴两端各装有两个叶片实现搅拌功能。

②立轴强制式混凝土搅拌机

立轴强制式混凝土搅拌机可分为涡桨式混凝土搅拌机和行星式混凝土搅拌机两类。其搅拌筒均为水平布置的圆盘,适用于搅拌干性混凝土。立轴强制式混凝土搅拌机都是通过底盘部的卸料口卸料,卸料迅速;其缺点是搅拌时卸料口密封不好,水泥浆容易从这里漏掉,不适用于搅拌流动性大的拌和料。两者的主要型号及基本参数见表6.6。

表6.6　轴涡桨式行星式搅拌机的主要型号及基本参数

性能参数	型号									
	JW50	JW100	JW150	JW200	JW250	JW350	JW500	JW750	JW1000	JW1500
	JX50	JX100	JX150	JX200	JX250	JX350	JX500	JX750	JX1000	JX1500
出料容量/m^3	50	100	150	200	250	350	500	750	1 000	1 500
进料容量/L	80	160	240	320	400	560	800	1 200	1 600	2 400

续表

性能参数	型号									
	JW50	JW100	JW150	JW200	JW250	JW350	JW500	JW750	JW1000	JW1500
	JX50	JX100	JX150	JX200	JX250	JX350	JX500	JX750	JX1000	JX1500
搅拌额定功率/kW	4	7.5	10	13	15	17	30	40	55	80
工作循环次数不少于/(次·h^{-1})	50	50	50	50	50	50	50	45	45	45
骨料最大粒径/mm	40	40	40	40	40	40	60	60	60	80

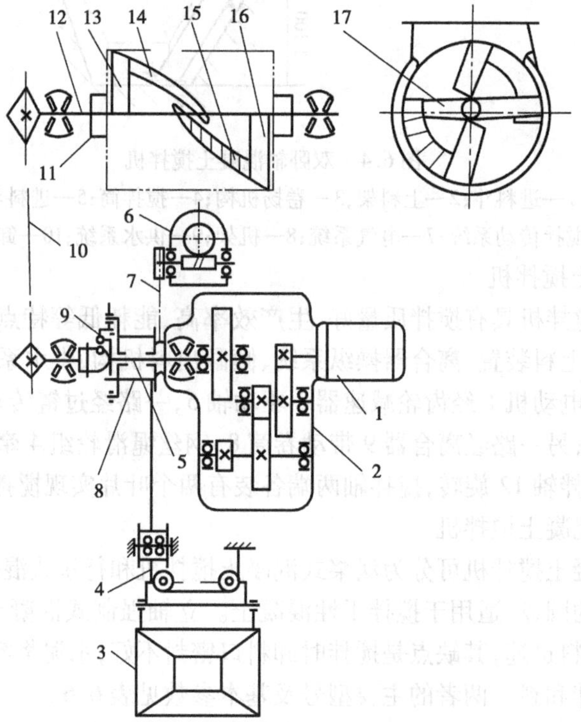

图6.5 JD单卧轴混凝土搅拌机传动系统及搅拌装置示意图

1—电动机;2—齿轮减速器;3—料斗;4—滑轮组;5—轴;6—泵;7,10—传动链;8—卷筒;9—离合器;11—轴端密封;12—搅拌轴;13,16—叶片;14,15—衬带;17—径向臂杆

A. 涡桨式混凝土搅拌机

涡桨式混凝土搅拌机依靠安装在搅拌筒中央带有搅拌叶片和刮铲的立轴旋转时将混凝土物料挤压、翻转和抛掷等复合动作进行强制搅拌。与自落式搅拌机相比较,具有搅拌混凝土效率高、搅拌质量好,并适合拌和干硬性混凝土、高强度混凝土和轻质量混凝土的优点,是国内外

混凝土生产较为普遍采用的机型，尤其适合在混凝土制备厂、商品混凝土生产的搅拌楼或搅拌站中以及大型施工现场使用。

如图 6.6 所示为 JW1000 型固定涡浆式混凝土搅拌机。它主要由搅拌系统、传动系统、气动系统、供水系统及电气系统等组成。作业时，主电动机通过行星齿轮减速机构带动搅拌筒中央立轴旋转，迫使搅拌叶片和刮铲对混凝土物料进行强制搅拌，一次搅拌循环时间在 2 min 以内，拌出的均质混凝土 1 m^3。

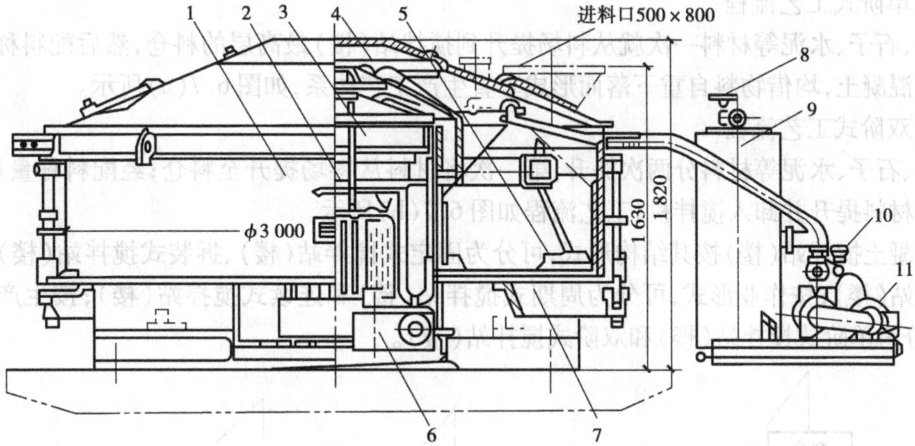

图 6.6　JW1000 型固定涡浆式混凝土搅拌机

1—搅拌筒；2—主电动机；3—星形减速器；
4—搅拌叶片总成；5—搅拌叶片；6—润滑油泵；7—出料门；
8—调节手轮；9—水箱；10—水泵及五通阀；11—水泵电动机

B. 行星式混凝土搅拌机

行星式混凝土搅拌机有两个根回转轴，分别带动几个拌和铲。行星式搅拌机可分为定盘式搅拌机和盘转式搅拌机。在定盘式搅拌机中，拌和铲除了绕自己的轴线转动（自转）外，两根拌和铲的轴还共同绕盘的中心线转动（公转）。在盘转式搅拌机中，两根装拌和铲的轴不作公转，而是整个盘作相反方向的运动。行星式搅拌机构造复杂，但搅拌强度大。

在行星式搅拌机中，盘转式搅拌机消耗能量较多，结构上由于整个搅拌盘在转动，也不够理想。定盘式搅拌机由于消除了离心力对骨料的影响，不容易产生离析现象。因此，盘转式搅拌机已逐渐为定盘式搅拌机所代替。立轴强制式搅拌机都是通过盘底部的卸料口卸料，所以卸料迅速。但是，如果搅拌时卸料口密封不好，水泥浆容易从这里漏掉。因此，不适于搅拌流动性大的拌和料。

6.2.2　混凝土搅拌站（楼）

（1）混凝土搅拌站（楼）的用途、工艺流程及分类

混凝土搅拌站（楼）是搅拌混凝土的联合装置，又称为“混凝土预拌工厂”。混凝土搅拌站（楼）用以完成混凝土原材料的运输、上料、储料、配料、称量、搅拌及出料等工作。混凝土搅拌站（楼）具有自动化程度高、生产率高、有利于混凝土的商品化特点，故常用于混凝土工程量大、施工周期长、施工地点集中的大中型建设施工工地。

混凝土搅拌楼还是一座固定式的自动化程度高、生产效率高的混凝土生产工厂。采用单阶式搅拌站(楼)生产的工艺流程,配备2~4台搅拌设备和大型骨料运输设备,可同时搅拌多种混凝土。

混凝土搅拌站是一种装拆式或移动式的大型搅拌设备。只需配备小型运输设备,平面布置灵活,但效率和自动化程度较低,一般只安装一台搅拌机,使用于中小型的混凝土工程。

混凝土搅拌站(楼)的工艺流程分为单阶式和双阶式两种,如图6.7所示。

1)单阶式工艺流程

砂、石子、水泥等材料一次就从料场提升到搅拌站(楼)最高层的料仓,然后配料称量直至搅拌成混凝土,均借物料自重下落而形成垂直生产工艺体系,如图6.7(a)所示。

2)双阶式工艺流程

砂、石子、水泥等材料分两次提升,第一次将材料从料场提升至料仓;经配料称量后,第二次再将材料提升并卸入搅拌机,工艺流程如图6.7(b)所示。

混凝土搅拌站(楼)按其结构形式,可分为固定式搅拌站(楼)、拆装式搅拌站(楼)和移动式搅拌站(楼);按作业形式,可分为周期式搅拌站(楼)和连续式搅拌站(楼);按生产工艺流程,可分为单阶式搅拌站(楼)和双阶式搅拌站(楼)。

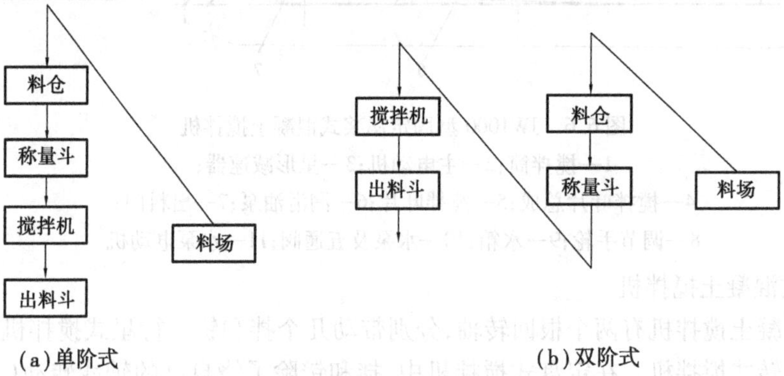

图6.7 混凝土搅拌站(楼)的工艺流程

(2)构造组成

混凝土搅拌站(楼)主要由骨料供储系统、配料系统、搅拌系统、控制系统及辅助系统等组成。如图6.8所示为日本KBP-BH300B-8W混凝土搅拌楼外形结构图。

国产混凝土搅拌楼现在有HL3F90,HL3F135,HF4F270这3种型号。它们的构造基本相同,其金属结构作垂直分层布置,机电设备分装各层,集中控制。搅拌楼自上而下分为进料、储料、配料、搅拌、出料5层,高达24~35 m。混凝土搅拌站(楼)的代号见表6.7。

(3)混凝土搅拌站(楼)的使用要点

①混凝土搅拌站(楼)的操作人员必须熟悉各设备的性能与特点并认真执行混凝土搅拌站(楼)的操作规程。新设备使用前,必须经过专业人员安装调试,在技术性能各项指标全部符合规定并经验收合格,方可投产使用。经过拆卸运输后重新组装的搅拌站,也应调试合格方可使用。

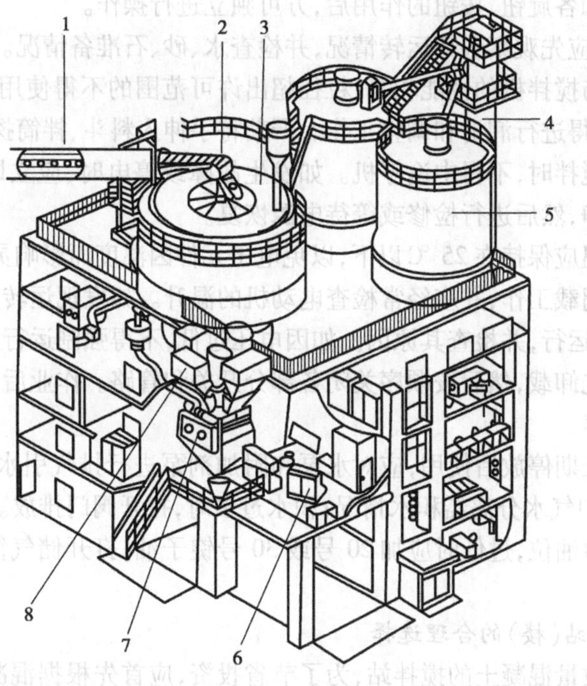

图 6.8 混凝土搅拌楼外形结构

1—提升皮带运输机；2—回转分料机；3—骨料塔仓；4—斗式垂直提升机；
5—水泥筒仓；6—控制系统；7—搅拌系统；8—骨料称量斗

表 6.7 混凝土搅拌站(楼)的代号

类	型	特 性	代号	代号含义	主参数
混凝土搅拌楼(站)H(混)	混凝土搅拌楼 L(楼)	锥形反转出料式(Z)	HLZ	锥形反转出料混凝土搅拌楼	生产率(m^2/h)
		锥形倾翻出料式(F)	HLF	锥形倾翻出料混凝土搅拌楼	
		涡桨式(W)	HLW	涡桨式混凝土搅拌楼	
		行星式(N)	HLN	行星式混凝土搅拌楼	
		单卧轴式(D)	HLD	单卧轴式混凝土搅拌楼	
		双卧轴式(S)	HLS	双卧轴式混凝土搅拌楼	
混凝土搅拌楼(站)H(混)	混凝土搅拌站 Z(站)	锥形反转出料式(Z)	HZZ	锥形反转出料混凝土搅拌站	生产率(m^2/h)
		锥形倾翻出料式(F)	HZF	锥形倾翻出料混凝土搅拌站	
		涡桨式(W)	HZW	涡桨式混凝土搅拌站	
		行星式(N)	HZX	行星式混凝土搅拌站	
		单卧轴式(D)	HZD	单卧轴式混凝土搅拌站	
		双卧轴式(S)	HZS	双卧轴式混凝土搅拌站	

②电源电压、频率、相序必须与搅拌设备的电器相符。电气系统的熔丝必须按照电流大小规定使用。操作盘上的主令开关、旋钮、指示灯等应经常检查其准确性、可靠性。操作人员必

须弄清操作的程序和各旋钮、按钮的作用后,方可独立进行操作。

③机械启动后,应先观察各部运转情况,并检查水、砂、石准备情况。

④骨料规格应与搅拌机的性能相符,粒径超出许可范围的不得使用。混凝土搅拌站(楼)的机械在运转中,不得进行润滑和调整工作。严禁将手伸入料斗、拌筒探摸进料情况。

⑤搅拌机满载搅拌时,不得中途停机。如发生故障或停电时,应立即切断电源,将搅拌筒内的混凝土清除干净,然后进行检修或等待电源恢复。

⑥控制室的室温应保持在25 ℃以下,以免电子元件因温度而影响灵敏度和精确度。

⑦切勿使机械超载工作,并应经常检查电动机的温升。如发现运转声音异常、转速达不到规定时,应立即停止运行,并检查其原因。如因电压过低,不得强制运行。

⑧停机前应首先卸载,然后按顺序关闭各部分开关和管路。作业后,应对混凝土搅拌设备进行全面清洗和保养。

⑨冰冻季节和长期停放后使用,应对水泵和附加剂泵进行排气引水。认真检查混凝土搅拌站(楼)气路系统中气水分离器积水情况;积水过多时,打开阀门排放。

⑩检查油雾器内油位,过低时应加20号或30号锭子油;打开储气筒下部排污螺塞,放出油水混合物。

(4)混凝土搅拌站(楼)的合理选择

对于需要较大数量混凝土的搅拌站,为了节省投资,应首先根据混凝土工程数量、工地布置方式和施工具体情况选择搅拌机主机,然后确定必要的配套设备。常用的配套设备有砂石料供应设备、水泥供应设备、材料配量设备及混凝土运输设备等。

1)砂石料供应设备的选择

①常用的砂石料供应设备是带式运送机以及料斗和称量装置,可根据搅拌站的地形和布置方式选用10 m或15 m移动式带式运送机,并根据现有设备和施工条件选定合适的种类。

②可采用铲斗装载机、铲斗或抓斗挖掘机,以及电子计量装置等。

2)水泥供应设备的选择

水泥是粉状的水硬性胶结材料,故运输过程中必须保证密封和防水。目前,使用最广泛的水泥供应设备有螺旋输送机、回转给料机、斗式提升机或压气输送。其中,以压气输送为最佳,但消耗功率较大。

3)材料配置设备的选择

①混凝土采用的材料应根据结构所需的强度,由试验计算确定配合比。为了保证达到规定的技术要求,各材料必须采用称量设备来配重。材料配重由给料机和称量器组成。给料机起到均匀送给的作用,从而保证称量的精度。

②砂、石、水泥给料斗可采用电磁振动给料机;如果没有此设备,砂、石给料可采用短型胶带输送机,水泥给料可采用螺旋给料机或回转给料机。

③称量方法有体积法和质量法两种。质量法称量精度高,可采用普通台秤、杠杆式配料秤或电子秤等仪器,并采用自动控制,既准确又迅速。

4)混凝土运输设备的选择

①混凝土运输设备必须根据施工地点的地形和施工设备情况,按照搅拌站(楼)的布置方式来进行选择。通常运输方式可分为水平运输和垂直运输。水平运输主要有轨道式斗车、混凝土运输车、自卸汽车、架空索道及人力推车等;垂直运输设备主要有吊车(桶)、提升机、带式

输送、混凝土输送泵及泵车。

②各种运输设备的混凝土容器应与搅拌机出料容量相配合。如出料容量不足一车,可备储料斗,储料斗容量不应小于搅拌机两次出料量,也不小于运输工具的容量。

6.3 混凝土运输机械

混凝土运输机械是将新鲜混凝土从制备地点输送到混凝土结构的成型现场或模板中去的专用运输机械。混凝土的运输可分水平运输和垂直运输。水平运输为各种容量的混凝土搅拌运输车,混凝土装入搅拌车的拌筒中,搅拌车一边行驶,一边对拌筒内的混凝土进行搅拌,以防止混凝土发生分层离析,或防止在较长时间的运输途中凝结硬化;垂直运输为各种形式的混凝土泵,用混凝土泵配上适当的输送管道和布料装置,可完成施工现场混凝土的水平及垂直输送,可连续不断地向施工地点输送混凝土。采用泵送混凝土可节省劳动力,加快施工速度和保证施工质量。

6.3.1 混凝土搅拌输送车

混凝土搅拌运输车是一种用于长距离输送混凝土的机械设备。它是在载货汽车或专用运载底盘上安装的一种独特的混凝土搅拌装置,兼有载运和搅拌混凝土的双重功能,可在运送混凝土的同时对其进行搅拌或扰动,以保证混凝土通过长途运输后,不会产生离析现象。在冬季远距离运输混凝土时也不致凝固,从而使浇注后的混凝土质量得到保证。在发展商品混凝土中,搅拌运输车是生产一条龙的必备设备。

(1)混凝土搅拌输送车的类型

混凝土搅拌运输车按运载底盘结构形式,可分为自行式和拖挂式搅拌输送车。自行式为采用普通载重汽车底盘,拖挂式为采用专用拖挂式底盘。

按搅拌装置传动形式,可分为机械传动、全液压传动和机械-液压传动的混凝土搅拌运输车。

按搅拌筒驱动形式,可分为集中驱动和单独驱动的搅拌输送车。

按搅拌容量大小,可分为小型(搅拌容量为3 m^3 以下)、中型(搅拌容量为3 ~8 m^3)和大型(搅拌容量为8 m^3 以上)。中型车较为通用,特别是容量为6 m^3 的最为常用。

(2)混凝土搅拌输送车的构造组成及工作原理

混凝土搅拌输送车主要由总体结构,搅拌筒、装料与卸料机构、气压供水系统等部分组成。各部分构造组成和工作原理如下:

1)总体结构

搅拌输送车的结构由载重汽车底盘与搅拌装置两部分组成,如图6.9所示。

保证搅拌输送车能按汽车行驶条件运行,并用搅拌装置来满足混凝土输送过程中的要求。搅拌装置的工作部分为搅拌筒,是一个单口的梨形筒体,支承在不同水平面的3个支点上,筒体前端的中心轴安装在机架的轴承座内,呈单点支承;筒体后端外表面焊有环形滚道,架设在一对滚轮上,呈两点支承。搅拌筒的动力由前端中心轴处输入。搅拌筒纵轴线与水平面有16°~20°前低后高的倾斜角。筒体前端封闭,后端开口,因此,供进出料用的进料斗、出料槽均

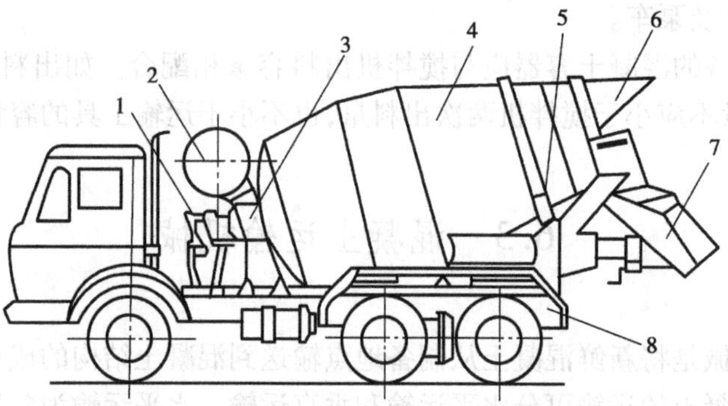

图 6.9 混凝土搅拌输送车外形结构

1—液压电动机;2—水箱;3—支承轴承;4—搅拌筒;
5—滚轮;6—进料斗;7—卸料柄;8—汽车底盘

布置在搅拌输送车的尾部。

2)搅拌筒内部结构

搅拌筒的形式为固定倾角斜置的反转出料梨形结构,如图 6.10 所示。搅拌筒通过底端中心轴和环形滚动支承在机架上的调心轴承和一对支承滚轮。搅拌筒内焊有相隔 180°的螺旋形叶片两条,在叶片的顶部焊有耐磨钢丝。当搅拌筒正转时,物料落入筒的下部进行搅拌;当搅拌筒反转时,已拌好的混凝土则沿着螺旋叶片向外卸出。

3)装料与卸料机构

装料与卸料机构装在拌筒尾部开口的一端,如图 6.11 所示。与搅拌筒 7 相连的进料斗 1 铰接在支架 3 上,进料斗的进料口与搅拌筒内的进料导管口紧贴,以防物料漏出,清洗搅拌筒时,只要将进料斗向上翻起,露出搅拌筒的料口即可。两块固定卸料槽 2 分别装在支架 3 两侧,其下方的活动卸料槽可以通过调节转盘 4 使其回转 180°,也可通过调节杆 5 改变其倾斜角。因此,活动卸料槽能使用多种不同卸料位置的要求。

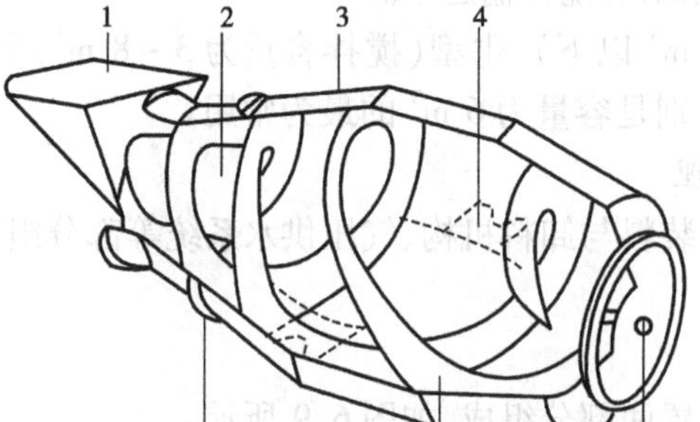

图 6.10 搅拌筒结构

1—加料斗;2—进料导管;3—壳体;
4—辅助搅拌叶片;5—链轮;6—中心轴;
7—带状螺旋叶片;8—环形滚动

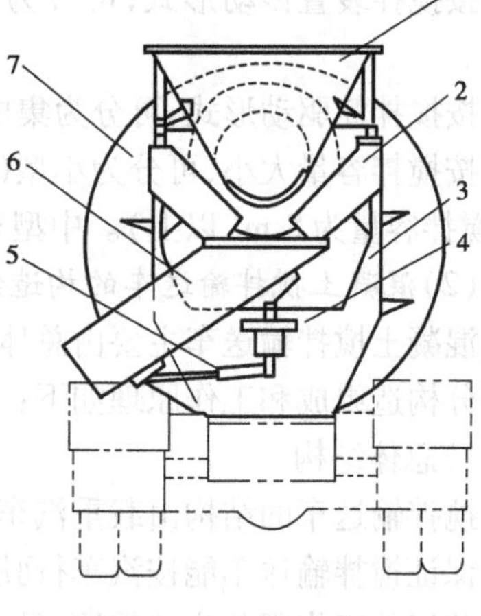

图 6.11 装料与卸料机构

1—进料斗;2—固定卸料槽;3—支架;
4—调节转盘;5—调节杆;6—活动卸料槽;
7—搅拌筒

4)传动系统

混凝土搅拌输送车的传动系统普遍采用液压-机械传动形式。

5)气压供水系统

混凝土搅拌输送车的供水系统,主要用于清洗搅拌筒。当用于干料输送图中注水搅拌作业时,由随车水箱经水表向干料提供定量搅拌用水。

6)操作系统

搅拌筒的正转、反转、停止、加速等动作均有操纵手柄来控制。

(3)混凝土搅拌输送车的型号及性能指标

混凝土搅拌输送车的型号及性能指标见表6.8。

表6.8 混凝土搅拌输送车的型号及性能指标

型 号		SDX5265GJBJC6	JGX5270GJB	JCD6	JCD7
拌筒几何容量/L		12 660	9 500	9 050	11 800
最大搅动容量/L		6 000	6 090	6 090	7 000
最大搅拌容量/L		4 500		5 000	
拌筒倾斜角/(°)		13	16	16	15
拌筒转速 /(r·min^{-1})	装料	0~16	0~16	1~8	6~10
	搅拌			8~12	1~3
	搅动			1~4	
	卸料				8~14
供水系统	供水方式	水泵式	压力水箱式	压力水箱式	气送或电泵送
	水箱容量/L	250	250	250	800
搅拌驱动方式		液压驱动	液压驱动	F4L912 柴油机驱动	液压驱动 前端取力
底盘型号		尼桑 NISSAN CWA45HWL	T815P 13208	T815P 13208	FV413
底盘发动机功率/kW		250			
外形尺寸/mm		7 550	8 570	8 570	8 220
		2 495	2 500	2 500	2 500
		3 695	3 630	3 630	3 650
质量/kg		12 300	11 655	12 775	
		26 000	26 544	27 640	

6.3.2 混凝土输送泵和混凝土泵车

混凝土泵是利用水平管道或垂直管道连续输送混凝土到浇注点的机械。它能连续完成水平和垂直输送混凝土，其工作可靠。混凝土泵适用于混凝土用量大、作业周期长及泵送距离较远和高度较大的场合，是高层建筑施工的重要设备之一。

臂架式混凝土泵通称为泵车，是把混凝土泵和臂架直接安装在汽车底盘上的混凝土输送设备。它用液压折叠式臂架管道来输送混凝土，臂架具有变幅、曲折和回转3个动作。输送管道沿臂架铺设，在臂架活动范围内可任意改变混凝土浇注位置，不需在现场临时铺设管道，节省了辅助时间。泵车具有机动性好、布料灵活、功效高的特点，适用于混凝土需求量大、质量要求高和零星分散工程的混凝土输送。

(1)混凝土输送泵

混凝土泵的种类繁多，按工作原理，可分为挤压式混凝土泵和液压式混凝土泵；按形式，可分为固定式混凝土泵、拖式混凝土泵和车载式混凝土泵；按理论输送量，可分为超小型(10～20 m^3/h)、小型(30～40 m^3/h)、中型(50～95 m^3/h)、大型(100～150 m^3/h)及超大型(160～200 m^3/h)；按驱动方式，可分为电动机驱动和柴油机驱动；按分配阀形式，可分为垂直轴蝶阀、S形阀、裙形阀、斜置式闸板阀及横置式板阀；按工作时混凝土泵出口的混凝土压力(即泵送混凝土压力)，可分为低压混凝土泵(2.0～5.0 MPa)、中压混凝土泵(6.0～9.5 MPa)、高压混凝土泵(10.0～16.0 MPa)及超高压混凝土泵(22.0～28.0 MPa)。

混凝土输送泵的代号及表示方法见表6.9。

表6.9 混凝土输送泵的代号及表示方法

类	型	代　号	代号含义	主参数
混凝土输送泵(HB)	固定式(G)	HBG	固定式混凝土输送泵	搅拌输送量(m^3/h)
	拖挂式(T)	HBT	拖挂式混凝土输送泵	
	车载式(C)	HBC	车载式混凝土输送泵	

1)液压活塞式混凝土泵

液压活塞式混凝土泵具有工作可靠、输送距离长、应用范围广等特点。它主要有机械传动式、油压传动式和水压式3种。液压活塞式混凝土泵由电动机、料斗、输出管、球阀、机架、泵缸、空气压缩机、油缸及行走轮等组成，如图6.12所示为HB8型液压活塞式混凝土泵。

2)工作原理

液压活塞式混凝土泵通过压力油推动活塞，再通过活塞杆推动混凝土中的工作活塞压送混凝土。如图6.13所示为液压活塞式混凝土泵的泵送原理图。混凝土缸活塞与主液压活塞杆相连，在主液压缸压力油的作用下，作往复运动，一缸前进，则一缸后退。混凝土缸出口与料斗连通，分配阀一端接出料口，另一端通过花分键轴与摆臂连接，在摆动液压缸的作用下，可左右摆动。泵送混凝土时，在主液压缸压力的作用下，混凝土缸活塞前进，混凝土缸活塞后退，同时在摆动液压缸的作用下，分配阀与混凝土缸连通，混凝土缸与料斗连通。混凝土活塞后退时，将料斗内的混凝土吸入混凝土缸；混凝土缸活塞前进，将混凝土缸内的混凝土送入分配阀后排出。

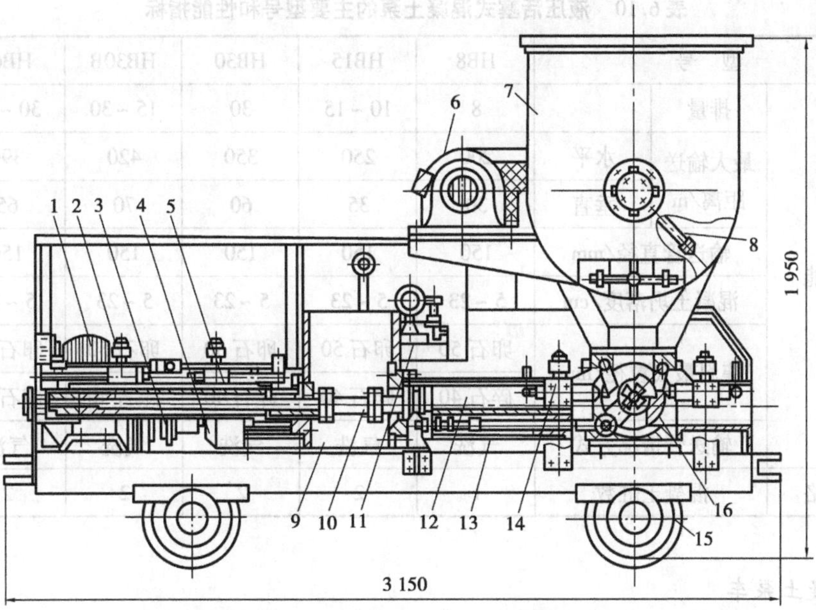

图6.12　HB8型液压活塞式混凝土泵

1—空气压缩机；2—主油缸行程阀；3—空压机离合器；4—主电动机；
5—主油缸；电动机；7—料斗；8—叶片；9—水箱；10—中间接杆；
11—操纵阀；12—混凝土泵缸；13—球阀油缸；14—球阀行程阀；15—车轮；16—球阀

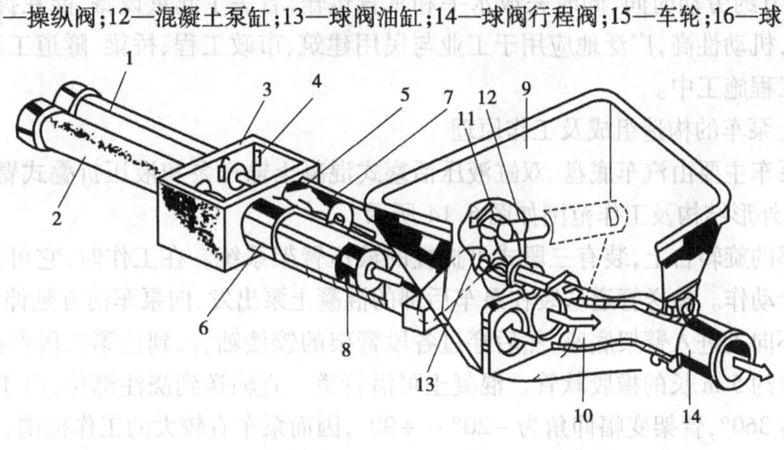

图6.13　液压活塞式混凝土泵的泵送原理图

1,2—主液压缸；3—水箱；4—换向装置；5,6—混凝土缸；7,8—混凝土缸活塞；
9—料斗；10—分配阀；11—摆臂；12,13—摆动液压缸；14—出料口

3）性能指标

各类混凝土泵的主要型号和性能指标见表6.10。

表 6.10　液压活塞式混凝土泵的主要型号和性能指标

型　号			HB8	HB15	HB30	HB30B	HB60
性能	排量		8	10～15	30	15～30	30～60
	最大输送距离/m	水平	200	250	350	420	390
		垂直	30	35	60	70	65
	输送管直径/mm		150	150	150	150	150
	混凝土坍落度/cm		5～23	5～23	5～23	5～23	5～23
	集料最大粒径/mm		卵石 50	卵石 50	卵石 50	卵石 50	卵石 50
			碎石 40	碎石 40	碎石 40	碎石 40	碎石 40
	输送管情况方式		气洗	气洗	气洗	气洗	气洗
规格	混凝土缸数		1	2	2	2	2

(2)混凝土泵车

混凝土泵车是将液压活塞式或挤压式混凝土泵安装在汽车底盘上，并用液压折叠式臂架管道来输送混凝土的一种专用混凝土机械。它是在固定式混凝土输送泵基础上发展起来的混凝土机械。混凝土泵具有自行、泵送和浇注摊铺混凝土的综合能力，将混凝土的输送和浇注工序合二为一，节约劳动时间，同时完成水平和垂直运输，省去了起重设备，能在拥挤的地方出入，使用灵活，机动性高，广泛地应用于工业与民用建筑、市政工程、桥梁、隧道工程、水利水电工程等建筑工程施工中。

1)混凝土泵车的构造组成及工作原理

混凝土泵车主要由汽车底盘、双缸液压活塞式混凝土输送泵和液压折叠式臂架管道系统3部分组成。外形结构及工作范围如图6.14所示。

车架前部的旋转台上，装有三段式可折叠的液压臂架系统。在工作时，它可进行变幅、曲折和回转3个动作。输送管道从装在泵车后部的混凝土泵出发，向泵车前方延伸，穿过转台中心的活动套环向上进入臂架底座，然后穿过各段臂架的铰接轴管，到达第三段臂架的顶端，在其上再接一段约5 m长的橡胶软管。混凝土可沿管道一直输送到浇注部位，由于旋转台和臂架系统可回转360°，臂架变幅仰角为−20°～+90°，因而泵车有较大的工作范围。

2)混凝土泵车的主要型号及性能指标

混凝土泵车的主要型号及性能指标见表6.11。

(3)混凝土泵主要参数的选择

混凝土泵的主要参数有泵的最大输送量、泵送混凝土额定压力及发动机功率。在功率恒定的情况下，泵送距离或高度越小，混凝土的输送量就越大，直至达到最大值；反之，泵送距离或高度越大，直至达到最大值。因此在选择混凝土泵时，要同时根据上述3个参数来确定。

1)功率

功率可计算为

$$N=\frac{Qp}{3.6\eta}=\frac{Qp}{3.6\times0.7}=\frac{Qp}{2.5}$$

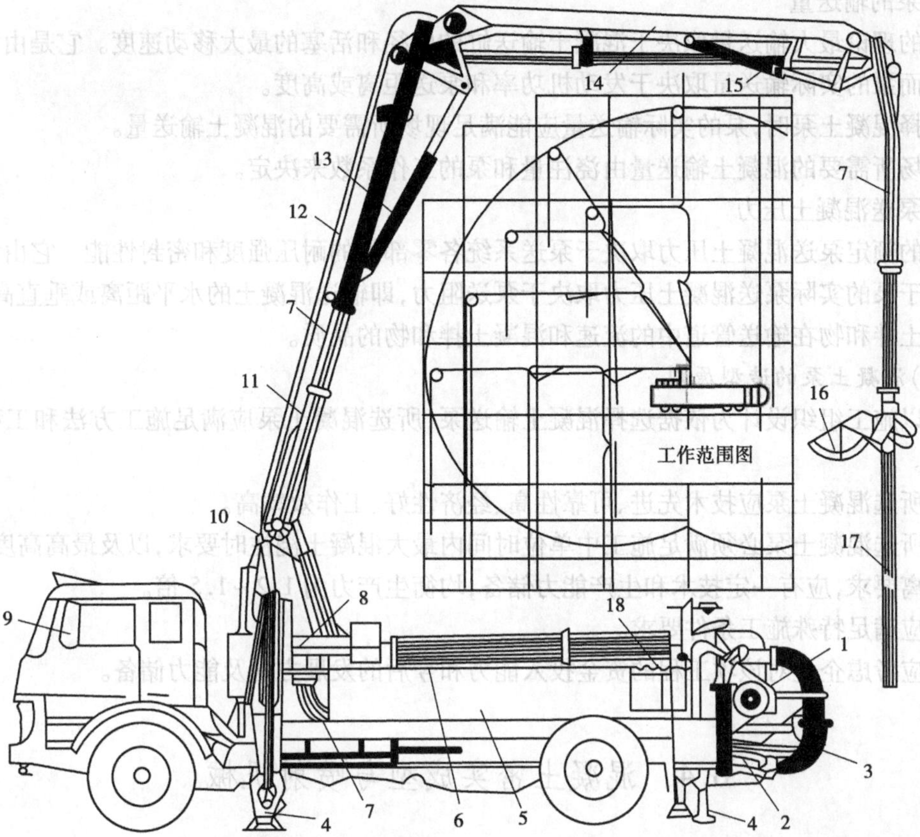

图6.14 混凝土泵车

1—料斗和搅拌器；2—混凝土泵；3—Y形出料管；

4—液压外伸支腿；5—水箱；6—备用管段；7—输送管道；8—支承旋转台；

9—驾驶室；10，13，15—折叠臂油缸；11，14—臂杆；12—油管；17—橡胶软管；18—操纵柜

表6.11 臂架式混凝土泵车的主要型号及性能指标

型 号			B-HB20	IPF85B	HBQ60
性能	排量/($m^3 \cdot h^{-1}$)		20	10～85	15～70
	最大输送距离/m	水平	270（管径150）	310～750（因管径而异）	340～500（因管径而异）
		垂直	50（管径150）		
	容许集料的最大尺寸/mm		40（卵石）50（碎石）	25～50（因管径和集料种类而异）	25～50（因管径和集料种类而异）
	混凝土坍落度适应范围/cm		5～23	5～23	5～23
规格	混凝土缸数		2	2	2

2)泵的输送量

泵的理论最大输送量取决于混凝土输送缸的内径和活塞的最大移动速度。它是由设计确定的。而泵的实际输送量取决于发动机功率和泵送距离或高度。

选择混凝土泵时,泵的实际输送量应能满足现场所需要的混凝土输送量。

现场所需要的混凝土输送量由浇注量和泵的工作系数来决定。

3)泵送混凝土压力

泵的额定泵送混凝土压力取决于泵送系统各零部件的耐压强度和密封性能。它由设计确定。对于泵的实际泵送混凝土压力取决于泵送阻力,即输送混凝土的水平距离或垂直高度,以及混凝土拌和物在输送管道中的流速和混凝土拌和物的品质。

(4)混凝土泵的造型原则

①以施工组织设计为依据选择混凝土输送泵,所选混凝土泵应满足施工方法和工程质量及大小。

②所选混凝土泵应技术先进、可靠性高、经济性好、工作效率高。

③所选混凝土泵必须满足施工中单位时间内最大混凝土浇注时要求,以及最高高度、最大水平距离要求,应有一定技术和生产能力储备,均衡生产力为1.2~1.5倍。

④应满足特殊施工条件要求。

⑤应考虑企业对该项工程的资金投入能力和今后的发展方向及能力储备。

6.4 混凝土密实成型与喷射机械

混凝土密实成型机械是使混凝土密实地填充在模板中或喷涂在构筑物表面,使之最后成型而制成建筑结构或构件的机械。混凝土密实成型机械的种类很多,根据对混凝土施工的要求,可分为混凝土振动机械、混凝土砌块成型机械、混凝土喷射机械、混凝土路面摊铺机械及混凝土滑模机械等。混凝土的养护是使已成型的混凝土在一定温度的潮湿环境中硬化,不需要采用机械设备。

6.4.1 混凝土振动器

浇灌后的混凝土仍然是疏松的,内部存在空洞和气泡。因此,必须对混凝土拌和物进行捣实,使其具有足够的密实性和构件表面光滑、平整,不出现麻面,以保证混凝土浇注物的质量。捣实作业有手工和机械两种方式。机械捣实作业就是通过混凝土振动机械来完成的。混凝土振动机械又称为混凝土振动器,是对浇灌后的混凝土进行捣实的机械。

(1)混凝土振动器的工作原理

混凝土振动器是将其产生的具有一定频率、振幅和激振力的振动能量,通过一定方式传递给混凝土拌和物;受振混凝土拌和物在强迫振动的作用下,混凝土拌和物的颗粒间原有的黏着力、摩擦力显著下降,呈现出“重质液体状态”,骨料颗粒在重力作用下逐渐下沉,重新排列并相互挤紧,而颗粒之间的空隙则被水泥浆完全填充,空气呈气泡逸出,最终达到密实混凝土的目的。

运用振动器振实混凝土时,要根据骨料粒径的大小选择合适的振动参数,以提高振实效果。一般对小粒径骨料的混凝土适于采用高频微幅振动参数;对大粒径骨料的混凝土则用频率较低、振幅较大的振动参数效果较好。

(2)混凝土振动器的分类

混凝土振动器的种类很多,可按照其作用方式、驱动方式和振动频率等进行分类。

按作用方式,可分为插入式内部振动器、附着式外部振动器和固定式振动台3种。附着式振动器加装一块平板可改装成平板式振动器。按驱动方式,可分为电动式振动器、气动式振动器、内燃式振动器及液压式振动器等。电动式振动器结构简单、使用方便、成本低,一般情况下都采用电动式振动器。按振动频率,可分为高频式振动器(133~350 Hz或8 000~20 000次/min)、中频式振动器(83~133 Hz或5 000~8 000次/min)和低频式振动器(33~83Hz或2 000~5 000次/min)3种。

(3)混凝土振动器的构造组成

1)插入式振动器

①电动偏心插入式振动器

电动插入式振动器依靠偏心振动子在振动棒内旋转时产生的离心力来造成振动。其结构如图6.15所示。

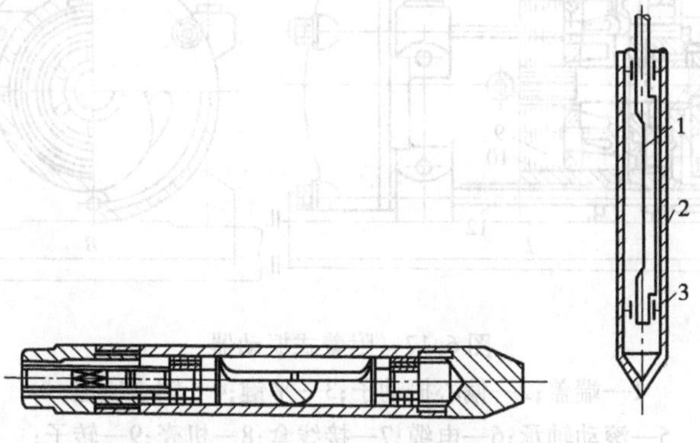

图6.15　电动偏心插入式振动器

1—偏心轴;2—套管;3—轴承

②电动星形插入式振动器

电动星形插入式振动器采用高频、外滚、软轴连接。它由电动机、防逆装置、软轴软管组件和振动棒4部分组成,如图6.16所示。

2)附着式振动器

附着式振动器是依靠其底部螺栓或其他锁紧装置固定在模板、滑槽、料斗、振动导管等上面,间接地将振动波传递给混凝土或其他被振密的物料,作为振动输送、振给料或振动筛分之用。它按其动力及频率的不同有多种规格,但其构造基本相同,都是由主机和振动装置组合而成的,如图6.17所示。

3)平板式振动器

平板式振动器又称为表面振动器,是直接放在混凝土表面上,可移动地进行振捣作业。工作时,电动机旋转,固定在转子轴上的偏心块便产生周期变化的离心力,促使电机振子振动,并将振动传给振板,振板再将振动传递给混凝土,从而达到捣实的目的。其结构如图6.18所示。

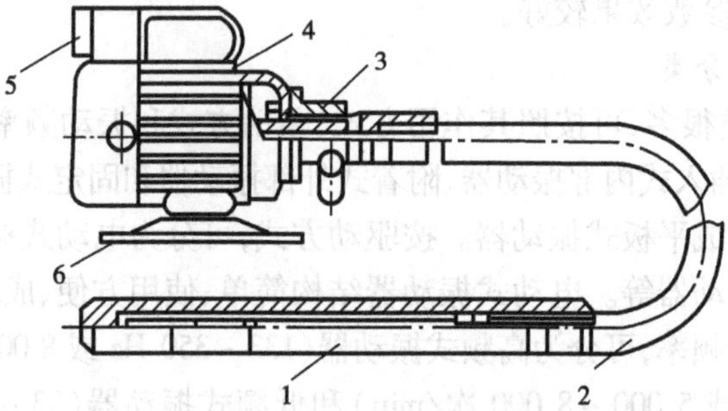

图 6.16　电动星形插入式振动器

1—振动棒;2—软轴;3—防逆装置;

4—电动机;5—电源开关;6—电动机底座

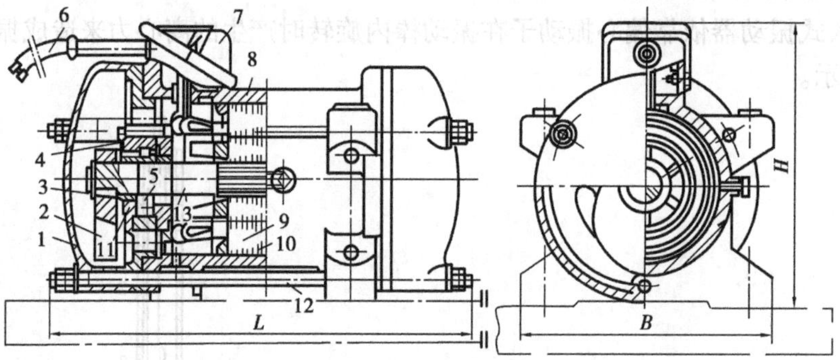

图 6.17　附着式振动器

1—端盖;2—偏心振动子;3—平键;4—轴承压盖;

5—滚动轴承;6—电缆;7—接线盒;8—机壳;9—转子;

10—定子;11—轴承座盖;12—螺栓;13—轴

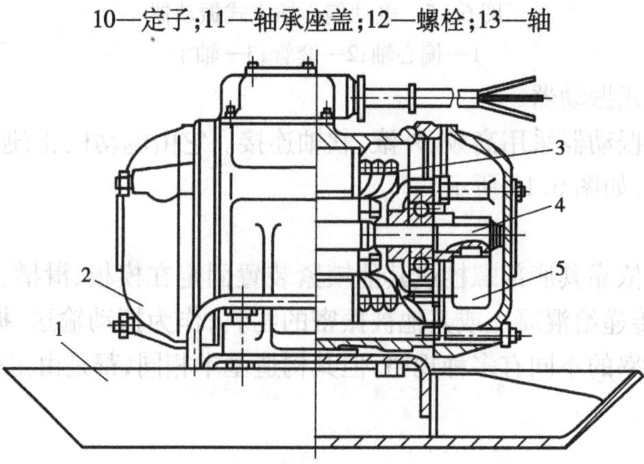

图 6.18　平板式振动器

1—地板;2—外壳;3—定子;4—转子轴;5—偏心振动子

4)混凝土振动台

混凝土振动台又称为台式振动器,是混凝土拌和料的振动成型机械。振动台的机架支承在弹簧上,机架下装有激振器,机架上安置成型制品钢模板,模板内装有混凝土拌和料。在激振器的作用下,机架连同装有混凝土拌和料的模板一起振动,使混凝土在振动下密实成型。台式振动器是预制构件厂的主要成型设备。它用于大批量生产空心板、壁板以及厚度不大的混凝土构件,如图6.19所示。

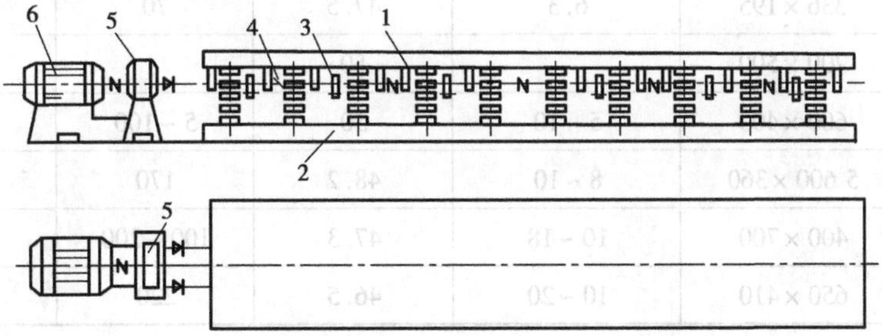

图6.19　ZT型振动台结构示意图

1—上部框架;2—下部框架;3—振动子;

4—支承弹簧;5—齿轮同步器;6—电动机

5)混凝土振动器的性能指标

混凝土振动器的性能指标见表6.12—表6.15。

表6.12　电动行星式振动器的性能指标

性能指标		型号					
		ZN25	ZN35	ZN45	ZN50	ZN60	ZN70
振动棒(器)	直径/mm	26	36	45	51	60	68
	长度/mm	370	422	460	451	450	460
	频率/(次·min^{-1})	15 500	1 300 ~ 14 000	12 000	12 000	12 000	11 000 ~ 12 000
	振动力/kN	2.2	2.5	3 ~ 4	5 ~ 6	7 ~ 8	9 ~ 10
	振幅/mm	8	10	10	13	13	13
电动机	功率/kW	0.8	0.8	1.1	1.1	1.5	1.5
	转速/(r·min^{-1})	2 850	2 850	2 850	2 850	2 850	2 850
软轴直径/mm		8	10	10	13	13	13
软管直径/mm		24	30	30	36	36	36

表 6.13　附着式振动器的性能指标

型　号	振动平板尺寸 (长×宽)/mm	空载最大激振力 /kN	空载振动频率 /Hz	偏心力矩 /(N·cm)	电动机功率 /kW
ZB18-50	215×175	1.0	47.5	10	0.18
ZB55-50	600×400	5	50		0.55
ZB80-50	336×195	6.3	47.5	70	0.8
ZB100-50	700×500		50		1.1
ZB150-50	600×400	5～10	50	5～100	1.5
ZB180-50	5 600×360	8～10	48.2	170	1.8
ZB220-50	400×700	10～18	47.3	100～200	2.2
ZB300-50	650×410	10～20	46.5	220	3

表 6.14　平板振动器的性能指标

型　号	振动平板尺寸 (长×宽)/mm	空载最大激振力 /kN	空载振动频率 /Hz	偏心力矩 /(N·cm)	电动机功率 /kW
ZB55-50	780×468	5.5	47.5	55	0.55
ZB75-50	500×400	3.1	47.5	50	0.75
ZB110-50	700×400	4.3	48	65	1.1
ZB150-50	400×600	9.5	50	85	1.5
ZB220-50	800×500	9.8	47	100	2.2
ZB300-50	800×600	13.2	47.5	146	3.0

表 6.15　混凝土振动台的性能指标

型　号	技术指标			
	振动频率 /(次·min^{-1})	激振力 /kN	振幅 /mm	电动机功率 /kW
STZ-0.6×1	2 850	4.52～13.16	0.3～0.7	1.1
STZ-1×1	2 850	4.52～13.16	0.3～0.7	1.1
HZ9-1×2	2 850	14.6～30.7	0.3～0.9	7.5
HZ9-1×4	2 850	22.0～49.4	0.3～0.7	7.5
HZ9-1.5×4	2 940	63.7～98.0	0.3～0.7	22
HZ9-1.5×6	2 940	85～130	0.3～0.8	22
HZ9-1.5×6	1 470	145	1～2	22
HZ9-2.4×6.2	1 470～2 850	150～230	0.3～0.7	25

6.4.2 混凝土喷射机

喷射混凝土是指将速凝混凝土喷向岩石或结构物表面,从而使结构物得到加强或保护。完成喷射混凝土施工的主要机械是混凝土喷射机。喷射混凝土与泵输送混凝土不同之处在于,混凝土是以较高的速度从喷嘴喷出而黏附于结构物表面上的。

用混凝土喷射机施工,具有不用模板、施工简单、进度快、劳动强度低、工程质量高以及经济效果好等优点。它主要适用平巷、竖井、隧道等地下建筑物的混凝土支护,地下水池、油池、埋设大型管道的抗渗混凝土施工,混凝土构筑物的浇注和修补,各种工业炉,特别是大型冶金炉的炉衬快速修补。

(1)混凝土喷射机的分类

按混凝土拌和料的加水方法不同,混凝土喷射机可分为干式喷射机、湿式喷射机和介于两者之间的半湿式喷射机3种。

①干式喷射机。按一定比例的水泥基集料,搅拌均匀后,经压缩空气吹送到喷嘴和来自压力水箱的压力水混合后喷出。这种方式施工方法简单、速度快,但粉尘太大,喷出料回弹量损失较大,且要用高标号水泥,国内生产的喷射机大多为干式喷射机。

②湿式喷射机。进入喷射机的是已加水的混凝土拌和料,因而喷射中粉尘含量低,回弹量较少,是理想的喷射方式。但是,湿料易于在料罐和管路中凝结,造成堵塞,清洗麻烦,因而未能推广使用。

③半湿式喷射机。也称潮式喷射机,即混凝土拌和料为含水率5% ~8%的潮料,这种料喷射时粉尘减少,由于湿料的黏结性较小,不黏罐,是干式喷射和湿式喷射的改良方式。

按喷射机结构形式,混凝土喷射机可分为缸罐式喷射机、螺旋式喷射机和转子式喷射机3种。

①缸罐式喷射机。缸罐式喷射机坚固耐用。但机体过重,上下钟形阀的启闭需手工繁重操作,劳动轻度大,基本已淘汰。

②螺旋式喷射机。螺旋式喷射机结构简单、体积小、质量轻、机动性能好。但输送距离超过30 m时容易返风,生产率低且不稳定,只适用于小型巷道的喷射支护。

③转子式喷射机。转子式喷射机具有生产能力大、输送距离远、出料连续稳定、上料高度低、操作方便,适合机械化配套作业等优点,并可用于平喷、半湿喷和湿喷等多种喷射方式,是目前应用较广泛的机型。

(2)混凝土喷射机的工作原理和构造

1)工作原理

如图6.20所示为转子喷射机的外形结构图。其工作原理是:电动机动力经过减速器减速后,通过输出轴带动转子旋转,料斗中的混凝土拌和料搅拌后落入直通料腔中。当该料随转子转到出料口时,压缩空气经上座体的气室,吹送料腔中的物料进入出料弯头。在此,通过助吹器,另一股压风呈射流状态再一次吹送物料进入输料管,再经喷头处和水混合后,喷至工作面上。转子连续旋转,料腔依次和弯头接通,如此不断循环,实现连续喷射作业。

2)构造

转子式喷射机主要由驱动装置、转子总成、压紧机构、给料系统、气路系统及输料系统等

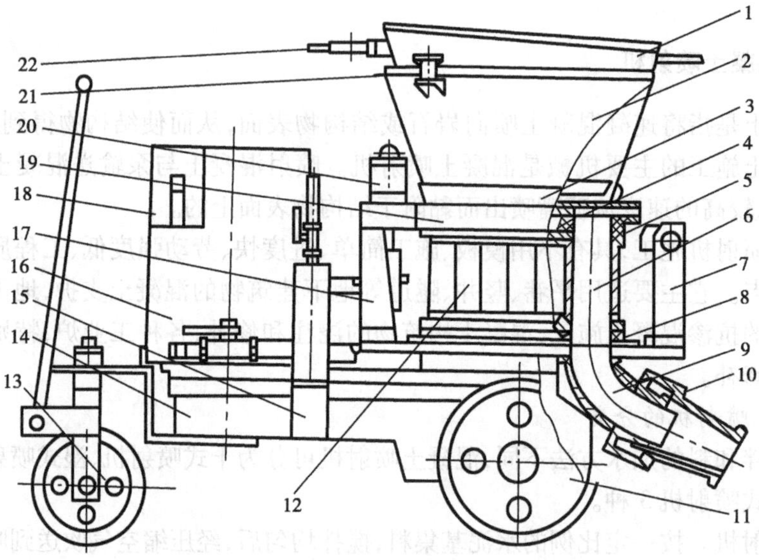

图 6.20　转子式喷射机外形结构示意图

1—振动筛；2—料斗；3—上座体；4—密封板；5—衬板；6—料腔；
7—后支架；8—下密封板；9—弯头；10—助吹器；11—轮组；
12—转子；13—前支架；14—减速器；15—气路系统；16—电动机；
17—前支架；18—开关；19—压环；20—压紧杆；21—弹簧座；22—振动器

组成。

①驱动装置

驱动装置由电动机和减速器组成。电动机轴端连接主动齿轮轴，通过减速器减速后，驱动安装在输出轴上的转子旋转。

②转子总成

转子总成主要由防黏料转子，上下衬板和上下密封板组成。防黏料转子的每个圆孔中内衬为不易黏结混凝土的耐磨橡胶料腔。该结构提高了喷射机处理潮料的能力，减少了清洗和维修工作。

③压紧机构

压紧机构由前后支架及压紧杆、压环等组成。前后支架在圆周上固定上座体，压紧杆压紧后通过压环把压力传递给上座体，使转动的转子和静止的密封板之间有一个适当的压紧力，以保持结合面间的密封。

④给料系统

给料系统由料斗、振动筛、上座体和振动器等组成。上座体是固定料斗的基础，其上设有落料口和进气室。振动器为风动高频式，有进气口，安装时须注意进气口处的箭头标志，防止反接。

⑤气路系统

气路系统由球阀、压力表、管接头和胶管等组成。空气压缩机通过储气罐提供压缩空气，3个球阀分别用于控制总进气和通入转子料腔内的主气路以及通入助吹器的辅助气路，另一个

0.5英寸球阀用以控制向振动器供给压缩空气。压力表用于监测熟料管中的工作压力。

⑥输料系统

输料系统由出料弯头和喷射管路等组成。出料弯头设有软体弯头和助吹器,用以减少或克服弯头出口处的黏结和堵塞。喷头处设有水环,通过球阀调节进水量。

(3)混凝土喷射机的型号及性能指标

混凝土喷射机的型号及性能指标见表6.16。

表6.16 混凝土喷射机的型号及性能指标

基本参数		HPZ2T HPZ2U	HPZ4T HPZ4U	HPZ6T HPZ6U	HPZ9T HPZ9U	HPZ13T HPZ13U
最大生产率/($m^3 \cdot h^{-1}$)		2	4	6	9	13
集料粒径/mm	最大	20	25	30	30	
	常用	<14	<16		<16	
最大垂直输送高度/m		40	60		60	
水平输送距离	最佳	20~40				
	最大	240				
配套电动机功率/kW		2.2	4.0~5.5	5.5~7.5	10.0	15.0
压缩空气耗量($m^3 \cdot min^{-1}$)			5~8	8~10	12~14	28
输送软管内径/mm		38	50		65~85	

思考题与习题

6.1 常用混凝土搅拌机的类型有哪些?其型号如何表示?

6.2 简述混凝土搅拌站(楼)的使用要点。

6.3 混凝土搅拌输送车由哪几部分组成?

6.4 混凝土泵选择的主要参数有哪些?

6.5 混凝土振动器的类型有哪些?

第7章 桩工机械

7.1 概述

在各种桩基础施工中,用来钻孔、打桩、沉桩的机械统称为桩工机械。桩工机械一般由桩锤与桩架两部分组成。除专用桩架外,也可在挖掘机或者其机上设置桩架,完成打桩任务。桩基础由桩身和承台组成。桩身全部或部分埋入土中,顶部由承台连成一体,在承台上修筑上部建筑。桩基础是常用的基础形式,是深基础的一种。桩基础具有承载力高,沉降量小而均匀,沉降速度缓慢,能承担竖向力、水平力、上拔力、振动力等特点,因此在工业建筑高层民用建筑和构筑物以及地震设防建筑中应用广泛。

7.1.1 桩基础的种类

根据桩的作用不同,桩可分为承载桩与防护桩两大类。承载桩用以增强土壤的支承能力,如建筑物基础、桥梁或桥墩等荷载集中处,都要打桩;防护桩是使打入的桩形成桩墙,如给排水工程中开挖大型沟槽时,为防止塌方,两侧可用木桩或钢板桩防护;建筑物基坑开挖前,周围现浇钢筋混凝土桩,以保证顺利地进行施工。

按桩的构造和材料的不同,桩可分为土桩、钢桩和钢筋混凝土桩等多种形式。其中,钢筋混凝土桩因节省钢材、造价低又耐腐蚀,在基础工程中应用较多。

根据桩的传力性质的不同,可将桩分为端承桩和摩擦桩两种。端承桩是穿过软土层并将建筑物的荷载直接传递给坚硬土层的桩;摩擦桩是把建筑物的荷载传到桩四周土中及桩靴下土中的桩,但其荷载的大部分靠桩四周表面与土的摩擦力来支承。

按桩的制作方式不同,可将桩分为预制桩和灌筑桩两类。预制桩根据沉入土中的方法,又可分为锤击法、水冲法、振动法及静力压桩法等。灌注桩按成孔方法的不同,有钻孔灌筑法、挖孔灌筑法、钻扩孔灌筑法、沉管(打拔管)灌筑法及爆扩灌筑法等。

根据桩的共同工作情况,还可将桩分单桩和群桩。

桩工机械就是应上述各种桩的施工要求而出现的工程施工机械。它一般分为预制桩施工机械和灌筑桩施工机械两大类。近年来,桩工机械不断改进,品种逐渐增多,新工艺的出现又为桩基础的发展提供了有利条件。

7.1.2 桩工机械的类型。

(1)预制桩施工机械

施工桩预制主要有3种方法:打入法、振动法和压入法。打入法所用的机械有落锤、柴油锤、液压锤等,振动法用振动锤;压入法用的是静压力机械。

1)打入法

打入法使用桩锤冲击桩头,在冲击瞬间桩头受到一个很大的力,而使桩贯入土中。打入法使用的设备主要有以下4种:

①落锤

落锤是由卷扬机或类似方法提升冲击质量的桩锤,重物脱钩后沿导向架自由下落而打桩,构造简单,使用方便。但贯入能力低,生产效率低,对桩的损伤较大。

②柴油锤

柴油锤的工作原理类似柴油发动机,主体也是由汽缸和柱塞组成。其工作原理和单缸二冲程柴油机相似,是利用喷入汽缸燃烧室内的雾化柴油受高压高温后燃爆所产生的强大压力驱动锤头工作。它是常用的打桩设备,但公害(噪声和空气污染)较重,不宜在城市施工。

③气动锤。

气动锤由锤头和锤座组成,以蒸汽或压缩空气为动力。它可分为单动汽锤和双动汽锤两种。单动汽锤以柱塞或汽缸作为锤头,蒸汽驱动锤头上升,而后任其沿锤座的导杆下落而打桩。气动锤对空气污染较小,但噪声较大。

④液压锤

液压锤以油液压力为动力,可按地层土质不同调整液压,以达到适当的冲击力进行打桩,是一种新型打桩机。中小型液压打桩机常用于公路护栏的打桩,高速公路护栏建设。同类打桩设备有液压打桩机、公路打桩机、护栏打桩机、公路钻孔机。与柴油打桩机相比,液压锤打桩机的能量传递效率能够达到70% ~95%,而柴油锤打桩机的能量传递效率仅为20% ~30%,液压锤打桩机打桩控量精确,能实现不同地层的打桩作业;液压锤打桩机在减少噪声、振动和噪声方面有出色表现,特别适合城市施工需要。液压锤打桩机节能减排效果明显,是未来打桩机发展的主流。

2)振动法

振动法采用的设备是振动锤,桩身产生高频振动,桩尖处和桩身周围的阻力大大减小,利用桩锤的机械振动能使桩沉入或拔出。其主要特点是:需要和打桩架配套组成打桩机。其适用范围为:适用于沉拔钢板桩、钢管桩、钢筋混凝土桩;适用于沙土、塑性黏土及松软沙黏土;在卵石夹沙及紧密黏土中效果较差。

3)压入法

这种施工方法噪声极小,桩头不致受冲击力而损坏。但压入法使用的静力锤本身非常笨重,组装迁移都比较困难,况且它只适用于软弱地质的施工。其主要特点是:采用机械或液压方式产生静压力,使桩在持续静压力作用下压至所需深度。其适用范围为:适用于压拔板桩、钢板桩、型钢桩以及各种钢筋混凝土方桩;宜用于软土基础及地下铁道明挖施工中。

(2)灌筑桩施工机械

1)挤土成孔法

挤土成孔法所用的设备与施工预制桩的设备相同。该方法是把一根钢管打入土中,至设计深度后将钢管拔出,即可成孔。这种施工方法中常采用振动锤。挤土成孔法一般使用于直径小于 500 mm 的灌筑桩,对于大直径桩应采用取土成孔法。

2)取土成孔法

取土成孔法可采用多种程控机械,其中主要有:

①冲抓式成孔机

冲抓式成孔机是利用一个悬挂在钻架上的卷扬机将冲抓斗提升到一定的高度释放,对土石进行冲击后直接抓取、利用卷扬机将冲抓斗提取卸于孔外,使用故土夹石、沙夹石和硬土层的桩基成孔。

②回转斗钻孔机

回转斗钻孔机的挖土、取土装置是一个钻斗。钻斗下有切土刀,斗内可以装土。

③反循环钻机

反循环钻机的钻头只进行切土作业,其构造很简单。取土的方法是把土制成泥浆,用空气提升法或喷水提升法将泥浆取出。

④螺旋钻孔机

螺旋钻孔机的工作原理类似麻花钻,边钻边排屑,是目前我国施工小直径桩孔的主要设备。螺旋钻孔机可分为长螺旋和短螺旋两种。

⑤钻扩机

钻扩机是一种成型带扩大头桩孔的机械。

7.2 预制桩施工机械

7.2.1 桩架

桩架是用来悬挂桩锤、吊桩、插桩的,并在打桩过程中起着导向作用。由于桩架在以后的使用中要承受自重、桩锤重、桩及辅助设备等质量,所以要求有足够的强度和刚度。常用的桩架一般有轨道式、履带式、轮胎式等。

(1)履带式桩架

履带式打桩机选用采用履带行走系统,配以钢管式导杆和两根后支承组成。采用液压传动,导杆能前后、左右调整桩的垂直度,行走履带可向两侧扩张,另有 4 根液压油缸辅助支承,作业中稳定性好。桩架拆装方便,转移迅速,可悬挂多种类型的桩锤和钻机。能在各种条件下打斜桩,其打桩质量好、速度快。履带式打桩机是桩工作业中最理想的打桩机械。它有悬挂式桩架、三支点式桩架和多功能桩架 3 种。

1)悬挂式履带桩架

悬挂式桩架以通过履带起重机由底盘,卸去吊钩,将吊臂顶端与桩架连接,桩架立柱底部由支承杆与回转平台连接。为了增加桩架作业时整体的稳定性,在原有起重机底盘上需附加配重。底部支承架是可以伸缩的杆件,调整底部支承杆的伸缩长度,立柱就可从垂直位置改变成倾斜位置,这样可以满足打斜桩的需要。由于这类桩架的侧向稳定性主要由起重机下部的支承杆保证,侧向稳定性较差,故只能适用于小桩的施工。常用悬挂式桩架性能参数见表7.1。

表7.1 常用悬挂式桩架性能参数

项目		型号				
		DJUIB	DJU25	DJU40	DJT60	DJUIOO
适应最大柴油锤型号		D18	D25	D40	D60	D100
导杆长度/mm		21	24	27	33	33
锤机中心距/mm		330	330	330	600 330/6 000	600 330/600
导杆倾斜范围	前倾/(°)	5	5	5	5	5
	后倾/(°)	18.5	18.5	18.5	—	—
导杆水平调整范围/ mm		200	200	200	200	200
桩架负荷能力/kN		≥100	≥160	≥240	≥300	500
桩架行走速度/($km \cdot h^{-1}$)		≤0.5	≤0.5	≤0.5	≤0.5	≤0.5
上平台回转速度/($r \cdot min^{-1}$)		<1	<1	<1	<1	<1
履带运输时全宽/ mm		≤3 000	≤3 000	≤3 000	≤3 000	≤3 000
履带工作时外扩后宽/ mm		—	—	3 960	3 960	3 960
接地比压/ MPa		<0.098	<0.098	<0.120	<0.120	<0.120
发动机功率/kW		60~75	97~120	134~179	134~179	134~179
桩架作业时总质量/kg		40 000	50 000	60 000	80 000	100 000

2)三支点式履带桩架

三支点式履带式打桩机桩架在性能方面优于悬挂式履带桩架。桩架的立柱上部由两个斜撑杆与机体连接,立柱下部与机体托架连接,故称为三支点式桩架。首先是三支点式履带式打桩机桩架的工作幅度小,故稳定性好;其次由于立柱是三点支承,因此承受横向载荷的能力大。三支点式其斜撑是伸缩式的,故立柱可以倾斜,以适应打斜桩的需要。三支点式的下部托架也大都是可伸缩的。用油缸调节,调节范围为150~200 mm,斜撑上的伸缩油缸除了配合托架调垂直度外,还为了使立柱倾斜以打斜桩,所以行程较大,一般在2.5 m左右。但对那些经常打直桩的桩架,则应换装行程为1 m的油缸。斜撑杆支承在横量的球座上,横梁下有液压支腿。JUS100型三支点式履带桩架如图7.1所示。

三支点式履带桩架采用液压传动,动力用柴油机。桩架由履带主机12、托架7、桩架立柱

8、顶部滑轮组1、后横梁13、斜撑杆9以及前后支腿等组成。履带主机由平台总成、回转机构、卷扬机构、动力传动系统、行走机构及液压系统等组成。本机采用先导、超微控制,双导向立柱(导向架),立柱高33m,可装8 t以下各种规格的锤头,顶部滑轮组能摆动,可装螺旋钻孔机和修理用的升降装置。托架7用4个销子和主机12相连,托架的上部有两个转向滑轮用于主、副吊钩起重干丝绳的转向。导向架8和主机通过两根斜撑杆9支承。后斜撑杆为管形杆与斜撑液压缸连接而成。斜撑液压缸的支座与后横梁13伸出部位相连,构成了三点式支承结构。在后横梁13两侧有两个后支腿14,上面各有一个支腿液压缸,可支承导向架,使之不会前倾。

3)多功能履带桩架

如图7.2所示为意大利土力公司的R618型多功能履带桩架总体构造图。这种多功能履带桩架可按桩回转斗、短螺旋钻孔器、长螺旋钻孔器、柴油锤、液压锤、振动锤及冲抓斗等多种工作装置,还可配上全液压套管摆动装置,进行全套管施工作业。另外,该机还可进行地下连续墙施工和逆循环钻孔,做到一机多用。这种多功能履带桩架自重65 t,最大钻深60 m,最大桩径2 m,钻进力矩172 kN · m,配上不同的工作装置可适用于沙土、泥土、沙砾、卵石和岩石等的成孔作业。

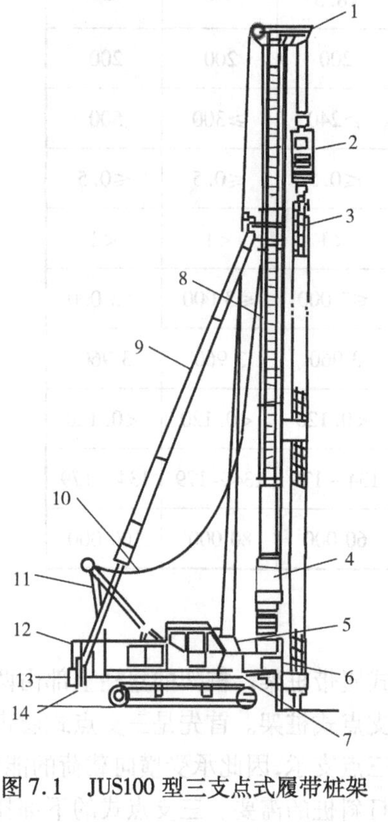

图7.1 JUS100型三支点式履带桩架

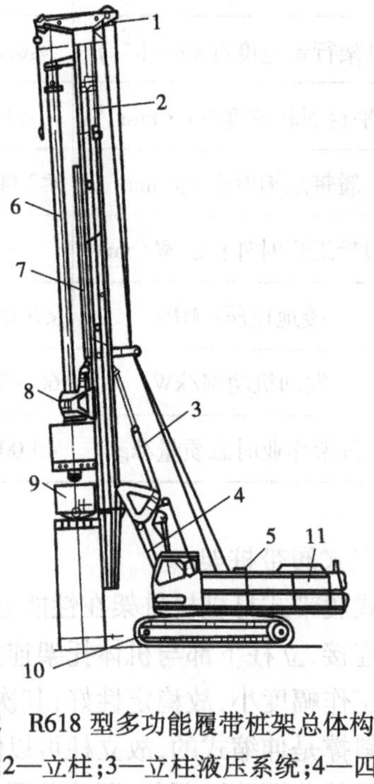

图7.2 R618型多功能履带桩架总体构造图

1—滑轮架;2—立柱;3—立柱液压系统;4—四杆机构;5—卷扬机;6—伸缩钻杆;7—进给液压缸;8—液压马达动力装置;9—回转斗;10—行走履带;11—回转平台

(2)步履式桩架

步履式桩架是国内应用较为普通的桩架,在步履式桩架上可配用长、短螺旋钻孔器,以及柴油锤、液压锤和振动桩锤等设备进行钻孔和打桩作业。

如图7.3(a)所示为DZB1500型液压步履式钻孔机的构造图。它由短螺旋钻孔器和步履式桩架组成。转移施工场地时,可将钻架放下,安上行走轮胎,形成如图7.3(b)所示的移动状态。

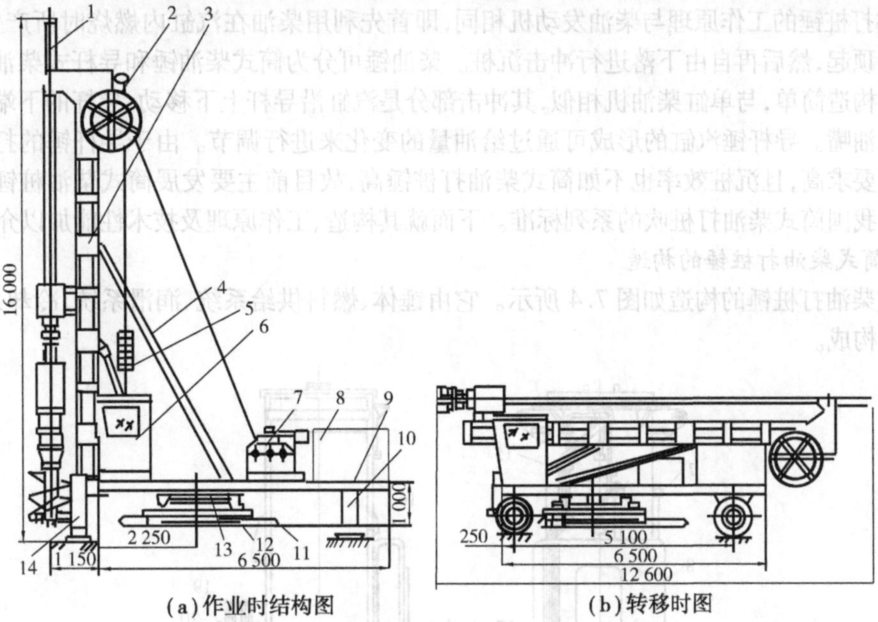

(a)作业时结构图　　(b)转移时图

图7.3　DZB1500型液压步履式钻孔机的构造图

1—钻机;2—电缆装置;3—支承架;4—斜撑架;5—起架液压缸;6—操作室;7—卷扬机;8—液压系统;9—平台;10—履带行走机构;11—步履靴;12—下回转台;13—上回转台;14—前支承腿

步履式桩架的性能参数指标见表7.2

表7.2　步履式桩架的性能参数指标

项　目		型　号					
		DJB12	DJB18	DJB25	DJB40	DJB60	DJB100
适应最大柴油锤型号		D12	D25	D40	D60	D100	D60
导杆长度/mm		18	21	24	27	33	40
锤机中心距 mm		330	330	330	600	600 330/600	600 330/600
导杆倾斜范围	前倾/(°)	5	5	5	5	5	5
	后倾/(°)	18.5	18.5	18.5	18.5	—	—
上平台回转角度/(°)		≥120	≥120	≥120	360	360	360
桩架负荷能力/kN		≥60	≥100	≥160	≥240	≥300	500
桩架行走速度/($km \cdot h^{-1}$)		≥0.5	≤0.5	≤0.5	≤0.5	≤0.5	0.5
上平台回转/($r \cdot min^{-1}$)		<1	<1	<1	<1	<1	
履板导距/mm		3 000	3 800	4 400	4 400	6 000	6 000
履板长度/mm		6 000	6 000	8 000	8 000	10 000	10 000
接地比压/MPa		<0.098	<0.098	<0.12	<0.12	<0.12	<0.12

7.2.2 柴油打桩机

柴油打桩锤的工作原理与柴油发动机相同,即首先利用柴油在汽缸内燃烧时所产生的爆炸力将锤头顶起,然后再自由下落进行冲击沉桩。柴油锤可分为筒式柴油锤和导杆式柴油锤两类。导杆锤的构造简单,与单缸柴油机相似,其冲击部分是汽缸沿导杆上下移动,导杆的下端是活塞、锤座与喷油嘴。导杆锤汽缸的形成可通过给油量的变化来进行调节。由于导杆锤的打击能小,安装精度要求高,且沉桩效率也不如筒式柴油打桩锤高,故目前主要发展筒式柴油桩锤,并制订和形成了我国筒式柴油打桩吹的系列标准。下面就其构造、工作原理及技术性能加以介绍。

(1)筒式柴油打桩锤的构造

筒式柴油打桩锤的构造如图 7.4 所示。它由锤体、燃料供给系统、润滑系统、冷却系统及启动系统等构成。

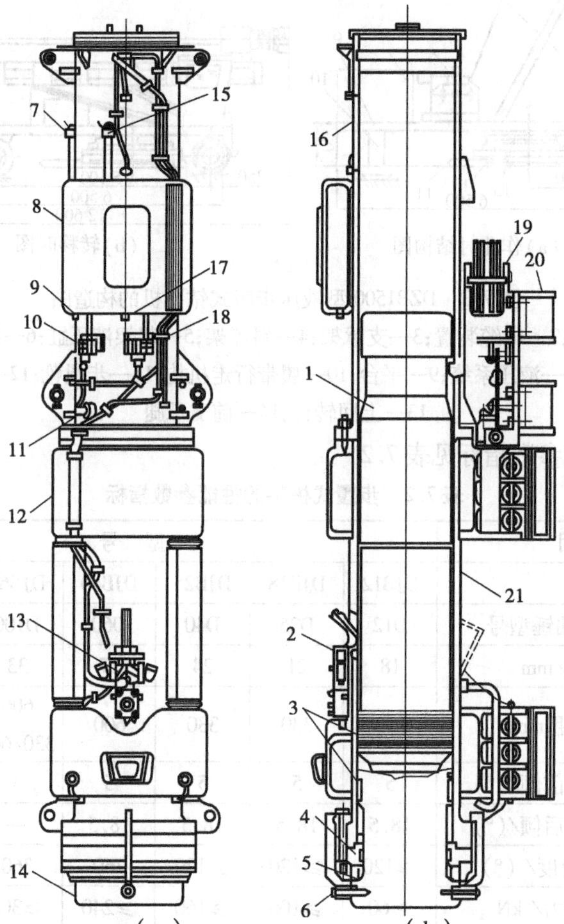

图 7.4 筒式柴油打桩锤的构造

1—上活塞部分;2—燃油泵;3—活塞环;4—外端环;5—缓冲装置;6—橡胶环;
7—燃油进口;8—燃油箱;9—燃油排放阀;10—燃油阀;11—活塞保险;
12—冷却水循环装置;13—润滑油泵;14—下活塞部分;
15—燃油进口;16—上汽缸;17—导向缸;18—润滑油阀;
19—起落架;20—导向卡;21—下汽缸

1)锤体

锤体主要由上汽缸16、导向缸17、下汽缸21、上活塞1、下活塞14及缓冲垫5等组成。导向缸在打斜桩时为上活塞引导方向,还可防止上活塞跳出锤体。上汽缸介于导向燃烧室,是柴油锤爆发冲击的工作场所。由于要承受高温、高压及冲击荷载,因此下汽缸的壁厚要大于上汽缸,材料也较优良。上汽缸、下汽缸用高强度螺栓联接。在上汽缸外部附有燃油箱及润滑油箱,通过附在缸壁上的油管将燃油与润滑油送至下汽缸上的燃油泵与润滑油泵。上活塞和下活塞都是工作活塞,上活塞又称自由活塞。不工作时,位于下汽缸的下部;工作时,可在上汽缸、下汽缸内跳动。上活塞、下活塞都靠活塞环密封,并承受很大的冲击力和高温高压作用。在下汽缸底部外端环与下活塞冲头之间装有一个缓冲垫5(橡胶圈),缓冲垫主要作用是缓冲打桩时下活塞对下汽缸的冲击。在下汽缸四周,分布着斜向布置的进、排气气管,供给气和排气用。

2)燃油供给系统

燃油供给系统由燃油箱、滤清器、输油管及燃油泵组成。上活塞在汽缸内落下时,打击燃油泵的曲臂,使燃油泵将油喷入下活表面。随着活塞上下运动,油泵一次又一次地喷油,使柴油连续爆燃,于是柴油锤的工作不停地延续下去。燃油因上活塞对下活塞冲击而雾化。

3)润滑系统

润滑系统由润滑油箱、输油管和润滑油泵组成。润滑油箱也设置在上汽缸外侧。两个润滑油泵分别安置在柴油喷油泵的两侧。当曲臂下压时,带动推杆使润滑油泵将润滑油泵出。泵出的润滑油通过两个出口再输给油管将油分别送至上汽缸与下汽缸的各个运动部位。

4)冷却系统

冷却系统有风冷和水冷两种。水冷是筒式柴油锤下汽缸外部设置冷却水套,用水来降低爆炸产生的温升,能够有效地提高热机效率。

(2)筒式柴油打桩锤的工作原理

1)喷油过程

如图7.5(a)所示,上活塞被起落架吊起,新鲜空气进入汽缸,燃油泵进行吸油。上活塞提升到一定高度后自动脱钩掉落,上活塞下降。当下降的活塞碰到油泵的压油曲臂时,把一定量的燃油喷入下活塞的凹面。

2)压缩过程

如图7.5(b)所示,上活塞继续下降,吸气口、排气口被上活塞挡住而关闭,汽缸内的空气被压缩,空气的压力和温度均升高,为燃烧爆发创造条件。

3)冲击、雾化过程

如图7.5(c)所示,当上活塞与下活塞即将相撞时,燃烧室内的气压迅速增大。当上活塞、下活塞碰撞时,下活塞冲击面的燃油受到冲击而雾化,上活塞、下活塞撞击产生强大的冲击力,大约有50%的冲击机械能传递给下活塞,通过桩帽使桩下沉,被称为"第一次打击"。

4)燃烧过程

如图7.5(d)所示,雾化后的混合气体,由于受高温和高压的作用,立刻燃烧爆发,产生巨大的能量。通过下活塞对桩再次冲击(即"第二次打击"),同时使上活塞跳起。

5)排气过程

如图7.5(e)所示。上跳的上活塞通过排气口将没燃烧完的废气从排气口排出。上活塞上升越过燃油泵的压油曲臂后,曲臂在弹簧作用下,恢复到原位;同时吸入一定量的燃油,为下次喷油作准备。

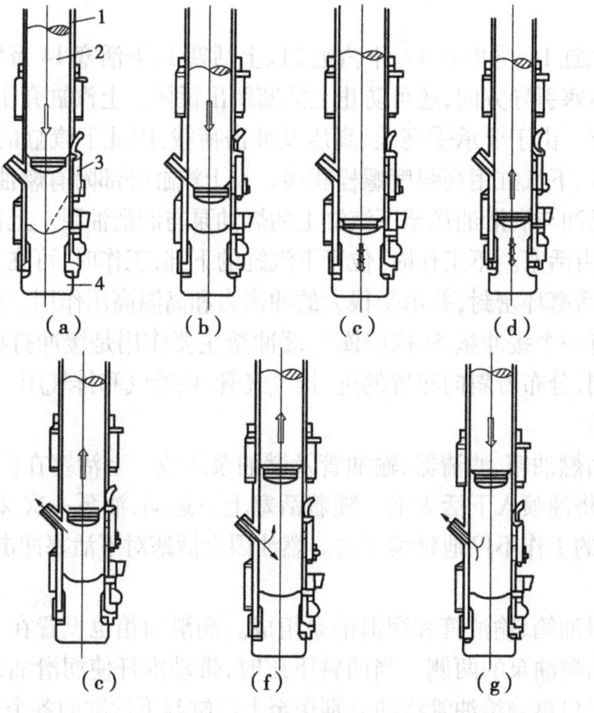

图 7.5　筒式柴油打桩锤的工作循环图

6)吸气过程

如图 7.5(f)所示,上活塞继续上行,汽缸内容积增大,压力下降,新鲜空气被吸入缸内。

7)降落过程

如图 7.5(g)所示,上活塞上升到一定高度,失去动能,又靠自重自由下落,下落至进气口、排气口前,将缸内空气排出一部分至缸外,然后继续下落,开始下一个工作循环。

(3)筒式柴油打桩锤的技术性能

国内筒式柴油打桩锤主要机型的技术性能指标及选用要求见表 7.3。

表 7.3　筒式柴油打桩锤主要机型的技术性能指标及选用要求

型　号		D18	D25	D32	D40	D70
冲击部分质量/kg		1 800	2 500	3 200	4 000	7 000
锤总质量/kg		4 210	6 490	7 200	9 600	18 000
锤冲击力/kN		2 000	1 800 ~ 2 000	3 000 ~ 4 000	4 000 ~ 5 000	6 000 ~ 10 000
常用冲程/m		1.8 ~ 2.3				
适用桩的规格	预制边直径/cm	30 ~ 40	35 ~ 45	40 ~ 50	45 ~ 55	55 ~ 60
	钢管桩直径/cm		40		60	90
黏性土	一般深度/m	1 ~ 2	1.5 ~ 2.5	2 ~ 3	2.5 ~ 3.5	3 ~ 5
	可达 ps 平均值	300	400	500	>500	>500
沙土	一般深度/m	0.5 ~ 1	0.5 ~ 1	1 ~ 2	1.5 ~ 2.5	2 ~ 3
	可达贯入击数 n	15 ~ 25	20 ~ 30	30 ~ 40	40 ~ 50	50

续表

型　号			D18	D25	D32	D40	D70
岩石	桩尖进入深度/m	强风化		0.5	0.5~1	1~2	2~3
		中等风化			表层	0.51	1~2
锤击打的常用控制贯入度 cm/10				2~3		3~5	4~8
设计单桩极限承载能力/kN			400~1 200	800~1 600	1 000~1 600	3 000~5 000	5 000~10 000

7.2.3　振动打拔桩机

柴油打桩锤是利用冲击动能使桩下沉，当用其打长桩或截面较粗大的桩时，就要求打桩锤加大冲击动能，但事实证明，冲击力过大常会将桩打断或将桩头打裂。采取振动打桩法，即可较好地解决这个问题。例如，大型桥梁工程施工时所需打的管桩直径较大，几乎都使用效率较高的振动打拔桩锤实现沉桩。振动沉拔桩机由振动转吹和通用桩架或通用起重机械组成。

(1)振动锤的分类和特点

1)振动锤的分类

振动锤构造图如图7.6所示。

振动锤按工作原理可分为振动式锤和振动冲击式锤。振动冲击式锤振动器产生的振动部直接传递给桩，而使通过冲击块作用在桩上，使桩受到连续的冲击。振动冲击式锤适用于黏性土壤和坚硬土层上的打桩和拔桩工程。

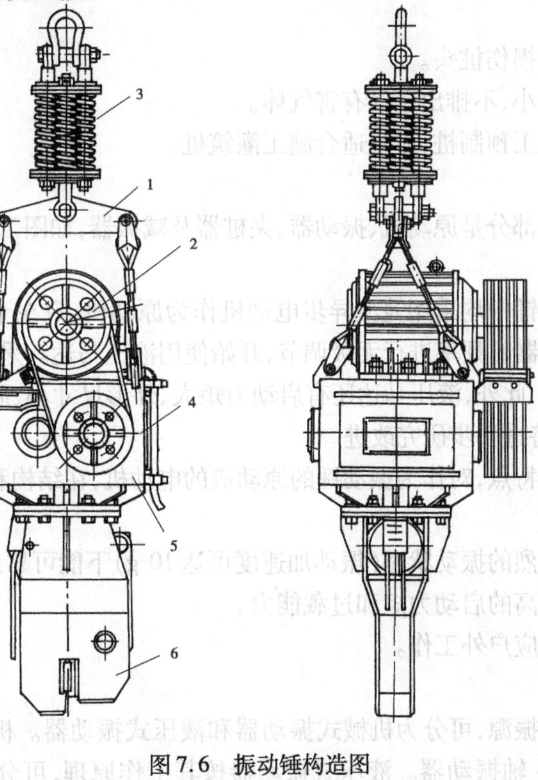

图7.6　振动锤构造图

1—扁担梁；2—电动机；3—减振器；4—减速机；5—振动器；6—夹桩器

振动桩锤根据电动机和振动器相互联接的情况,可分为刚性式锤和柔性式锤两种。刚性式振动锤的电动机与振动器刚性联接,工作时电动机也受到振动,必须采用耐振电动机,此外,工作时电动机参加振动加大了振动体系的质量,使振幅减小;柔性式振动锤的电动机与振动器用减振弹簧隔开(适当地选择弹簧刀刚度,可使电动机受到的振动减小到最低程度),电动机不参加振动,但电动机的自重仍然通过弹簧作用在桩身上,给桩身一定的附加载荷,有助于桩的下沉。柔性式振动锤构造复杂,未能得到广泛应用。

振动桩锤根据强迫振动频率的高低,可分为低频、中频和高频3种。但其频率范围的划分没有严格的界限,一般300~700 r/min为低频,700~1 500 r/min为中频,2 300~2 500 r/min为高频。还有采用振动频率达6 000 r/min的称为超高频。

另外,振动桩锤根据原动机可分为电动式振动锤、气动式振动锤和液压式振动锤;按构造,又可分为振动式振动锤和中心孔振动式振动锤。

我国是以振动锤的偏心力矩 M 来标定振动锤的规格。偏心力矩是偏心块的质量 q 与偏心块中心至回转中心的距离 r 的乘积 $M=qr$。此外,还有以激振力 P 或电动机功率 W 来标定振动锤规格的。

2)振动锤的特点

①振动锤是靠减小桩与土壤间的摩擦力达到沉桩的目的的,所以在桩和土壤间摩擦力减小的情况下,可用稍大于桩和锤重的力即可将桩拔起。因此,振动锤不仅适合于沉桩,而且适合于拔桩,其沉桩、拔桩效率都很高。

②振动锤使用方便,不用设置导向桩架,只要用起重机吊起即可工作。但目前振动锤绝大部分采用电力驱动,因此,必须有电源,而且需要较大容量。工作时,要拖着电缆,液压振动锤尚处于研究阶段。

③振动锤工作时不损伤桩头。

④振动锤工作噪声小,不排出任何有害气体。

⑤振动锤不仅能施工预制桩,而且适合施工灌筑桩。

(2)振动锤的构造

振动锤的主要组成部分是原动机、振动器、夹桩器及减振器,如图7.6所示。

1)原动机

在绝大多数的振动锤中均采用笼型异步电动机作为原动机,只在个别小型振动锤中使用汽动机。目前为了对振动器的频率进行无级调节,开始使用液压马达。采用液压马达驱动,由地面控制,可实现无级调频。此外,液压马达还有启动力矩大、外形尺寸小、质量轻等优点。但液压马达也由一些缺点,还有待进一步研究改进。

根据振动锤的工作特点,对作为振动锤的原动机的电动机,在结构和性能上也是提出以下特殊要求:

①要求电动机在强烈的振动状态(振动加速度可达10 g)下能可靠地运转。

②要求电动机有很高的启动力矩和过载能力。

③要求电动机能适应户外工作。

2)振动器

振动器是振动锤的振源,可分为机械式振动器和液压式振动器。机械式振动器常用的是两轴振动器,也有4轴或6轴振动器。液压式振动器按其工作原理,可分为偏心块式和润阀式两种。液压振动器可进行无级变频、变幅以适应不同的作业条件;可实现一体化作业、智能化控制,大大提高作业的效率。

3)夹桩器

振动锤工作时必须与桩刚性相连,这样才能把振动锤所产生的不断变化大小和方向(向上向下)的激振力传递给桩身。因此,振动锤全部采用液压夹桩器。液压夹桩器夹持力大,操作迅速,相对质量轻,其主要组成部分是液压缸、倍率杠杆和夹钳。当改变桩的形状时,夹钳应能作相应的变换。振动锤用作灌筑桩施工时,桩管用法兰用螺栓和振动锤联接,不用夹桩器。在小型振动锤上采用手动杠杆式夹桩器、手动液压式夹桩器或气动式夹桩器。

4)减振器

减振器安装在振动器的上部,用以避免(或减轻)振动器对吊钩的振动。减振器是弹性悬挂装置,一般由数组螺旋弹簧组成。减振器在沉桩时受力较小,而拔桩时受较大的拉力,为了避免在拔桩时弹簧过载失败,弹簧设计的主参数是拔桩时所受最大的拉力。

(3)振动锤的技术参数

一些常见机型的振动锤技术参数见表 7.4。

表 7.4　常见机型的振动锤技术参数

型　号	DZ22	DZ90	DZJ60	DZJ90	DZJ240	VM2-4000E	VM2-1000
电动机功率/kW	22	90	60	90	240	60	394
静偏心距/(N·m)	13.2	120	0~353	0~403	0~3 528	300 600	600 800 1000
激振力/kN	100	350	0~477	0~546	0~1 822	355~402	669 894 1119
振动频率/Hz	14	8.5	—	—	—	—	—
空载振幅/mm	6.8	22	0~7.0	0~6.6	0~12.2	7,8,9,4	8,10,6,13,3
允许拔桩力/kN	80	240	215	254	686	250	500

7.2.4　静力压桩机

静力压桩机是依靠静压力将桩压入底层的施工机械。当静压力大于沉桩阻力时,桩就沉入土中。压桩机施工时,无振动,无噪声,无废气污染,对地基及周围建筑物影响较小,能避免冲击式打桩机因连续打击桩而引起桩头和桩身的破坏,并且在城市中应用对周围的环境影响较小。静力压桩机适用于软土底层及沿海和沿江淤泥底层中施工。

(1)静力压桩机的分类和构造

静力压桩机可分为机械式压桩机和液压式压桩机。目前,机械式压桩机已很少采用。如图 7.7 所示为 YZY-500 型全液压静力压桩机。它主要由支腿平台结构、长船行进机构、短船行进机构、夹持机构、导向压桩机构、起重机、液压系统、电气系统及操作室等部分组成。

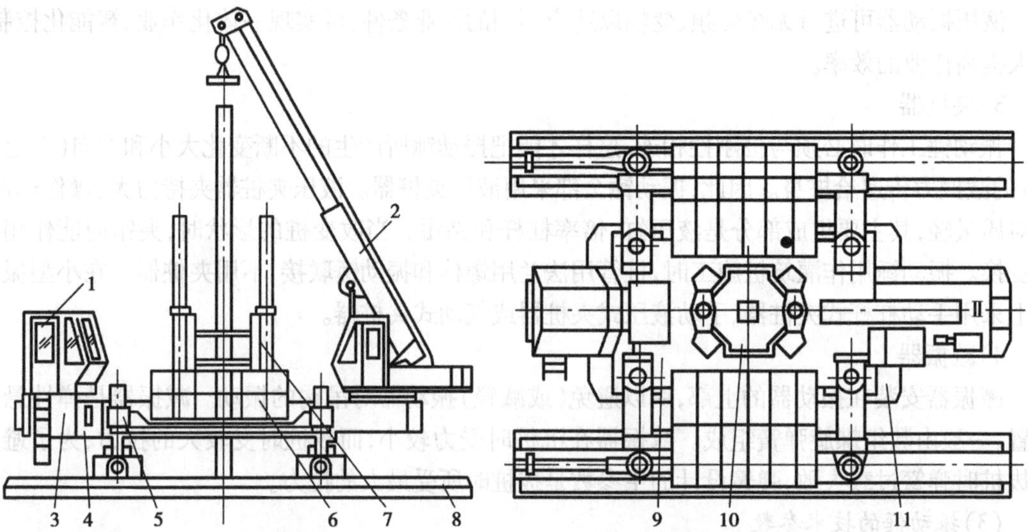

图 7.7　YZY—500 型全液压静力压桩机结构简图

1—操作室;2—起重机;3—液压系统;4—电气系统;5—支腿;
6—配重铁;7—导向压桩架 ;8—长船行进机构;9—平台机构;
10—夹持机构;11—短船行进及回转机构

1)支腿平台机构

支腿平台由底盘、支腿、顶升液压缸及配重梁等组成。底盘的作用是支承导向压架、夹持机构、液压系统装置及起重机。液压系统和操作室安装在底盘上,组成了压桩的液压电控操纵系统。配重梁上安置了配重块,支腿由球铰装配在底盘上。支腿前部安的顶升液压缸与长船行进台车铰接。底盘上的球头轴与短船行进及回转机构相连。底盘的支腿在托运时,可收回并拢在平台边。工作时,支腿打开,并通过连杆与平台形成稳定的支承结构。

2)长船行进机构

如图 7.8 所示为长船行进机构。工作时,顶升液压缸 4 顶升使长船落地,短船离地,接着长船液压缸 2 伸缩推动行进台车 1,使桩机沿着长船轨道前后移动。顶升液压缸回缩使船离地,短船落地。短船液压缸动作时,长船船体 3 悬挂在桩机上移动,重复上述动作桩机即可纵向行进。

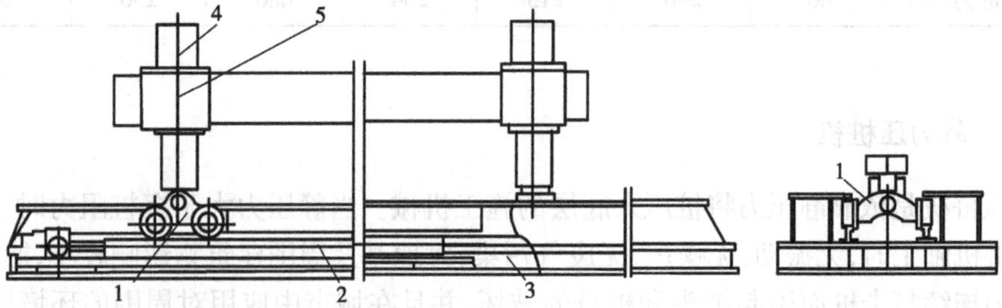

图 7.8　长船行进机构简图

1—长船行进台车;2—长船液压缸;3—长船船体;4—顶升液压缸;5—支腿

3)短船行进机构与回转机构

如图 7.9 所示为短船行进机构与回转机构。工作时,顶升液压缸动作,使长船落地,短船离地,然后短船液压缸 9 工作使船体 11 沿行进梁 5 前后移动。顶升液压缸回程,长船离地、短船落地,短船液压缸伸缩推动行进轮 10 沿船体的轨道行进,带动桩机左右转动。上述动作反复交替进行，实现桩机的横向行进。桩机的回转动作是：长船接触地面，短船离地，两个短船液压缸各伸长 1/2 行程，然后短船接触地面，长船离地，此时让两个短船液压缸一个伸出、一个收缩，于是桩机通过回转轴使回转梁 2 上的滑块在行进梁上作回转滑动。液压缸行程走满，桩机可转动 10°左右，随后顶升液压缸让长船落地，短船离地，两个短船液压缸又恢复到 1/2 行程处，并将行进梁恢复到回转梁平行位置。重复上述动作，可使整机回转到任意角度。

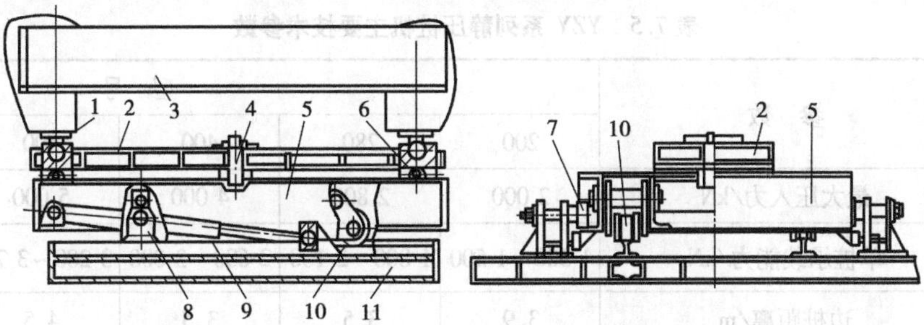

图 7.9　短船行进机构及回转机构结构简图

1—球头轴；2—回转梁；3—底盘；4—回转轴；5—行进梁；6—滑块；7—挂轮；8—挂轮支座；9—短船液压缸；10—行进轮；11—船体

4）液压系统

液压系统采用双泵双回路，两个电动机驱动两个轴向柱塞液压泵给系统提供动力 。

5）夹持机构与导向压桩架

如图 7. 10 所示为夹持机构与导向压桩架。压桩时，首先将桩吊入夹持器横梁 5 内，夹持液压缸 7 通过夹板 4 将桩夹紧。然后压桩液压缸 2 伸长，使夹持机构在导向压桩架 1 内向下运力，将桩压入土中。压桩液压缸行程满后，松开夹持液压缸，压桩液压缸回缩。重复上述程序，将桩全部压入地下。

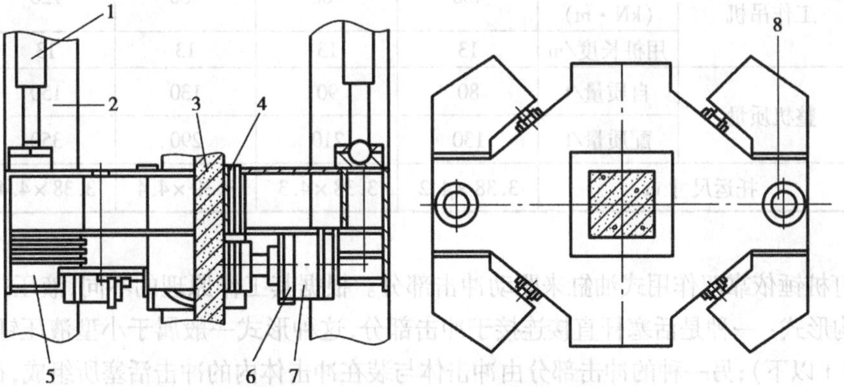

图 7.10　夹持机构与导向压桩架结构简图

1 —导向压桩架；2—压桩液压缸；3—桩；4—夹板；5—夹持器横梁；6—夹持液压缸；7—夹持液压缸支架；8—压桩液压缸球铰

（2）静力压桩机的性能指标

YZY 系列静压桩机主要技术参数见表 7.5 。

7.2.5 液压打桩机

利用柴油锤打桩的缺点是噪声大振动力大，作业时排出的废气又造成严重的环境污染。国外在20世纪60年代开始研究预制桩打桩机械的隔声与灭振问题，到20世纪70年代初研制成功了液压打桩锤。

表7.5 YZY系列静压桩机主要技术参数

参数		型号 200	280	400	500
最大压入力/kN		2 000	2 800	4 000	5 000
单桩承载能力/kN		1 300～1 500	1 800～2 100	2 600～3 000	3 200～3 700
边桩距离/m		3.9	3.5	3.5	4.5
接地压力 MPa		0.08/0.09	0.094/0.12	0.097/0.125	0.09/0.137
压桩桩段截面尺寸/m	最小	0.35×0.35	0.35×0.35	0.35×0.35	0.4×0.4
	最大	0.5×0.5	0.5×0.5	0.5×0.5	0.55×0.55
行走速度($m \cdot s^{-1}$)	伸程	0.09	0.88	0.069	0.083
压桩速度/$m \cdot s^{-1}$		0.033	0.038	0.025/0.079	0.023/0.07
一次最大转角/rad		0.46	0.45	0.4	0.21
液压系统额定工作压力/MPa		20	26.5	23.4	22
配电功率/kW		96	112	112	132
工作吊机	起重力矩（kN·m）	460	460	480	720
	用桩长度/m	13	13	13	13
整机质量	自质量/t	80	90	130	150
	配质量/t	130	210	290	350
托运尺寸 m		3.38×4.2	3.38×4.3	3.39×4.4	3.38×4.4

液压打桩锤依靠双作用式油缸来驱动冲击部分。根据其工作原理的不同，液压打桩锤目前有两种结构形式：一种是活塞杆直接连接于冲击部分，这种形式一般属于小型液压锤（ 冲击部分质量在1 t以下）；另一种的冲击部分由冲击体与装在冲击体内的冲击活塞所组成，在二者之间还装有氮气作为缓冲。因此，在工作的冲击过程中，冲击体在下落到其中的冲击活塞碰及桩头时，仍要继续下落，一直到冲击力经过氮气的缓冲后再全部传递给冲击活塞，桩才沉入土中。这样，冲击力作用在桩上的时间可大大增长。由于是液压驱动，冲击体向下运动时的动力加速度大。冲击部分在提升的过程中，油缸内的纳压先升起冲击体，等到其中的氮气复原后，冲击活塞才随之一起提升起来，离开桩头。此后，依此周而复始地工作。

液压锤的主要优点如下：

①冲击力作用在桩头上的时间长，每次的冲击功可大为增加；冲程较柴抽锤短，击频率可提

高(可大于100次/min),也不易打坏桩头。

②通过调节油压,可使冲击力得到调节,以适应不同土壤的桩工作。

③锤头在完全密封的金属罩内工作,噪声与振动可大大清除,同时无废气污染。

④能量较大。以荷兰生产的HBM型液压锤为例,冲击力达9 000~30 000 kN,冲击功达1 100 kN·m,功率达2 206.5 kW,可打持重型桩、水下桩,也能打斜桩。

7.3 灌注桩施工机械

7.3.1 冲抓成孔机械

如图7.11所示为冲抓成孔机械的外形构造。该机械是在一台履带式基础车上安装动力装置、卷扬机、钻架、冲抓锥、泥浆泵及卸渣槽等设备组合而成的。在履带式基础车的机架前部安装着可以竖起和放倒的钻架2,在钻架上悬挂着一个冲抓锥3和可以左右回转的卸渣槽4。作业时,卷扬机通过钢丝绳将抓斗提升到一定的高度,使抓斗的瓣片处于张开状态,然后依靠抓斗自重快速下落,瓣片依靠冲击能切入土中。接着,卷扬机旋转,收紧钢丝绳,将瓣片闭合,斗内则抓取了土或石渣,最后将冲抓锥提升至地面并转向孔的侧面卸去斗内的土、石渣等物,完成一个作业循环。

实际施工中,常用的冲抓锥有双瓣式和四瓣式两种。其瓣片的构造形式也不一样,如图7.12所示。一般双瓣锥适合冲抓沙土,四瓣锥(强齿式四瓣锥)适合冲抓含沙砾石的土壤.由于冲抓锥的构造形式不同,其操纵方法也不一样,如单绳索操纵式或双绳索操纵式等。

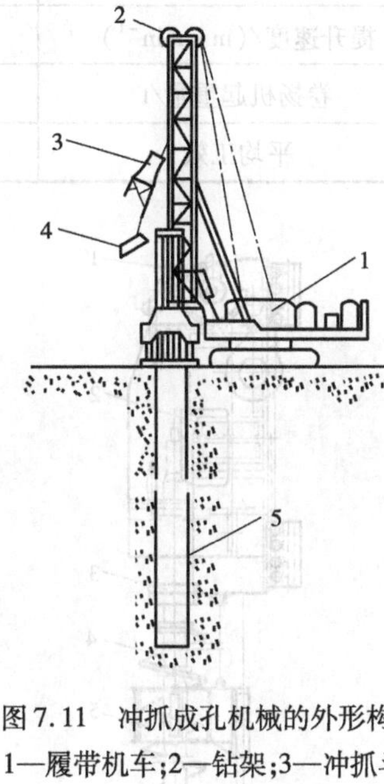

图7.11 冲抓成孔机械的外形构造
1—履带机车;2—钻架;3—冲抓斗;4—卸渣槽;5—套管

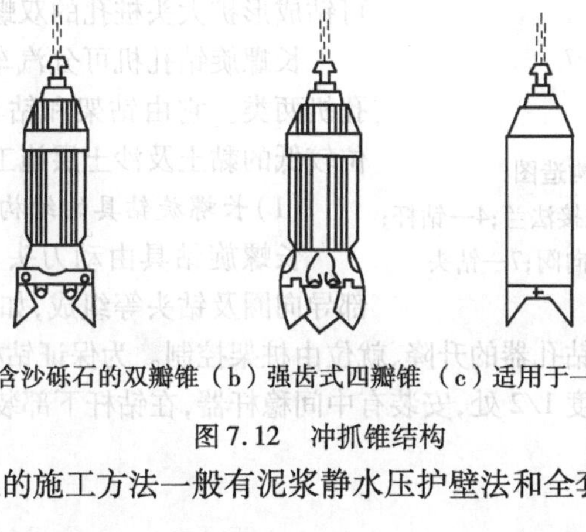

(a)适用于含沙砾石的双瓣锥 (b)强齿式四瓣锥 (c)适用于一般沙土的双瓣锥

图7.12 冲抓锥结构

使用冲抓机械成孔的施工方法一般有泥浆静水压护壁法和全套管护壁法两种。若用泥浆静水压护壁法施工需另设一台泥浆泵;采用全套管护壁法施工则需设有专用的套管压拔装置。冲抓成孔机械的规格与技术性能指标见表7.6。

表7.6 冲抓成孔机械的规格与技术性能指标

性能指标	型号	
	A-3	A-5
成孔直径/mm	480~600	450~600
最大成孔深度/m	10	10
抓锥长度/mm	2 256	2 365
抓片张开直径/mm	450	430
抓片个数	4	4
提升速度/(m·min^{-1})	15	18
卷扬机起重量/t	2.0	2.5
平均工效	5~6	5~6

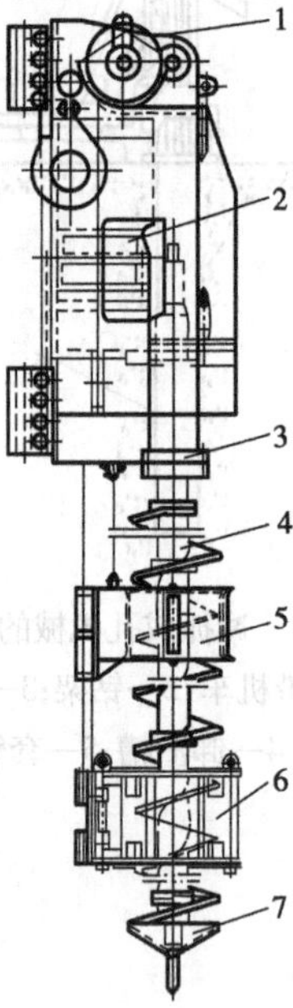

图7.13 长螺旋钻构造图

1—滑轮组;2—动力装置;3—联接法兰;4—钻杆;5—中间稳定器;6—下部导向阀;7—钻头

7.3.2 螺旋钻孔机械

螺旋钻孔机的工作原理与麻花钻相似。作业时,钻渣(泥土、沙石)可沿螺旋槽自动排出孔外,钻出来的桩孔规则,且不需要泥浆护壁和高压水滑底,钻孔达到要求的深度后,提出钻杆、钻头,浇筑混凝土,待其凝结、硬化后,便形成所需要的基础桩。螺旋钻孔机具有成孔效率高、振动小、噪声低及污染小等优点,是我国桩机发展较快的一种类。

螺旋钻孔机所用的工作装置一般是长螺杆,有些情况下也可用断续排土的短螺杆,还有一种可钻成形扩大头桩孔的双螺钻。

长螺旋钻孔机可分汽车式钻孔机和履带式钻孔机两类。它由钻架和钻具组成,适合于地下水位较低的黏土及沙土层施工。

(1)长螺旋钻具的结构

长螺旋钻具由动刀头、钻杆、中间稳杆器、下部导向圈及钻头等组成,如图7.13所示。钻孔器通过滑轮组悬挂在桩架上,钻孔器的升降、就位由桩架控制。为保证钻杆钻进时的稳定和初钻时插钻的准确性,在钻杆长度1/2处,安装有中间稳杆器,在钻杆下部装有导向圈,导向圈固定在桩架立柱上。

1)动力头

动力头是螺旋钻机的驱动装置,可分为机械驱动和液压驱动两种方式。它由电动机(或液压马达)和减速箱组成。国外多用液压马达驱动。液压马达自重轻,调速方便。螺旋钻机应用较多的为单动单轴式,由液压马达通过行星减速箱(或电动机通过减速箱)传递动力。单动单轴式钻机动力头具有传动效率高、传动平稳的特点。

2)钻杆

钻杆在作业中传递力矩,使钻头切削土层,同时将切下来的泥土通过钻杆输送到地面。钻杆是一根焊有连续螺旋叶片的钢管,长螺杆的钻杆分段制作,钻杆与钻杆的联接可采用阶梯法兰联接,也可用六角套筒并通过锥销联接。螺旋叶片的外径比钻头直径小 20 ~ 30 mm,这样可减少螺旋叶片与孔壁的摩擦阻力。螺旋叶片的螺距为螺旋叶片直径的 0.6 ~ 0.7 倍。长螺旋钻孔机钻孔时,孔底的土壤沿着钻杆的螺旋叶片上升, 把土卸于钻杆周围的地面上,或通过出料斗卸于翻斗车等运输工具运走。切土和排土都是连续,成孔速度较快,但长螺旋的孔径一般小于 1 m,深度不超过 20 m。

3)钻头

钻头用于切削土层,钻头的直径与设计的桩孔直径一致。为提高钻孔的效率,适应不同的钻孔需要,长螺旋钻应配备各种不同的钻头,如图 7.14 所示。

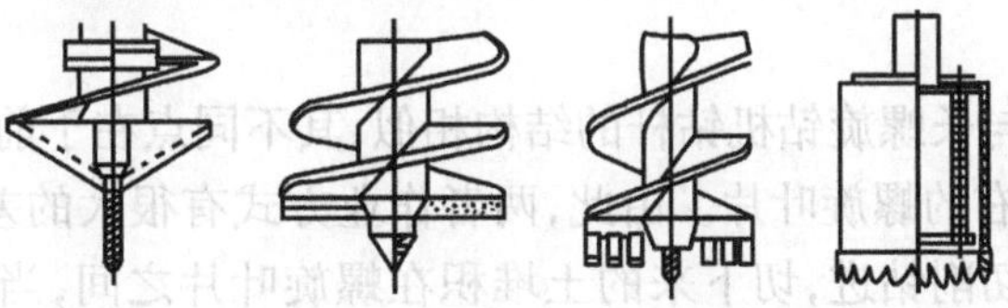

(a) 双翼尖底钻头 (b) 平底钻头 (c) 耙式砖 (d) 筒式钻头

图 7.14 长螺旋钻头形式简图

①回双翼尖底钻头

双翼尖底钻头是最常用钻头形式。其翼边上焊有硬质合金刀片,可用来钻硬黏土或冻土。

②平底钻头

平底钻头的特点是在双螺旋切削刃带上有耙齿式切削片,耙齿上焊有硬质合金刀片。平底钻头适用于松散土层的钻孔。

③ 圆耙式钻

耙式钻在钻头上焊了 6 个耙齿,耙齿露出刃口 5 cm 左右,适用于有砖块瓦块的杂填土层的钻孔。

④圆筒式钻头

筒式钻头在筒裙下部刃口处镶有八角针状硬质合金刀头,合金刀头外露 2 mm 左右,每次钻取厚度小于筒身高度。钻进时,应加水冷却,适用于钻混凝土块、条石等障碍物。

4)中间稳杆器

中间稳杆器用钢丝绳悬挂在钻机的动力头上,并随钻杆动力头沿桩架立柱上下移动而导向阀则基本上固定在导杆最低处。

5)钻杆的速度

钻杆的回转速度是影响输土速度的重要参数之一。由于钻杆的转动,钻头切下来的土块被送到螺旋叶片上,由螺旋叶片向上输送。在螺旋叶片中运动的土受力比较复杂,土能在螺旋叶片中上升有两个原因,即土块间的推挤作用和离心作用。即土在螺旋叶片中上升的作用力有两种:推挤上升力和离心上升力。所谓推挤上升力,是先切下来的土被后切下来的土推挤而产生的力:离心上升力是指土块受到自身的离心力所产生的摩擦力沿叶片方向上的分力。低转速时,推挤上升力占主导作用,土与叶片间的摩擦力大,损耗功率大。当孔深较大时,容易形成“土塞”,此时,不得不把钻杆提起,清除螺旋叶片的土,然后放下再钻。钻杆的转速越大,离心上升力越大,而推挤上升力越小。当达到某一定的转速时,推挤上升力为零。此时,即使只有一个土块也能顺利排到地面,这个转速称为临界转速。临界转速公式为

$$\omega r = \sqrt{\frac{(\sin \alpha + f_2 \cos \alpha) g}{f_1 R(\cos \alpha - f_2 \sin \alpha)}}$$

式中 wr——钻杆角速度螺旋叶片外缘螺旋角;

f_1——土块与孔壁的摩擦系数;

f_2——土块与叶片之间的摩擦系数;

R——螺旋叶片半径;

g——重力加速度。

当超过临界转速时,土块之间无挤压,不发生“土塞”现象,可大大提高输土远度和作业效率。

(2)短螺旋钻孔机

短螺旋钻饥的钻杆与长螺旋钻机钻杆的结构相似,其不同点在于前者的螺旋叶片较短,即钻杆下部焊接仅 2 m 左右的螺旋叶片。由此,两者作业方式有很大的差别。短螺旋钻的工作过程是将钻头放下进行切削钻进,切下来的土堆积在螺旋叶片之间,当土堆满后 把钻杆连同所堆的土提起卸掉。可知,短螺旋钻的提土方式不同于长螺旋钻,长螺旋钻依靠螺旋叶片直接输土,提土是连续的;短螺旋钻依靠提钻卸土,提土是间断的。

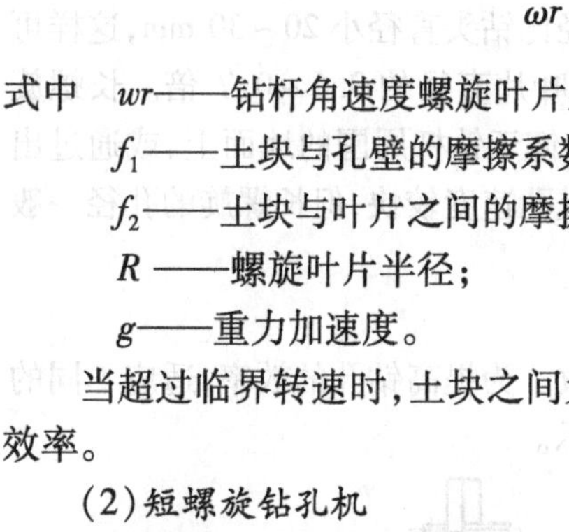

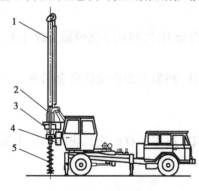

图 7.15　液压短螺旋钻机
1—护套;2—液压缸;3—变速箱;
4—液压马达;5—螺旋钻头

短螺旋钻有两种转速:钻进转速和卸土转速。由于短螺旋钻不需依靠离心力输土,因此,短螺旋钻的钻进转速不需超过临界转速。当土堆满螺旋叶片后拔起钻杆,并把钻杆移到卸土地点,通过旋转钻杆把螺旋叶片中的土甩开,此时的速度称为卸土速度。为提高卸土效率和卸净性,一般卸土速度选得较高。此外,由于短螺旋钻杆自身的质量较小,在钻进时需要加压;而在提钻时,因为携带着大量的土而形成土塞,故需要有较大的提升力。短螺旋钻机提钻和下钻频繁,每次下钻都需准确定位,因此为提高钻孔效率和质量,应有高效、精确的定位装置。

如图 7.15 所示为一种装在汽车底盘上的液压短螺旋钻机。钻杆以护套 1 罩住,使其不被泥土污染。钻杆下部焊有螺旋叶片 5(约1.5 m),叶片下端有切削刃。液压马达 4 通过变速箱驱动钻杆,钻杆的钻进转速和卸土速度分别为45 r/min 和 198 r/min,短螺旋钻架的传动机构放在下端,这是为了降低重心,提高整机的作业稳定性。

(3)双管双螺旋钻扩机

桩的下部带有扩大头的桩称为扩头桩。扩头桩的桩孔可用钻扩机来完成。钻扩机有多种

形式。如图7.16所示为一种双管双螺旋钻扩机钻具的总体示意图。该钻具是由两根并列的无缝钢管10组成。钢管内各有一根螺旋叶片5。两根钢管由若干隔板吊在一起,外面有护罩4,在两根钢管的侧面开有若干出土窗口。在两根钢管下端各铰接一段相同直径的钢管6(称为刀管),刀管内装有螺旋叶片轴,上、下叶片轴用万向节联接。因此,刀管内的螺旋叶片可随刀管向外张开的同时,也可在上部钢管的螺旋叶片轴带动下转动。刀管的张开和并拢是由扩孔液压缸3通过推杆8来驱动。在刀管下端装有钻孔刀刃7,在刀管侧面装有扩孔刀刃9。

在开始工作时,下面的两条刀管是并拢的。电动机通过减速器使两根并列的管子绕其共同的轴线旋转(公转),同时使两根螺旋叶片轴高速旋转(自转)。这时钻孔刀切土,钻出一个圆孔。钻孔刀把切下来的土送进管子里,土被管内高速旋转的螺旋叶片抛向管壁。这里的输送原理与长螺旋钻机的工作原理相同,其不同之处是:在长螺旋钻机里土是被抛向孔壁,而在钻扩机里土是被抛向钢管壁。土被离心力压在背壁上,由于扩大的作用,土和叶片之间有了相对运动,这样土块就沿着叶片上升。土块上升到地面以上,就被叶片从管子的出土窗口中甩出来。在地面以下时,由于出土窗口被桩孔壁所封闭,土块不会抛出管外。钻扩机钻直孔的情况如图7.17(a)所示。

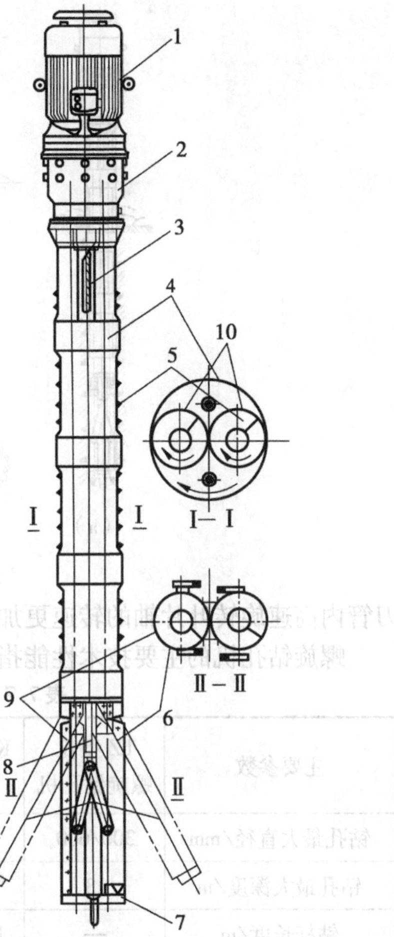

图7.16 双管双螺旋钻扩机钻具的总体示意图
1—电动机;2—行星减速器;3—扩孔液压缸;4—钻杆外罩;5—螺旋叶片轴;6—刀管;7—钻孔刀刃;8—推杆;9—扩孔刀刃;10—无缝钢管

当直孔钻到预定深度时,就开动液压机构使两条刀管逐渐张开,这时扩孔刀开始切土如图7.17(b)所示,这样就切出一个圆锥头。被扩孔刀切下来的土从侧刃旁的缝中进入管内,然后送到地面上来。扩大到设计直径后,把刀管收拢从孔中提出,即完成一个带扩大头孔的成孔工作。浇注混凝土后,即成了一个如图7.17(c)所示的扩头桩。

双管双螺旋钻扩机巧妙地利用了两条并列的螺旋钻头,既完成了钻孔又完成了扩孔。钻进和扩孔是用同一个钻具,并且钻扩机在工作时一面切土、一面输土,工作是连续的,生产效率较高。钻扩孔在钻冻土时,应采用硬质合金刀头作钻孔刀,而扩孔刀仍用锰钢制成。扩孔总是在软土内进行的。由于刀管要偏转,因此装在管内的螺旋叶片轴也必须跟着偏转,故在上、下管铰接处的叶片是断开的,下叶片搭在上叶片上。这种处理方法既不妨碍土块的输送,也使叶片的运动不产生相互干涉。基础的底角 α 以45°为宜,但上述钻扩机只能切出底角 α 为60°的扩头孔,如图7.17(c)所示。之所以这样,是受到万向节转角的限制,当采用双万向节时,则可切出底角 α 为45°的扩头孔,如图7.17(d)所示。采用双万向节不仅使刀管偏转角增大,还使

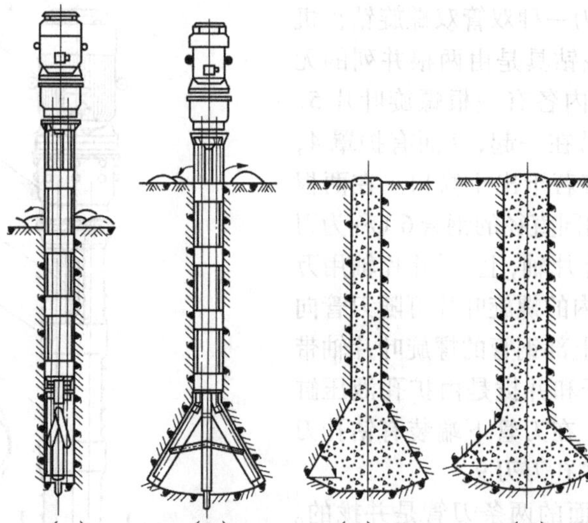

图 7.17　螺旋钻施工工艺图

刀管内高速旋转叶片轴的转速更加均匀,减少振动。

螺旋钻孔机的主要技术性能指标见表 7.7。

表 7.7　螺旋钻孔机的主要技术性能指标

主要参数	LZ 型长螺旋钻孔机	KL600 螺旋钻孔机	BZ-1 型短螺旋钻孔机	ZKL400 钻孔机	BQZ 型步履式钻孔机	DZ 型步履式钻孔机
钻孔最大直径/mm	300/600	400,500	300 ~ 800	400	400	1 000 ~ 1 500
钻孔最大深度/m	13	400,500	11	12 ~ 16	8	30
钻杆长度/m	—	18.3,18.8	—	22	9	—
钻进转速($r \cdot min^{-1}$)	63 ~ 116	50	45	80	85	38.5
钻进速度($m \cdot min^{-1}$)	1.0	—	3.1	—	1	0.2
电机功率 kW	40	50,55	40	30 ~ 55	22	22

7.3.3　回转斗钻孔机械

回转斗钻孔机使用特制的回转钻头。在钻头旋转时,使切下的土进入回转斗,装满回转斗后,停止旋转并提出孔外,打开回转斗弃土,再次进入孔内旋转切土,重复前述步骤进行直至成孔。回转斗钻孔机由伸缩钻杆、回转斗驱动装置、回转斗、支承架和履带桩架等组成,如图 7.18 所示。也可将短螺旋钻头换成回转斗作为回转斗钻孔机使用。

回转斗是一个直径与桩径相同的圆斗,斗底装有切土刀,斗内可容纳一定量的土。回转斗与伸缩钻杆连接,由液压马达驱动。工作时,落下钻杆,使回转斗旋转并与土壤接触,回转斗依靠自重(包括钻杆的质量)切削土壤,即可进行钻孔作业。斗底刀刃入土时将土装入斗内。装满斗后,提起回转斗,上车回转,打开斗底把土卸入运输工具内,再将钻斗转回原位,放下回转斗,进行下一次钻孔作业。为了防止坍孔,也可用全套管成孔机作业。这时,可将套管摆动装置与桩架底盘固定。

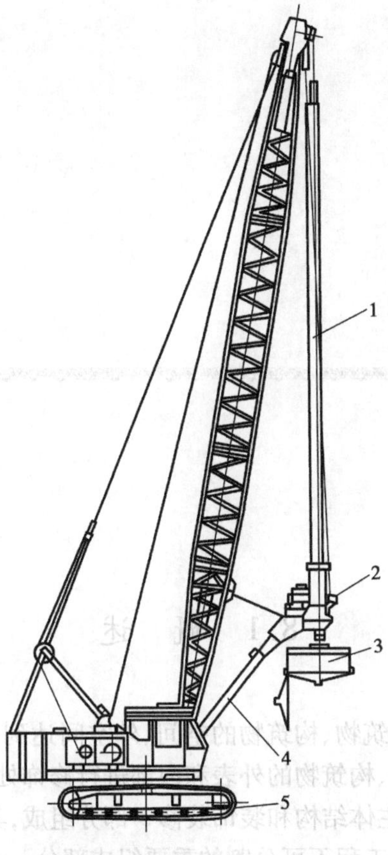

图 7.18　回转斗钻孔机示意图

1—伸缩钻杆;2—回转头驱动装置;3—回转斗 ;4—支承架;5—履带桩架

利用套管摆动装置将套管边摆动边压入,回转斗则在套管内作业。灌注桩完成后,把套管拔出,套管可重复使用。回转斗成孔的直径现已达到 3 m,钻孔深度因受伸缩钻杆的限制,一般只能达到 50 m 左右。

回转斗成孔法的缺点是:钻进速度低,工效不高,因为要频繁地进行提起、落下、切土和卸土等动作,且每次钻出的土量又不大。尤其在孔深较大时,钻进效率更低。但回转斗钻孔机可适用于碎石土、沙土、黏性土等土层的施工,在地下水位较高的地区也能使用。

思考题与习题

7.1　简述常用的桩工施工机械有哪些？并回答每种机械适合的工作场合。

7.2　简述柴油锤的组成及其工作原理。

7.3　简述振动锤的构造及其特点。

7.4　螺旋砖的类型有哪些？并回答每种类型的钻机适应的工作场合？

7.5　取土成孔常用的机械有哪些？

7.6　常用的履带式桩架有哪些？并回答每种机械适合的工作场合。

7.7　常用的冲抓机械有哪些？并回答每种机械适合的工作场合。

第8章 装饰机械

8.1 概　述

建筑装饰装修是指为使建筑物、构筑物的空间、外空间达到一定的环境质量要求，使用建筑物装饰、装修材料，对建筑物、构筑物的外表和内部进行修饰处理的工程建筑活动。建筑物、构筑物一般都是由地基基础、主体结构和装饰装修3部分组成，其室内、室外装饰、装修依附于建筑物、构筑物主体，都是建筑工程不可分割的重要组成部分。

装修(饰)工程主要包括：灰浆、石灰膏的制备，灰浆的输出，抹灰，水磨石地面、墙裙、踏步的磨光，地面结渣的清除，壁板的钻孔，以及内外墙面的装饰等。装修(饰)工程的特点是工程技术复杂、劳动强度大，传统上多依靠手工操作，工效低，大型机械的使用不方便，因此，发展小型的、手持式的轻便机具是装修(饰)工程机械化的理想途径。

凡在装修(饰)工程中所使用的各种机械(具)，统称为装修(饰)机械。目前，使用的装修(饰)机械主要由以下5类：

①灰浆制备及输送机械。包括灰浆材料加工机械灰浆搅拌机、灰浆泵及灰浆喷射器等。

②涂料机械。包括涂料喷刷机、涂料弹涂机等。

③地面修整机械。包括地面抹光机、水磨石机、地板刨平机及地板磨光机等。

④装修平台及吊篮。包括装修升降平台、装修吊篮等。

⑤手持工具。包括各种手动饰面机、打孔机和切割机等。

8.2 灰浆机械

灰浆机械是用于灰浆材料加工、灰浆搅拌、灰浆输送、墙体抹灰、表面装饰等工作的机械。经过抹灰、装饰处理的建筑物会更加坚固、耐用，造型美观，居住舒适、明亮，同时对结构也起到保护和延长其使用寿命的作用。

8.2.1 灰浆的搅拌

(1)灰浆搅拌机的分类、工作原理和构造特点

灰浆搅拌机主要是用于各种配合比的石灰浆、水泥砂浆及混合砂浆的拌和机械。按卸料方式,可分为活门卸料式搅拌机和倾翻卸料式搅拌机;按移动方式,可分为固定式搅拌机和移动搅拌机。按搅拌方式,可分为立轴式搅拌机和卧轴式搅拌机。

灰浆搅拌机的工作原理与强制式混凝土搅拌机相同。工作时,搅拌筒固定不动,而靠固定在搅拌轴上的叶片的旋转来搅拌物料。

灰浆搅拌机由机械传动系统、搅拌装置(搅拌轴、搅拌筒和搅拌叶片)、卸料机构和底架组成。按照出料容量的不同,上料及卸料的方式也不同,出料容量为200 L的灰浆搅拌机是人工上料,拌筒倾翻卸料;出料容量为325 L的灰浆搅拌机,常需机械材料装置,卸料为活门卸料式,即搅筒不动,在搅筒下方装有一个活动出料门,用手扳动进行卸料。

1)活门卸料式灰浆搅拌机

活门卸料式灰浆搅拌机的主要规格为325 L(装料容量),并安装铁轮或轮胎形成移动式。如图8.1所示为这种灰浆搅拌机中比较有代表性的一种。它具有自动进料斗和量水器,机架既为支承又为进料斗的滚轮轨道,料筒内沿其中心纵轴线方向装有一根转轴,转轴上装有搅拌叶片。叶片的安装角度除了能保证均匀地搅和灰浆以外,还须使灰浆不因拌叶的搅动而飞溅。量水器为虹吸式,可自动量配拌和用水。转轴由筒体两端的轴承支承,并与减速器输出轴相联。由电动机通过V形带驱动。卸料活门由手柄启闭,拉起手柄可使活门开启,推压手柄可使活门关闭。

活门卸料灰浆搅拌机的卸料比较干净,操纵省力,但活门密封要求比较严格。

2)倾翻卸料式灰浆搅拌机

倾翻卸料式灰浆搅拌机的常用规格为200 L(装料容量),有固定式搅拌机和移动式搅拌机两种,均不配备容量水器和进料斗,加料和给水由人工进行,如图8.1所示。卸料时,摇动手柄,手柄轴端的小齿轮即推动装在筒侧的扇形齿条使料筒倾倒,筒内灰浆由筒边的倾斜凹口排出。

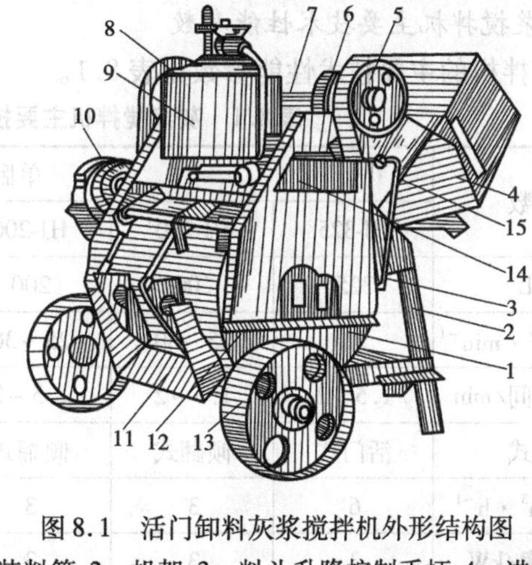

图8.1 活门卸料灰浆搅拌机外形结构图

1—装料筒;2—机架;3—料斗升降控制手柄;4—进料斗;5—制动轮;6—卷筒;7—上轴;8—离合器;9—量水器;10—电动机;11—卸料门;12—卸料手柄;13—行走轮;14—三通阀;15—给水手柄

如图8.2所示为HJ-200型灰浆搅拌机的传动系统。主轴10上用螺栓固定着叶片并以30 r/min的转速旋转,转速不能过高,否则灰浆会被甩出筒外。由相关试验得出,叶片对主轴的夹角为40°时,不仅搅拌效果好,而且节省动力。两组叶片对称安装,搅拌时使搅合料既产生圆周向运动又能产生轴向运动,使之既搅拌又互相掺和,从而获

得良好的搅和效果。卸料时,转动摇把9,通过小齿轮带动固定在筒体上的扇形齿圈,使搅筒以主轴为中心进行倾翻,此时叶片仍继续转动,协助将灰浆卸出。

这种搅拌机经常产生的问题是轴端密封不严,造成卸浆,流入轴承座而卡塞轴承,烧毁电动机。因此,使用时应多加注意。

3)立轴式灰浆搅拌机

立轴式灰浆搅拌机是一种较为特殊的砂浆机,与强制式搅拌机相似,如图8.3所示。电动机经行星摆线针轮减速器直接驱动安装在筒体上方的梁架上的搅拌轴,这种搅拌机具有结构紧凑、操作方便、搅拌均匀、密封性好、噪声小等特点,适用于实验室和小型抹灰工程。由于搅拌轴在筒内是垂直悬挂安装,因此,消除了筒底漏浆现象。

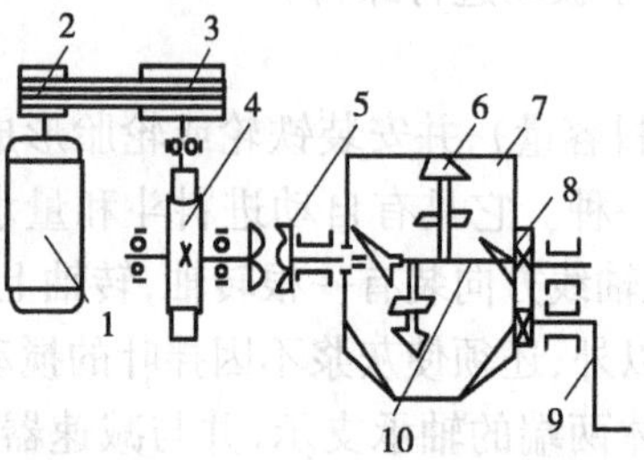

图8.2 HJ-200型灰浆搅拌机的传动系统

1—装料筒;2—动力装置;3—机架;4—搅拌片;5—固定销;6—支承架;7—销轴;8—支承轮;9—摇把;10—主抽

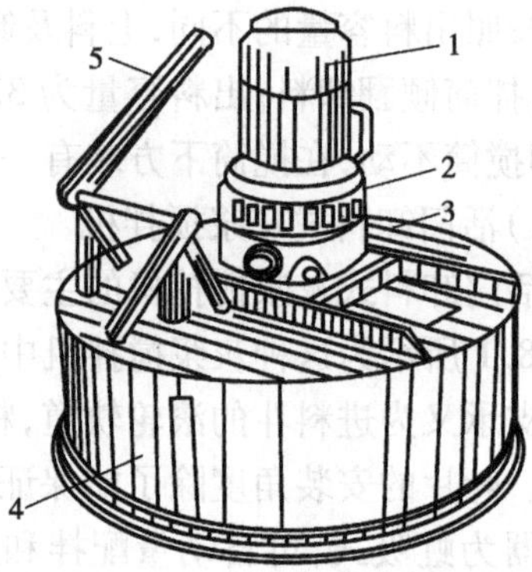

图8.3 立轴搅拌机简图

1—电动机;2—行星轮减速器;3—搅拌筒;4—出料活门;5—活门启动手柄

(2)灰浆搅拌机主要技术性能参数

灰浆搅拌机的主要技术性能参数见表8.1。

表8.1 灰浆搅拌机主要技术性能参数表

性能参数	单卧轴强制移动式					
	UJ-325	UJ-200	HJ-200	HJ-200	HJ2-2200	UJK-200
容量/L	325	200	200	200	200	200
搅拌轴转速/$r \cdot min^{-1}$	30	25~30	25~30	26	29	27
每次搅拌时间/min	1.5~2	1.5~2	1.5~2	1~2	2	3
卸料方式	活门式	倾翻式	倾翻式	倾翻式	倾翻式	倾翻式
生产率时/$m^3 \cdot h^{-1}$	6	3	3	3	4	3
电动机功率/kW	3	3	3	3	3	3
外形尺寸/mm 长×宽×高	2 200×1 492 ×1 350	2 280×1 100 ×1 300	3 200×1 120 ×1 430	1 860×870 ×1 300	1 940×1 090 ×1 280	
整机质量/kg	750	600	600	820	约590	630

8.2.2　灰浆泵

灰浆泵主要用于输送、喷涂和灌注灰浆等工作，兼具垂直及水平运输的功能。若与喷射装置配合使用，能进行墙面及屋顶面的喷涂抹灰作业。目前灰浆泵有两种形式：一种是活塞式灰浆泵，另一种是挤压式灰浆泵。

活塞式灰浆泵按活塞与灰浆作用情况不同，分为直接作用式活塞灰浆泵、片状隔膜式灰浆泵、圆柱形隔膜式灰浆泵及灰气联合式灰浆泵等。

(1) 直接作用式(柱塞式)灰浆泵

直接作用式灰浆泵使利用活塞与灰浆作用活塞的往复运动，将进入泵缸中的砂浆直接压送进去，并经管道输送到使用地点的一种泵。直接作用式灰浆泵的活塞与灰浆直接接触，活塞容易磨损，缸内的密封盘也容易损坏，易造成漏浆故障，降低工效。但因其结构简单，制造与维修容易，故仍在使用。

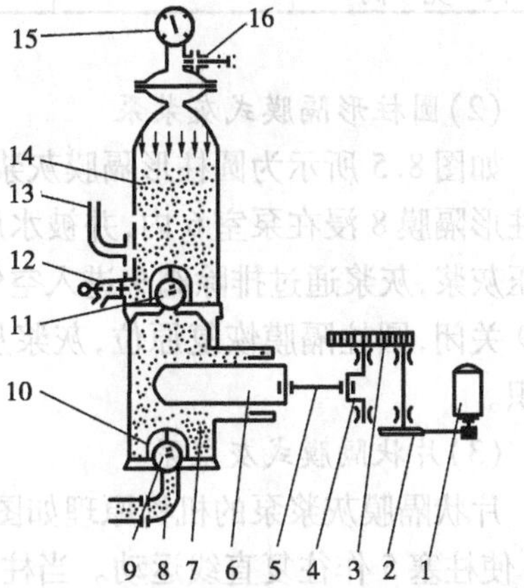

图 8.4　直接作用式灰浆泵工作原理图

1—电动机；2—带轮；3—减速器；4—曲轴；5—连杆；6—柱塞；7—泵室；8—进浆弯管；9—吸入阀；10—阀罩；11—排除阀；12—回浆阀；13—输浆管道；14—空气室；15—压力表；16—安全装置

直接作用式灰浆泵的作业原理如图 8.4 所示。作业时。电动机 1 通过三角带传动机构 2、圆柱齿轮减速机构 3 使曲轴 4 旋转带动柱塞 6 作往复直线运动。当柱塞作压入冲程时，将排除阀 11 挤开，泵室 7 内的灰浆被压入空气室 14；与此同时，由于泵室内压力增大而将吸入阀 9 关闭；当柱塞作吸入冲程时，泵室呈真空状态。此时，空气室的压力大于泵室的压力，排除阀 11 关闭，吸入阀 9 开启，灰浆被吸入泵室内。这样，柱塞每作一次往复运动，都将一部分灰浆泵压入空气室 14 内，进入空气室里的灰浆越来越多，空气室里的灰浆体积增大，空气的体积被压缩，空气的压力便逐渐增大，在压力表 15 上的指针显示出压力大小的数值。由于压力增大，灰浆受到空气压力的作用，从输浆管道 13 泵压出去。阀罩 10 式限制排除阀球 11 与吸入阀球 9 的行程位置的零件，当灰浆从阀口流过时，限位阀使阀球留在阀口的附近位置，以免阀球随灰浆溜走，当灰浆的压力增大时又能立即封住阀口。柱塞式灰浆泵的技术性能指标见表 8.2。

表 8.2　柱塞式灰浆泵的技术性能指标表

形　式	立　式	卧　式		双　缸	
型　号	HB6-3	HP-013	HK3.5-74	UB3	8P80
泵送排量/$m^3 \cdot h^{-1}$	3	3	3.5	3	1.8～4.8
垂直泵送高度/m	40	40	25	40	>80
水平泵送距离/m	150	150	150	150	400
工作压力/MPa	1.5	1.5	1.0	0.6	5.0
电动机功率/kW	4	7	5.5	4	16

续表

形式	立式	卧式		双缸	
进料胶管内径/mm	64		62	64	62
排料胶管内径/mm	51	50	51	50	
质量/kg	220	260	293	250	1 337
外形尺寸/mm 长×宽×高	1 033×474×890	1 825×610×1 075	550×720×1 500	1 033×474×940	2 194×1 600 ×1 560

(2)圆柱形隔膜式灰浆泵

如图8.5所示为圆柱形隔膜灰浆泵的构造原理图。这种灰浆泵与片式隔膜泵的区别是：圆柱形隔膜8浸在泵室6内，并被水所包围，当柱塞5作压入冲程时，圆柱形隔膜8向内收缩挤压灰浆，灰浆通过排除阀9进入空气室15内；当柱塞作吸入冲程时，泵室6产生真空，排除阀9关闭，圆柱隔膜恢复原位，灰浆从下面的吸入阀10进入圆柱形隔膜内，补充泵出的灰浆体积。

(3)片状隔膜式灰浆泵

片状隔膜灰浆泵的机构原理如图8.6所示。电动机1经减速齿轮组2带动曲柄连杆机构3,4使柱塞5作往复直线运动。当柱塞作压入冲程时，水受到压缩，水的压力均匀地作用在橡皮隔膜7上，使隔膜凸向灰浆室11，灰浆受到压缩经排出阀16进入空气室14，并经输浆管17输送出去。当柱塞作吸入冲程时，泵室6产生真空，隔膜回到原位置，此时，排除阀16关闭，吸入阀9开放，灰浆便从料斗12经弯头10进入灰浆室11。

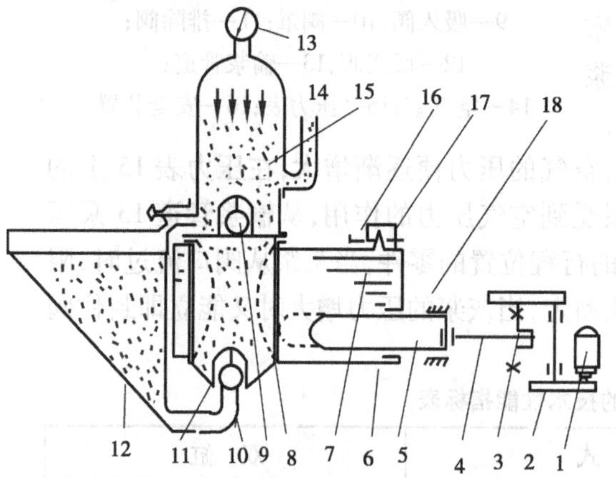

图8.5　圆柱形隔膜灰浆泵的构造原理图

1—电动机；2—减速器；3—曲柄轴；4—连杆；5—柱塞；6—泵室；7—水；8—圆柱形隔膜；9—排除阀；10—吸入阀；11—阀罩；12—料斗；13—压力表；14—回浆阀；15—空气室；16—安全阀；17—盛水斗；18—支承轴座

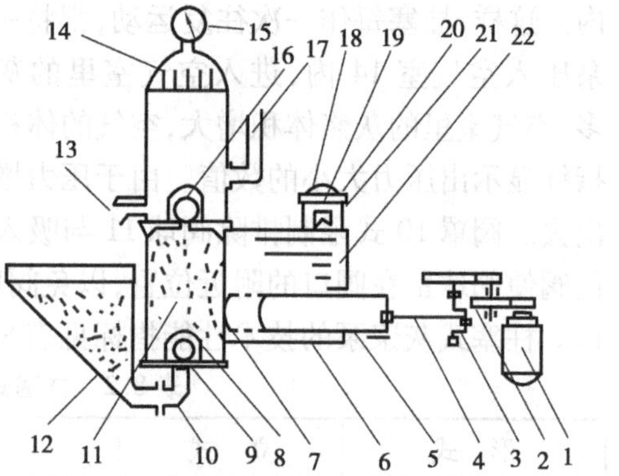

图8.6　片状隔膜灰浆泵的机构原理

1—电动机；2—减速器；3—曲柄轴；4—连杆；5—柱塞；6—泵室；7—水；8—片状隔膜；9—吸入阀；10—进料弯管；11—灰浆室；12—灰浆料斗；13—回浆泵；14—空气室；15—压力表；16—排除阀；17—输浆管；18—盛水漏斗；19—溢水口；20—安全阀；21—球阀；22—水

片状隔膜泵是以水为介质进行灰浆泵送的。如果泵室内有部分空气存在,由于空气可以压缩,当柱塞进入压缩冲程时,泵室内的空气体积受压力缩小,会减小隔膜的变形程度,使灰浆的泵出量减少,影响产生效率。因此,在泵室内的空气越多,泵出的灰浆就越少。因此,在工作之前,应将泵室灌满水,排除泵室内的空气。

片状隔膜泵的安全阀装在泵室6的上部,该安全阀是用水的压力来控制灰浆的压力的。当遇到喷涂灰浆工作短暂停止或因为输浆管道发生堵塞时,空气室的压力逐渐增高,泵室的泵浆压力只有超过空气室的压力,才能将灰浆泵送进去。当空气室的压力达到泵规定压力时,柱塞再作压入冲程时,水压超过了安全阀弹簧20的压力,球阀21开放,泵室内的水从溢出口19流出,水压降低,灰浆不再进空气室内,空气室的压力也不再增高从而保证机件不受损伤。如果短时间内暂停喷涂,可将回浆阀13打开,灰浆泵照常运转,使灰浆从料槽经灰浆室进入空气室,再从回浆阀13流入灰浆料斗12内,使灰浆进行循环流动,而不至于沉淀,以免再次使用时造成灰浆泵或输浆胶管内堵塞。

圆柱形隔膜灰浆泵及片状隔膜灰浆泵的技术性能见表8.3。

表8.3 圆柱形隔膜灰浆泵及片状隔膜灰浆泵的技术性能表

技术性能	型号	
	片状隔膜式	圆柱形隔膜式
	U88-3型	C211A/C23型
泵送排量/($m^3 \cdot h^{-1}$)	3	3/6
垂直泵送高度/h	40	
水平泵送距离/m	100	
工作压力/MPa	1.3	1.5
电动机功率/kW	2.8	3.5/5.8
进料胶管内径/mm		50/65
排料胶管内径/mm		50/60
质量/kg	220	
外形尺寸/mm 长×宽×高	1 375×445×890	

(4)灰气联合泵

灰气联合泵由一套传动装置和两套工作装置(出灰部分和压气部分)组成,并安装在由无缝钢管焊接成的储气罐机架上。其特点是既能输送灰浆又能产生压缩空气,比一般使用的抹灰机省掉一台空气压缩机,且出灰率高,灰气配合均匀。

灰气联合泵的基本机构如图8.7所示。它主要由传动装置、双功能泵机、缸机构及阀门启闭机构等组成。

灰气联合泵的工作原理是:当曲轴旋转时,泵体内的活塞作往复运动,小端用于压送灰浆,大端可以压缩空气。曲轴另一端的大齿轮外侧有凸轮,小滚轮在特制的凸轮滚道内运动,通过阀门连杆启闭进浆阀。当活塞小端离开灰浆时(此时活塞大端压气),连杆开启进浆阀,灰浆

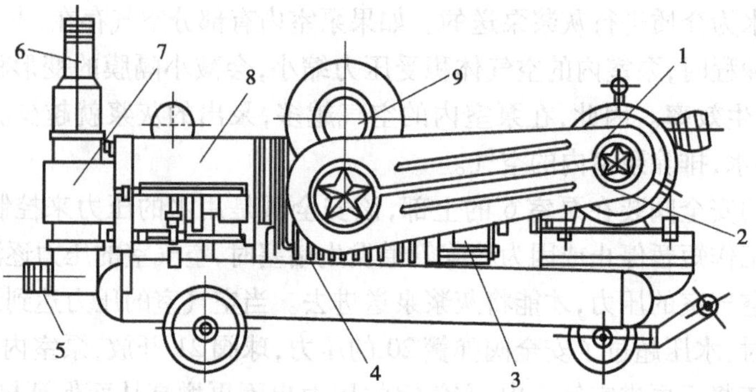

图 8.7　灰气联合泵的基本机构

1—电动机;2—传动装置;3—空气缸;4—曲轴;5—出浆口;
6—进浆口;7—灰浆缸;8—泵体;9—阀门

即可以进入缸内。当活塞小端移进入灰浆缸内时连杆关闭进浆阀,而排浆阀则被顶开,灰浆即排入输送管道中。排浆阀为锥形单向阀,灰浆缸在进浆过程中,该阀在输送管的灰浆作用下自动关闭。活塞大端装有皮碗,具有密封作用。空气缸的缸盖上装有进气阀、排气阀,两阀均为单向阀。当大端离开空气缸时(此时小端压送灰浆),进气阀将开启,空气可以吸入缸内。当大端移近空气缸时,进气阀即关闭,使缸内空气被压缩,在气压达到一定程度时,排气阀可被挤开,使压缩后的空气进入储气罐。

灰气联合泵的技术性能见表 8.4。

表 8.4　灰气联合泵的技术性能表

性　能	型　号	
	UB76-1(HB76-1)型	HK3.5-74 型
输送量/($m^3 \cdot h^{-1}$)	3.5	3.5
排气量/($m \cdot 3/h^{-1}$)	0.36	0.24
排浆最高压力/MPa	2.5	2
排气压力/MPa	最高:0.4, 使用:0.15 ~ 0.2	0.3 ~ 0.4
活塞行程/mm	70	70
活塞往复次数/($1 \cdot s^{-1}$)	2.13	1.33
出浆口直径/mm	42	50
进浆口直径/mm	51	60
电动机功率/kW	5.5	5.5
转速/($r \cdot min^{-1}$)	1 450	1 450
外形尺寸/mm(长 × 宽 × 高)	500 × 600 × 1 300	1 500 × 720 × 550
质量/kg	290	293

(5)挤压式灰浆泵

挤压式灰浆泵由泵壳、耐磨橡胶管、滚轮架、挤压滚轮、调整轮、进料及出料输送胶管、料斗以及电器控制系统控制等构成。其挤压原理如图 8.8 所示。作业时,电动机 1 经齿轮带传动机构 2,4,5 带动蜗轮蜗杆传动机构 7,9,再经链轮链条传动机构 10 带动滚轮托座 14 旋转。滚轮托座由两边等边三角形的钢板制成,在其 3 个角的端部装有 3 个挤压滚轮 15,这 3 个挤压滚轮反复对橡胶泵唧管 11 像挤牙膏式的旋转挤压,将灰浆挤出。灰浆每次被挤出后,泵唧管内便形成了真空。这时,灰浆从料斗 12 内被吸入泵唧管内,然后被第二个滚轮 15 再次挤压。这样灰浆就从输浆管 13 不断地排出,输送到喷枪处。

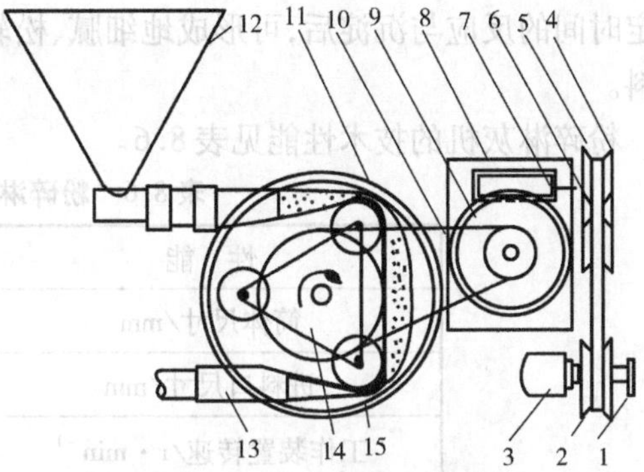

图 8.8　挤压式灰浆泵结构简图

1—电动机;2,4—变速器;3—调速手轮;
5—无级变速带轮;6—调速弹簧;7—蜗杆;
8—变速箱;9—蜗轮;10—链条;11—橡胶泵唧管;
12—料斗;13—输浆管道;14—滚轮托座;15—挤压滚轮

挤压式灰浆泵的输送距离,垂直可达 45 m,水平可达 120 m。自重不超过 300 kg,其功率消耗及自重都远比柱塞式灰浆泵低。

挤压式灰浆泵不受砂浆黏度、沙子粒径的影响,不容易堵塞,各种灰浆均可喷涂且涂层较薄,特别适用于喷涂面层及外饰面,而且泵体较小,自重轻,便于移动,可随楼层喷涂。挤压式灰浆泵的技术性能见表 8.5。

表 8.5　挤压式灰浆泵的技术性能表

技术性能	型　号				
	UBJ0.8	UBJ1.2	UBJ1.8	UBJ2	SJ-1.8
泵送排量/($m^3 \cdot h^{-1}$)	0.2,0.4,0.8	0.3,0.6,1.5	0.3,0.9,1.8	2	0.8 ~ 1.8
垂直泵送高度/m	25	25	30	2	30
水平泵送距离/m	80	80	80	80	100
工作压力/MPa	1	1.2	1.5	1.5	0.4 ~ 1.5
电动机功率/kW	0.4 ~ 0.5	0.6 ~ 2.2	1.3 ~ 2.2	2.2	2.2
挤压管内径/mm	32	32	38		38/50
输送管内径/mm	25	25/32	25/32	38	340
质量/kg	175	185	300	270	
外形尺寸/mm 长×宽×高	1 220 × 662 × 860	1 220 × 662 × 1 035	1 270 × 896 × 990	1 200 × 780 × 800	800 × 550 × 800

8.2.3　粉碎淋灰机

粉碎淋灰机是淋制抹灰、粉刷及砌筑砂浆用石灰膏的机具。工作时,主轴旋转带动甩锤,对加入筒体中的生石灰块进行锤击,被粉碎的石灰与淋水管注入的水发生化学反应生成石灰泵,石灰泵经底筛过滤后由出料斗流入石灰池中,石灰熟化的基本反应也完成。在池中,经过一定时间的反应与沉淀后，可形成地细腻、松软洁白的石灰膏，作为砂浆的配合料和墙体粉饰用料。

粉碎淋灰机的技术性能见表8.6。

表8.6 粉碎淋灰机的技术性能表

性 能	FL16，CFL16 型
筒体尺寸/mm	口 650(520)×450
进料口尺寸/mm	380×280，260×360
工作装置转速/$r \cdot min^{-1}$	720，430
生产率/($t \cdot 班^{-1}$)	16
白灰利用率%	>95
功率/kW	4/1.5
转速/($r \cdot min^{-1}$)	1 440，960
外形尺寸/mm(长×宽×高)	2 000×880×1 160
质量/kg	238，300，310

8.2.4 纤维-白灰混合磨碎机

纤维-白灰混合磨碎机是将各种纤维(麻刀、岩棉、矿棉、玻璃丝、草纸等)与石灰膏均匀拌和，并加速生石灰熟化的一种灰浆机械。这种混合磨碎机由搅拌机(起粗拌作用)和小钢磨(起细磨作用)两部分组成，如图8.9所示。

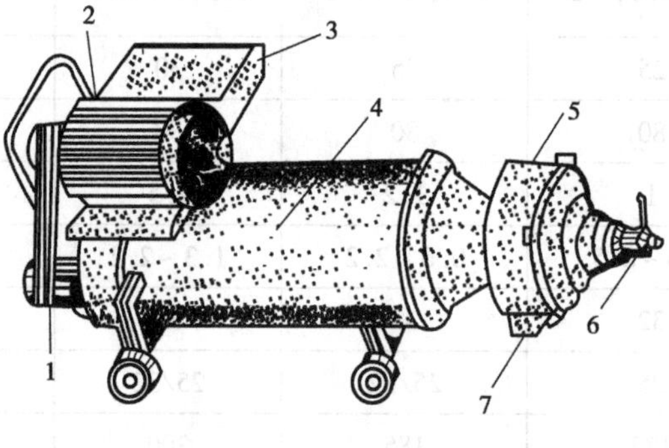

图8.9 纤维-白灰混合磨碎机

1—动力输入轴；2—电动机；3—进料口；4—搅拌筒；
5—粉磨装置；6—粉磨调节手柄；7—出料口

纤维-白灰混合磨碎机每天作业完毕都必须彻底清洗搅拌筒，而且要定期检查钢磨磨片的磨损情况。若磨损量过大、超过规定的磨损值时，应及时更换磨片。

纤维-白灰混合磨碎机的技术性能指标见表8.7。

表8.7 纤维-白灰混合磨碎机的技术性能指标

型 号	生产率/(t·班$^{-1}$)	主轴转速/kW	电动机功率/kW	外形尺寸(长×宽×高)/mm	质量/kg
ZMB10	10	500	3	1 880×700×500	250
UMB100	10	750	3	1 420×750×1 050	250
MH10	10	400	3	1 840×500×920	250
PHB100	8	440	2.2	1 850×500×950	250

8.2.5 喷浆机

喷浆机可用于对建筑内、外墙面及天棚喷涂石灰浆、大白粉浆、水泥浆、色浆、塑料浆等。喷浆机可分为手动往复式喷浆机和电动式喷浆机两种。

(1)手动喷浆机

手动喷浆机体积小,可以一人搬移位置。使用时,一人反复推压摇杆,一人手持喷杆来喷浆,因不需动力装置,具有较大的机动性。

当推拉摇杆时,连杆推动框架使左右两个柱塞交替在各自的泵缸中往复运动,连续将料筒中的浆液逐次吸入左右泵缸和逐次压入稳定罐中。稳压罐使浆液获得8~12个大气压(1 MPa左右)的压力。在压力的作用下,浆液从出浆口经输浆口经输浆管和喷雾头呈散状喷出。

手动喷浆机正常工作时垂直喷射高度为2~4 m,水平喷射距离为3.7~7.7 m,最大工作压力为1.8 MPa。

(2)电动喷浆机

电动喷浆机如图8.10所示。喷浆原理与手动喷浆机原理相同,不同的是柱塞往复运动由电动机经蜗轮减速器和曲柄连杆机构(或偏心轮连杆)来驱动。这种喷浆机有自动停机电气控制装置,在压力表内安装电接点。当泵内压力超过最大工作压力(通常为1.5~1.8 MPa)时,表内的停机接点啮合,控制线路使电动机停止。压力恢复常压后,表内的启动接点接合,电动机又恢复运转。喷浆机的技术性能指标见表8.8。

表8.8 喷浆机的技术性能指标

性 能	双联手动喷浆机(PB-C)型	自动喷浆机		
		高压式	PB1 型	回转式
生产率/(m^3·h^{-1})	0.2~0.45	—	0.58	—
工作压力/MPa	1.2~1.5	—	1.2~1.5	6~8
最大压力/MPa	—	10	1.8	—
最大工作高度/m	30	—	30	20
最大工作半径/m	200	—	200	—

续表

性能	双联手动喷浆机(PB-C)型	自动喷浆机		
		高压式	PB1 型	回转式
活塞直径/mm	32	—	32	—
活塞往复次数/(次·min^{-1})	30 ~ 50	—	75	—
动力形式	人力	电动	电动	电动
功率/kW		0.4	1.0	0.55
转速/r·min^{-1}			2 890	
外形尺寸/mm	1 100×400×1 080	—	816×498×890	530×350×350
质量 kg	18.6	30	67	28 ~ 29

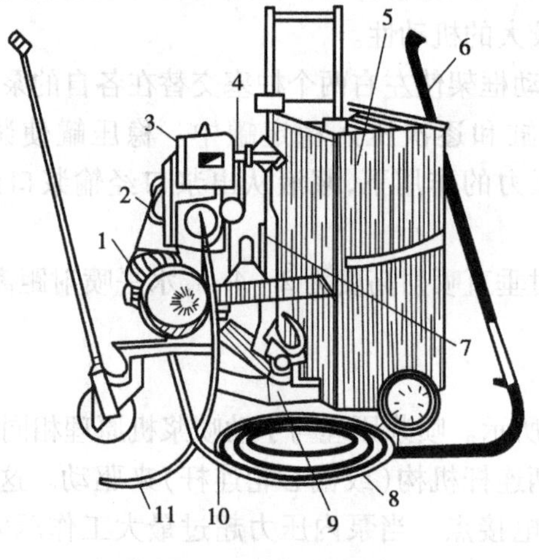

图 8.10　电动喷浆机

1—电动机;2—带传动;3—开关控制器;4—偏心轮;5—料筒;
6—喷杆;7—摇杆;8—连接软管;9—压力泵;10—稳压罐;11—电缆线

8.3　地面修整机械

水泥、水磨石及天然石料铺设的地面、墙面,通常采用地面抹光机或磨石机进行抹光和磨光;木质地板则用地板刨平机和磨光机来修整。

8.3.1　水磨石机

水磨石机是修整地面的主要机械。根据不同的作业对象和要求,有表 8.9 的分类。近年来出现的金刚石水磨石,其中磨盘是在耐磨材料内部加入一定量的人造金刚石制成,坚硬耐磨,使用寿命长,磨削质量好,是水磨石机更新换代的新机型。

表8.9 水磨石机类型表

类 型	适用条件
单盘旋转式和双盘对砖式	大面积水磨石地面的磨平、磨光作业
小型侧卧式	墙裙、踢脚、楼梯踏步、浴池等小面积地面的磨平、磨光作业
立面式	各种混凝土、水磨石的墙壁、墙围的磨光作业
手提式	对角隅及小面积的磨石表面进行磨光作业,还可对金属表面进行打光、去锈、抛光

单盘水磨石机的外形结构如图8.11所示。它主要由传动轴、夹腔帆布垫、连接盘及砂轮座等组成。磨盘为三爪形,有3个三角形磨石均匀地装在相应槽内,用螺钉固定。橡胶垫使传动具有缓冲性。

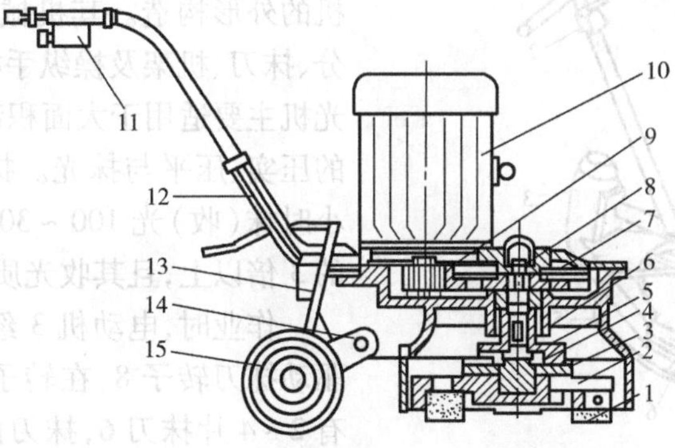

图8.11 单盘水磨石机的外形结构

1—磨石;2—砂轮座;3—帆布垫;4—弹簧机构;5—联接盘;
6—密封圈;7—减速器大齿轮;8—传泵轮;9—减速器小齿轮;10—电动机;
11—控制开关;12—把手;13—升降调节机构;14—调节架;15—行走轮

双盘水磨石机适用于大面积磨光,具有两个转向相反的磨盘,由电动机经传动机构驱动,结构与单盘水磨石机结构类似。与单盘比较,双盘水磨石机耗电量增加不到40%,而其工效可提高80%。

水磨石机主要型号的技术性能见表8.10。

表8.10 水磨石机主要型号的技术性能表

型 号	磨盘转速 /(r·min^{-1})	磨削直径/mm	生产效率 /(m^2·h^{-1})	功率 /kW	外形尺寸/mm 长×宽×高	质量 /kg
DMS350	294	350	4.5	2.2	1 040×410×950	160
2DM300	392	360	10~15	3	1 200×563×715	180
2DM350	285	345	14~15	2.2	700×900×1 000	115
SM240	2 000	240	10~35	3	1 080×330×900	80
JMD350	1 800	350	25~65	3		150

续表

型　号	磨盘转速 /(r·min^{-1})	磨削直径/mm	生产效率 /(m^2·h^{-1})	功率 /kW	外形尺寸/mm 长×宽×高	质量 /kg
SM340		360	6~7.5	3	1 100×400×980	160
HMJ10-1	1 450		10~15	3	1 150×340×840	100

8.3.2　地面抹(收)光机

地面抹(收)光机适用于水泥砂浆和混凝土路面、楼板、屋面板等表面的抹平压光。按动力源划分,可分为电动抹(收)光机、内燃抹(收)光机两种;按抹光装置划分,可分为单抹(收)光机、双头抹(收)光机两种。

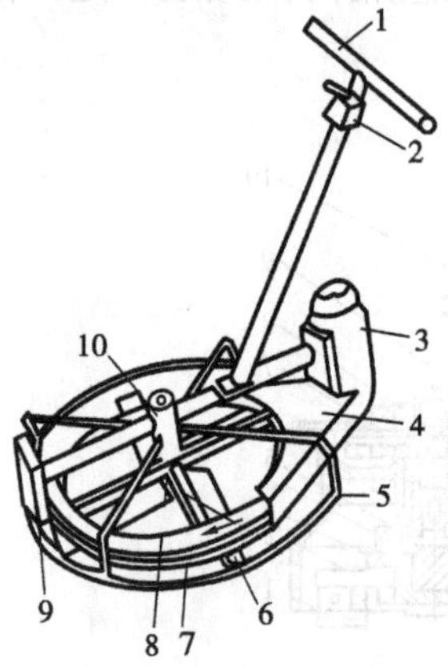

图 8.12　地面抹光机简图

1—手柄;2—控制开关;3—电动机;4—防护罩;5—护圈;6—抹刀;7—三角带;8—抹刀转子;9—配重;10—轴承架

如图 8.12 所示为水泥砂浆地面抹(收)光机的外形构造。其机械主要由电动机、传动部分、抹刀、机架及操纵手柄等组成。这种地面抹光机主要适用于大面积刮平后的水泥砂浆地面的压实、压平与抹光。抹光机的生产效率为每小时抹(收)光 100~300 m^2,相当于人工抹光的 3 倍以上,且其收光质量好。

作业时,电动机 3 经三角带传动机构 7 来驱动抹刀转子 8,在转子中部的十字架底面装有 2~4 片抹刀 6,抹刀的倾角与地面呈 10°~15°,且其倾斜方向与抹刀转子的旋转方向一致。作业时,先握住操作手柄 1 再开启电动机,抹刀片即随之旋转并对水泥砂浆地面进行抹光。地面抹(收)光机的技术参数见表 8.11。

表 8.11　地面抹(收)光机的技术参数表

形　式	型　号	抹刀数	转速 /(r·min^{-1})	抹刀直径 /mm	功率 /kW	外形尺寸 (长×宽×高)/mm	质量 kg
单头	DM60	4	90	600	0.4	650×620×900	40
	DM69	4	90	600	0.4	750×464×900	40
	DN85	4	45/90	45/90	1.1~1.5	1 920×880×1 050	75
双头	SDM650	6	120	120	370	670×645×900	40
	SDM1	2×3	120	120	370	670×645×900	40
	SDM68	2×3	100/120	100/120	370	990×936×800	40

8.4　手持机具

手持操作的可携式装修用的机动工具。按动力划分,可分为电动式和风动式。电动式是电磁旋转式或电磁往复式小容量电动机,通过传动机构驱动作业装置;风动式是将压缩空气通入汽缸或风马达驱动。按工作机构的运动性质可分为旋转类、旋转冲击类、往复冲击类及拉压类等。手持机具主要是运用小容量电动机,通过传动机构驱动工作装置的一种手提式或携带式小型机具。手持机具用途广泛、使用方便,能提高装饰知质量和速度,是装饰机构的重要组成部分,目前其发展较快。

8.4.1　饰面机具

常用的饰面机具有弹涂机、气动剁斧机和各种喷枪等。

(1)弹涂机

弹涂机能将多种色浆弹涂在墙面上,适用于建筑物内、外墙及顶棚的色彩装饰。电弹涂机由电动机、弹涂器弹头、电开关、手柄及控制箱等主要部件组成。控制箱通过电源插头与弹涂机接通。弹涂机的机构如图 8.13 所示。

弹涂机的技术性能见表 8.12。

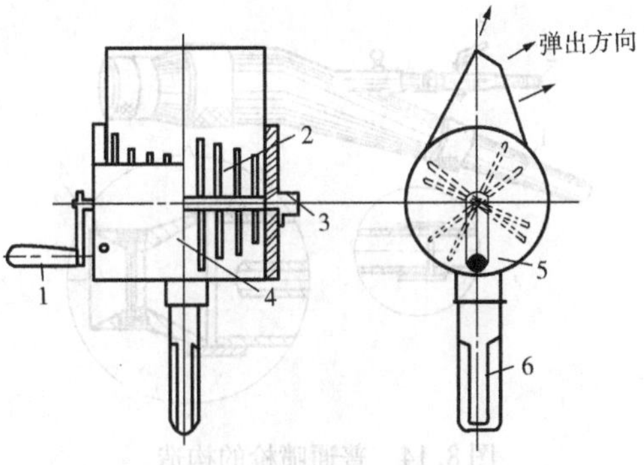

图 8.13　弹涂机结构

(2)剁斧机

剁斧机能代替人工剁斧,使混凝土饰面形成适度纹理的杂色碎石外饰面。剁斧机由手柄、控制气门、活塞、活塞缸及工作头等主要部件组成。工作头有单刃、十字刃、花锤头 3 种类型,可根据不同饰面图案选用。

表 8.12　弹涂机的技术性能表

型　号	电动机功率/W	电源电压/V	操作电压/V	电机转速/($r \cdot min^{-1}$)	转速/($r \cdot min^{-1}$)	生产效率/($m^2 \cdot h^{-1}$)	外形尺寸(长×宽×高)/mm
DT120A	8	220	12	1 500	300 ~ 400	8	360 × 120 × 340
DT120B	10	220	15	3 000	60 ~ 500	10	360 × 120 × 340
DJ110B	10	220	16	3 000	60 ~ 500	10	360 × 20 × 340

(3)喷枪

喷枪可分为灰浆用喷枪和涂料用喷枪。

1)浆用喷枪

灰浆用喷枪一般用地摊钢板或铝合金板经焊接而成。其头部安装有喷嘴。这种喷枪将灰浆输送管和高压空气输送管组合在一起,使灰浆在高压空气的作用下,从喷嘴中均匀地喷涂到墙面的基层上。

根据喷枪的构造和功能不同,灰浆喷枪可分为普通喷枪和万能喷枪两种。

①普通喷枪

如图 8.14 所示为普通喷枪的构造图,它主要由灰浆管、高压空气管、阀门及喷嘴等组成。普通喷枪只适用于白灰浆的喷涂,其喷嘴的规格有 10 mm、12 mm 和 14 mm 3 种,可根据喷浆时的技术要求选定使用。

②万能喷枪

这种喷枪比普通喷枪多了两段锥形管。万能喷枪能够借助于高压空气将石灰砂浆、水泥砂浆或混合砂浆等均匀地喷涂到墙面上。

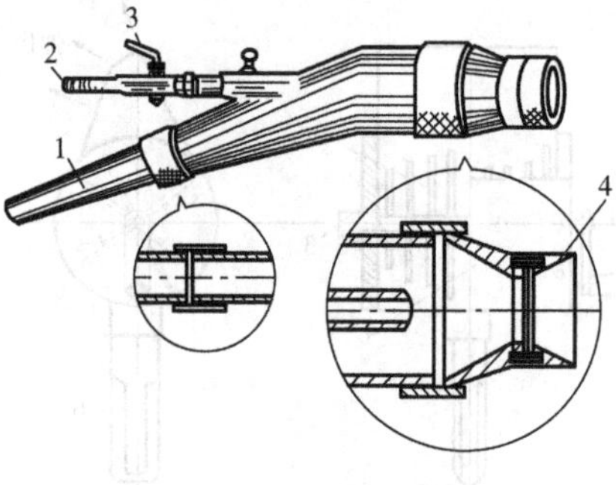

图 8.14　普通喷枪的构造
1—进料管;2—高压空气管;
3—进料调节阀门;4—喷嘴

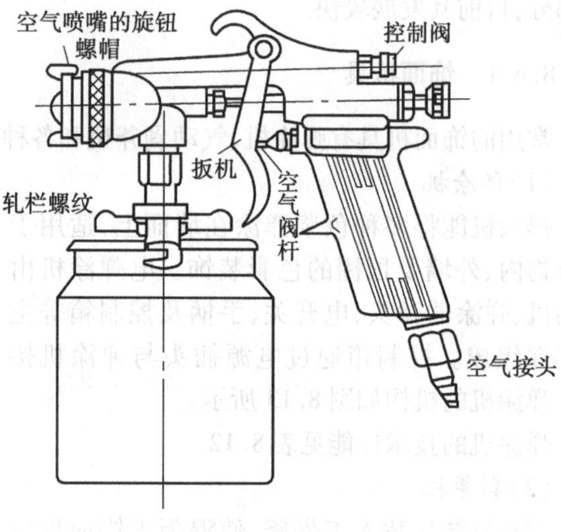

图 8.15　万能喷枪

2)涂料(油漆)用喷枪

如图 8.15 所示为该型喷枪的外形。它由涂料罐、喷射器、涂料上升管及手柄等组成。盖的上方有弓形扣和三翼形螺母各一只。三翼形螺母左转,可将弓形扣顶向上方。此时,弓形扣的缺口部分将储料罐两侧的拉杆上提而拉紧,使喷枪盖紧盖在储料罐上。作业时,扣紧扳手后,高压空气即从进气管经进气阀门进入喷射器头部的空气室。此时,控制喷涂输出量的顶针也随着扳手后退,空气室的压缩空气流入喷嘴,使喷嘴部分形成负压,储料罐内的涂料被大气压力压入涂料上升管而涌向喷嘴,喷嘴出口处遇到高压空气,就被吹散成雾状而附贴在墙面上。喷射机的头部有可调整喷涂面积的刻度盘,可根据作业要求随时进行调整。

8.4.2　打孔机具

常用的打孔机具有电锤和各种电钻等。

(1)电锤

电锤如图 8.16 所示。它是一种在钻削的同时兼有锤击功能的小型电动机具,国外又称为冲击电钻。电锤由单相串激式电动机、传动装置、曲轴、连杆、活塞机构、离合器、刀夹机构及手柄等组成，适合在钻、石、混凝土等脆性材料上打孔、开槽、粗糙表面、安装膨胀螺栓、固定管线等作业。

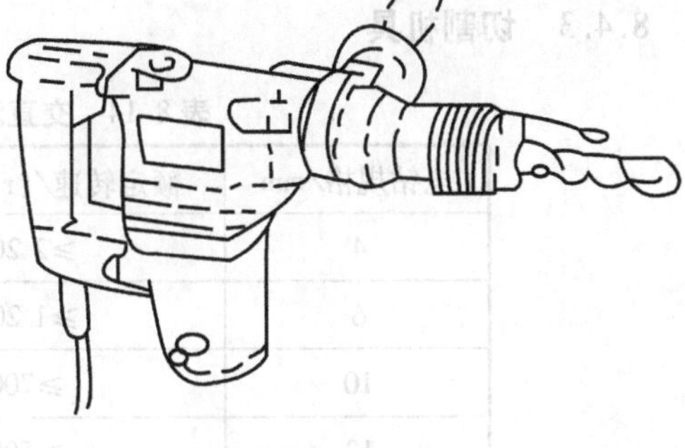

图8.16　电锤简图

电锤的旋转运动是由电动机经一对圆柱斜齿轮传动和一对螺旋锥齿轮减速来带动钻杆旋转。当钻削出现超载时，保险离合器使钻杆旋转打滑，不会使电动机过载和零件损坏。电锤的冲击运动是由电动机旋转，经一对齿轮减速带动曲轴，然后通过连杆、活塞销带动压气活塞在冲击活塞缸中作往复直线运动来冲击活塞缸中的锤杆，锤杆以较高的冲击频率打击工具端部，进而造成钻头向前冲击来完成的。电锤这种旋转加冲击的复合钻孔部位的硬物，并且还能钻削一般电钻不能钻削的孔眼，因而装饰工程中对砖和混凝土等硬基底钻孔广泛应用这种机具。

国产 JIZC-22 型电锤是具有代表性的产品，其技术性能见表8.13。这种电锤的随机配件有钻孔深度限位杆、侧手柄、防尘罩、注射器及整机包装手提箱等。

表8.13　JIZC-22 电锤的技术性能表

电压(地区不同)/V		110,115,120,127,200,220,230,240
输入功率/W		520
空载转速/(r·min^{-1})		800
满载冲击频率/(次·min^{-1})		3 150
钻孔直径/mm	混凝土	22
	钢	13
	木材	30
整机质量/kg		4.3

(2)电钻

电钻是一种体积小、质量轻、使用灵敏、操作简单及携带方便的小型电动具，适合金属材料、塑料或木材等装饰构件钻孔。它主要由外壳、电动机、传动机构、钻头及电源连接装置等组成。手电钻所用的电动机有交直流两用串激式、三相中频、三项工频及智力永弹磁式。其中，交直流两用串激式的电钻构造较简单，容易制造，且体积小、质量轻，在装饰工程施工中应用最为广泛。

从技术性能上看，手电钻有单速、双速、四速和无级调速。其中，双速电钻为齿轮变速。装饰施工中用手电钻钻孔的孔径多在13 mm以下，钻头可以直接卡固在钻头夹内；若需钻削13 mm以上孔径的孔时，则还要加装莫氏锥套筒。手电钻的规格是以最大钻孔直径来表示的，国产直流两用电钻的规格、技术性能见表8.14。

8.4.3 切割机具

表 8.14 交直流两用电钻的规格表

电钻规格/mm	额定转速/($r\cdot min^{-1}$)	额定转矩/($N\cdot m$)
4	≥2 200	0.4
6	≥1 200	0.9
10	≥700	2.5
13	≥500	405
16	≥400	7.5
19	≥330	8.0
23	≥250	8.6

(1)电锯

电锯又称为手提式木工电锯,由串激电动机、齿形齿复合锯片、导尺、护罩、机壳及操纵手柄等组成。

手提式木工电锯主要用于木材横、纵截面的锯切以及胶合板、塑料板的锯割,具有锯切效率高、锯切质量好、节省材料及安全可靠等优点,是建筑物室内细木装饰工程中使用最多的小型手持电动机具之一。国产手提式电锯的型号和主要性能见表 8.15。

表 8.15 手提式木工电锯的技术性能表

型 号	锯片直径/mm	最大切削深度/mm		额定功率/W		空载转速/$r\cdot min^{-1}$	总长度/mm	机具质量/kg
		45°	90°	输入	输出			
5600NB	160	36	55	800	500	4 000	250	3
5800N	180	43	64	900	540	4 500	272	3.9
5800NB	180	43	64	900	540	4 500	272	3.9
5900N	235	58	84	1 750	1 000	4100	370	7.5

(2)砂轮切割机

砂轮切割机又称为无齿锯,是一种小型、高效的电动切割机具。砂轮切割机利用砂轮磨削的原理,将薄片砂轮作为切削刀具,对各种金属型材进行切割下料。切割速度快,切断面光滑、平整,垂直度高,且生产效率高。若将薄片砂轮换装上合金锯片,还可用来切割木材或塑料等。在建筑装饰施工中,砂轮切割机多用于金属内外墙板、铝合金门窗安装和金属龙骨吊顶等装饰作业的切割下料。

根据构造和功能的不同,可将砂轮切割机分为单速型和双速型两种。这两种砂轮切割机都是由电动机、动力切割头、可旋转的夹钳底座、转位中心调速机构及砂轮切割片等组成的。双速型砂轮切割机还增设了变速机构。

单速型砂轮切割机作业时，将要切割的材料装卡在可换夹钳上，接通电源，电动机驱动三角带传动机构带动切割头砂轮片高速回转，操作者按下手柄，砂轮切割头随着向下送进而切割材料。这种砂轮切割机构造简单，但只有一种工作速度，只能作为切割金属材料之用。

双速型砂轮切割机采用锥形齿轮传动，增设了变速机构，可变换出高速和低速两种工作速度。双速型若使用高速需配装直径为 300 mm 的切割砂轮片，可用于切割钢材和有色金属等金属材料；若使用低速，需配装直径为 300 mm 的木工圆锯片，用于切割木材和硬质塑料等非金属材料。同时，双速型砂轮切割机的砂轮中心可在 50 mm 范围内作前后移动；底座可在 0 °~45 °作任意角度的调整，于是加宽了切割的功能。而单速型砂轮切割机的动力头与底座是固定的，且也不能前后移动。

砂轮切割机的主要技术性能见表 8.16。

表 8.16　砂轮切割机的技术性能表

项　目	J3G-400 型	J3GS-300 型
电动机类别	三相工频电动机	三相工频电动机
额定电压/V	380	380
额定功率/kW	2.2	1.4
转速/($r \cdot min^{-1}$)	2 880	2 880
级数	单速	双速
增强纤维砂轮片 (外径×中心孔径×厚度)/mm	400×32×3	300×32×3
切割线速度/($m \cdot min^{-1}$)	60(砂轮片)	18(砂轮片)、32(圆锯片)
最大切割范围/mm 圆锯管、异形管 槽钢、角钢 圆钢、方钢 木材、硬质塑料	135×6 100×10 □50	90×5 80×10 □25 □90
夹钳可转角度/(°)	0,15,30,45	0~45
切割中心调整量/mm	50	
整机质量/kg	80	40

思考题与习题

8.1　常用的装饰工程机械有哪些类型？

8.2　简述常用的搅拌机械类型及每种的组成和工作原理。

8.3　常用的搅拌机械灰浆泵有哪些类型？并回答每种类型的工作原理 。

8.4　常用的地面修整机械的类型有哪些？

8.5　手持机具有哪几种？并回答每种机具的用途。

第9章 建筑工程机械管理

9.1 概 述

建筑工程机械管理是对建筑工程机械设备的选型、采购、运输、储备、使用和维修所进行的计划、组织和调度的工作。建筑机械管理是企业管理工作的重要组成部分。随着科学技术的发展,工业化和自动化水平的提高,建筑施工企业将装备较多的施工机械。施工机械占用资金比重较大,是企业生产的物质基础。因此,管理好建筑施工机械,充分发挥其效用,对加快施工进度、保证工程质量和降低工程造价都起着重要作用。

建筑机械管理的主要任务如下:

①根据生产需要,选择性能和负荷能力均适用的机械设备,使建筑生产建立在先进合理的物质技术基础上。

②建立、健全机械设备使用、管理责任制,执行生产、技术、安全操作规程,保证安全生产,节约费用,从而提高使用机械设备的经济效益。

③做好机械设备的运输、安装、使用、拆卸等工作,提高其利用率,降低故障率。

④做好维修保养,使机械设备经常处于良好的技术状态,保证正常运转。

⑤做好机械设备的日常管理工作;如验收、登记、保管、调拨、处理、报废等,并保存完整的技术经济资料。

⑥对机械设备及时更新改造。

一般建筑机械在施工全过程中的运动可分为两种形态:一种是机械设备的物质运动形态,包括机械设备的选购、验收、安装、调试、使用、保养、维修、更新改造,又称机械设备的技术管理;另一种是机械设备的价值运动形态,包括最初投资、维修费用支出、折旧、更新改造资金的筹措和安排,又称机械设备的经济管理。因此,建筑机械管理追求的是建筑机械施工设备的综合效率和设备寿命周期的经济性,是对建筑机械设备的物质运动和价值运动进行系统性的综合管理。

9.2　建筑工程机械的选型与购置

建筑工程机械的选型、购置属于前期管理。购置机械设备预先编制计划，依据技术上先进、生产上适用、经济上合理的原则，正确地选择购置机械设备。

9.2.1　选型、购置的原则

为了保证购置机械设备的资金能顺利回收，避免因选型错误给企业造成经济损失，应在生产上、技术上、经济上统一权衡，综合考虑。

(1)生产上适用

机械设备应适合生产作业的实际需求，符合企业装备结构合理化的要求。

(2)技术上先进

在主要技术性能、自动化的程度、机构优、环境保护、操作条件、现代化新技术的应用等方面应具有技术上先进性，并在时效方面满足技术发展的要求。

(3)经济上合理

在经济上应坚持寿命周期费用最低的原则。在保证适用性、先进性的前提下，选择投资少、功能齐、能耗低、生产率高的机械设备作为投资对象。

(4)其他方面的原则，如舒适性、环保性、安全性等要求

①舒适性。应考虑机型对操作者工作情绪的影响，如操作室的布置与结构、振动与噪声对操作者的影响等。

②环保性。应考虑机械设备使用过程中所产生或排放的废气、污染、噪声以及有害物质对周围环境的影响等。

③安全性。应考虑采用机械生产是对安全的保证程度。对易发生人身事故的机械设备在选择确定时应尤为慎重。

9.2.2　选型、购置依据和程序

机械设备选型的依据主要包括技术论证和经济论证两个方面。

(1)技术论证的内容

①生产性。即生产效率。

②可靠性。是指零件的耐用性、安全可靠性等，技术上用可靠性表示，即指机械在规定的条件下与规定的时间内能无故障地执行其规定性能的概率。

③节能性。用单位产量的能耗来表示。

④维修性。或称可靠性、易修性，可用维修度来表示。维修度是指机械发生故障后，在规定的时间与规定的条件内完成修复的概率。

⑤环保性。是指对环境造成的影响，以及为达到国家法令所规定的要求而附加的费用高低的对比。

⑥耐用性。是指能够经历和延长使用寿命。

⑦成套性。是指机械本身的附属装置、随机工具、附件的配套及各机械之间的配套程度。

⑧适应性。又称灵活性,是指机械对不同使用要求的适应能力。

(2)经济论证的内容

它主要是指机械寿命周期费用,有以下4项:

①投资额。是指全部投资,通常以投资回收期进行评价。

②运行费。是指机械在全寿命过程中为保证机械运行所投入的除维修费外的一切费用。其经济效应可用运行费用效益(即产量/运行费用)或单位产量运行费用率(即运行费用/产量)来衡量。通常以最小费用法(即同等情况下费用最小)进行评价。

③维修费。是指机械在全寿命过程中进行各种维修所需的费用。其经济效益以维修费用效率(即产量/维修费用)或单位产量维修费率(即维修费用/单位产量)来衡量。通常与运行费一起以最小费用法进行评价。

④收益。是指机械投入生产后比较其投入和产出取得的利润。同样,投资额的利润(即收益)越高,则机械的经济效益越好。机械设备来源有自制和外购两种方式。其选型、购置的程序如图9.1所示。

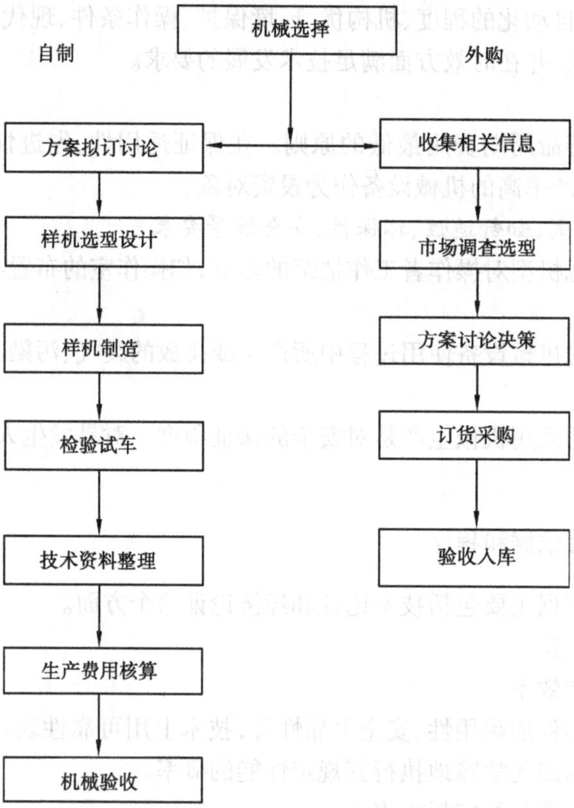

图9.1 建筑工程机械选型、购置程序图

9.2.3 选型的方法

(1)技术指标评分法

技术指标是指机械系统效率的各项要素,即本节前述的技术论证的内容。这些指标难以使用定量分析的方法,一般采用评分法。表9.1中所列甲、乙、丙3台机械在用技术指标评分法评比后，选择最高分者（甲机）用于施工。

表9.1　综合评分表

序号	特　性	等　级	标准分	甲	乙	丙
1	工作效率	A/B/C	10/8/6	10	10	8
2	工作质量	A/B/C	10/8/6	8	8	6
3	可靠性	A/B/C	10/8/6	8	10	6
4	节能性	A/B/C	10/8/6	6	6	6
5	耐用性	A/B/C	10/8/6	8	6	6
6	完好性	A/B/C	10/8/6	8	6	6
7	安全性	A/B/C	10/8/6	8	6	6
8	维修难易	A/B/C	8/6/4	4	6	6
9	安拆方便性	A/B/C	8/6/4	8	6	4
10	对气候适应性	A/B/C	8/6/4	8	4	4
11	对环境影响	A/B/C	6/4/2	4	4	4
总计得分				80	72	64

按是否考虑资金的时间价值，可分为动态和静态两类方法。

投资回收期法是计算项目投产后在正常生产经营条件下的收益额和计提的折旧额、无形资产摊销额用来收回项目总投资所需的时间，即计算使用机械所获得的年净收益（即纯利润）来回收起投资的年数。在其他条件相同的情况下，投资回收期最短的为最优投资方案。用回收期作为标准评价方案时，计算的回收期应与规定的回收期标准相比较以决定方案的选择。

投资回收期法的优点是：易于理解，计算简便，只要算得的投资回收期短于行业基准投资回收期，就可考虑接受这个项目。其缺点是：只注意项目回收投资的年限，没有直接说明项目的获利能力；没有考虑项目整个寿命周期的盈利水平；没有考虑资金的时间价值。一般只适合于项目初选时使用。

1）年值法（年费法、年价法）

年值法是将机械寿命期中的净收入或支出转换成等年值，并以此作为标准评价和选择方案的方法。若方案仅知支出时，等年值为等年值的成本，此时等值年成本最低的方案为最优方案；若方案知净收入时，等年值为净现值，此时净年值为正且最大者为最有方案。

2）现值法（现价法）

现值法是将机械寿命期中的收入或支出转换成决策点是（通常取投资时）的贴现值，并以此来作为评价和选择方案的方法。若仅有支出时，现值为现值成本，此时应取最低方案；若有净收入时，现值为净现值，此时净现值为正且最大者为最优方案。

3）报酬率法（收益率法）

用报酬率法评价机械投资方案时，是比较投资报酬率的大小。因此，该法是找出投资方案现金收入与现金支出的现值之和为零时的报酬率，并以此与要求的最低投资报酬率相比较来决定投资方案的经济性。对于某一方案而言，计算出的报酬率大于最低投资报酬率时，方案在经济社会上是合理的。对于多方案而言,应用追加投资报酬率来评价。为了找出现值为零的报酬率,通常用插值法来计算。

用年值法、现值法和报酬率法评价同一投资方案所得的结论是一致的,只是评价时所依据的标准不同,年值法是等值年成本或净年值,现值法是现值成本或净现值,而报酬率法是投资回报率。

年值法、现值法和报酬率法与回收期法相比较,其优点是:考虑了机械全寿命和资金的时间价值,计算结果比较精确;其缺点是:所需的数据资料比较多,计算麻烦。在进行机械投资评价时,可视具体条件选取评价方法。

(2)技术经济综合评比法

该方法是把技术和经济指标综合起来进行全面评比,以达到技术论证的目的。

1)技术经济综合评分法

在前述技术指标评分中把经济指标列入,作为评分项目,统一考虑进行评分,以得分最多者为佳。

2)生产效率有效度法

这是一种简单的综合技术经济指标的评分方法,适用于投资较少的一般机械论证。为使设备使用过程中具有良好的经济效益,在设备的购置、改造等阶段,以寿命周期费用作为评价指标。其目的是使所选方案具有最佳性,不仅要考虑设备的设置费用,也要考虑设备在寿命周期内的所有费用。

3)综合效率有效度法

这是一种比较全面的综合评价方法,适用于投资较大的机械的论证,即

综合效率有效度=技术指标评分或综合评分/寿命周期费用(即总费用)

9.3 建筑工程机械的资产管理

机械设备资产管理包括规划、设计制造、使用、维修保养、更新报废的全过程的管理。施工企业搞好机械设备资产管理主要应做好机械设备的购置、使用、保养、维修、更新、技术改造以及机械设备资产的日常管理(包括机械设备的分类、登录、编号、调拨、清查、报废)等环节的工作。机械设备资产管理是机械后期管理的重要组成部分。

9.3.1 资产管理的基础资料

机械资产管理的基础资料包括机械登记卡片、机械台账、机械清点表、机械档案表等。机械登记卡片是反映机械主要情况的基础资料,其主要内容包括机械各项自然情况,如机械和动力的生产厂、型号、规格,主要技术性能,工作装置及附属设备,替换设备等情况,以及机械主要动态情况,如调动记录、使用记录、维修记录、事故等记录。机械登记卡片由产权单位机械管理部门建立,一机一卡,按机械分类顺序排列,由专人负责管理,及时填写和登记。本卡片应随时转移,报废时随报废申请表送审。

机械台账是掌握企业机械资产状况,反映企业各类机械拥有量、机械分布及其变动情况的主要依据。机械台账以《机械分类及编号目录》为依据,按类组带好分页,按机械编号顺序排

列。其内容主要是机械的静态情况,作为掌握机械基本情况的基础资料。

机械资产清点表按照国家对企业固定资产进行清查盘点的规定,企业于每年终了时,由企业财务部门会同机械管理部门和使用保管单位组成机械清查小组,对机械固定资产进行一次现场清点。清点中,要查对实物,核实分布情况及价值,做到台账、卡片、实物三相符。

机械技术的档案是指机械自购入(或自制)开始直到报废为止整个过程中的历史技术资料。机械技术档案能系统地反映机械物质形态运动的变化情况,是机械管理不可缺少的基础工作和技术资料。其作用主要在于:掌握机械使用性能的变化情况、机械运行时间的累计和技术状况变化的规律,以便更好地安排机械的使用、保养和维修,为编制使用、维修计划提供依据。

机械技术档案的主要内容如下:

①机械随机技术文件(使用、保养、维修说明书、出厂合格证)。

②机械的附属装置资料、随机工具、备件、配件及目录等。

③新增(自制)或调入的批准文件。

④机械改装的批准文件、图纸和技术鉴定。

⑤机械运转和消耗汇总记录。

⑥送修前的检测鉴定、大修进厂的技术鉴定、出厂的技术鉴定、出厂检验记录及维修内容等有关技术资料。

⑦事故报告单、事故分析及处理等有关记录。

⑧机械报废技术鉴定记录。

⑨其他属于本机的有关技术资料。

9.3.2　库存管理

对于新到货、暂时不用或长期停用的机械,应实行入库保管,以防止机械损坏或零部件丢失。库存管理师保护机械、延长使用寿命的重要措施,也是机械资产管理的重要环节。施工企业应根据技术装备规模设置相应的机械仓库,并由专人负责管理和维护。要求建立机械保管、出入库等各项管理制度,以保持停用机械的完好。

(1)机械仓库的建立

机械仓库应建立在交通方便、地势较高、易于排水的地方,仓库地面应坚实平坦,应有完善的防火安全措施和通风条件,应配备必要的起重设备。根据机械类型及存放保管的不同要求,机械仓库可分为露天仓库、棚室仓库和仓库等。

(2)机械存放的要求

机械存放时,应根据构造、质量、体积、包装等情况,选择相应的仓库,按不同要求进行存放保管。

(3)机械出入库管理

①机械入库应凭机械管理部门的机械入库单,并核对机械型号、规格、名称等是否相符,认真清点随机附件、备品配件、工具及技术资料,登记建立库存卡片。

②入库机械必须技术状态完好、附件齐全,如有损坏应修复后再入库,体积小的机具或附件应装箱或进行包装。

③机械出库必须凭机械出库单办理出库手续。原随机附件、工具、备品配件及技术资料等应随机交给领用单位,并办理签证。

④仓库管理人员对库存机械应定期清点、年终盘点、对账核物，做到账物相符。

9.3.3 施工机械的处理和报废

(1)闲置机械的处理

根据国务院部委发布的《企业闲置设备调剂利用管理办法》和《建筑机械设备调剂管理办法，企业必须做好闲置设备的处理工作。其主要要求如下：

①企业闲置机械是指除了在用、备用、维修、改装等必需的机械外，其他连续停用1年以上的或新购验收后2年以上不能投产的机械。

②企业对闲置机械必须妥善保管，防止丢失和损坏。

③企业处理闲置机械时，应建立审批程序和监督管理制度，并报上级机械管理部门备案。

④企业处理闲置机械的收益，应当用于机械更新和机械改造。专款专用，不准挪用。

⑤严禁把国家明文规定的淘汰、不许扩散和转让的机械作为闲置机械进行处理。

(2)机械报废的条件

机械报废是指机械由于严重的有形或无形损耗，不能继续使用而退役。按照建设部《施工企业机械设备管理规定》第十八条规定，机械设备具有下列条件之一者应当报废：

①磨损严重，主要结构、总成已损坏，再进行大修也不能达到使用和安全要求的；

②技术性能落后，耗能高、效率低、无改造价值的。

③维修费用高，在经济上不如更新划算的。

④属于淘汰机型，又无配件来源。

(3)机械报废的程序

①需要报废的机械由使用单位组织技术鉴定，如确认符合报废条件时，应填写"机械设备报废鉴定表"，按规定程序报批。

②申请报废的机械应按规定提足折旧。由于使用不当、保管不善或由于事故造成机械早期报废，应查明原因，按不同情况做出处理后，方可报废；

③机械报废批准后，机械管理部门、财务部门应核销机械固定资产账卡。

(4)报废机械的处理

①已报废机械应及时处理，按政策规定淘汰的机械不得转让。

②能利用的零部件可拆除留用，不能利用的可作为原材料或废钢铁处理。

③处理回收的残值应列入企业更新改造资金。

9.4 建筑工程机械的维修管理

机械在使用过程中，其零部件会逐渐产生磨损、变形、断裂、蚀损等现象，这称为有形磨损。不同程度的有形磨损会使机械的技术状态逐渐恶化，不能正常作业，造成停机，甚至出现故障造成机械事故。因此，为了维护机械的正常运行状态，必须根据机械技术状态变化规律，及时更换或修复磨损失效的零部件，并对整机或局部进行拆装、调整，恢复机械效能的技术作业，即必须进行机械维修。因此，机械维修是使机械在一定时间内保持其正常技术状态的一项重要措施，是企业维持生产的重要手段。

9.4.1 维修管理制度

机械维修制度是一种技术性组织措施，这种制度规定了维修的方式、分类、维修标志、技术鉴定、送修和修竣出厂规定以及维修技术标准、技术规范等。

(1)机械维修方式

机械维修的方式经历了事后维修制、预防维修制，正在向预知维修方向发展。机械维修方式见表9.2。

表9.2 机械维修方式表

维修方式	特点	维修时间	适用范围
事后维修方式	维修工作被动和困难，非计划性维修	机械出现故障时才进行维修	结构简单、磨损比较直观的非重要机械，如卷扬机、电焊机、木工机械、钢筋加工机械、装修机械等
定期维修方式	能预防突发性故障的产生，减少停机损失；有计划维修；维修费用较高	等时间间隔进行维修	运行工况比较稳定、磨损规律比较明确以及生产中居重要地位的机械，如运输机械、电动起重机械(包括塔式起重机)、空气压缩机、发电机、加工机床等
定期检查，按需维护方式	能发现存在的缺陷和隐患，消除过剩或不足的维修，维修及时、费用低	按需维修	运行工况不稳定、结构复杂、各部磨损差异较大或总成处于间歇工作的重点施工机械，如挖掘机、推土机、铲运机、内燃式起重机、装载机、混凝土运送泵及泵车等
预知维修方式	用不解体检测诊断技术，及时维修，针对性强，效率高，维修费用低	按需维修	结构复杂的施工机械

(2)机械维修分类

根据机械维修内容、要求以工作量的大小，机械维修工作可划分大修、项修和小修。

1)大修

大修是指机械大部分零件，甚至某些基础件即将达到或已经达到极限磨损程度，不能正常工作，经过技术鉴定后，需要进行一次全面、彻底的恢复性修复，使机械的技术状况和使用性能达到规定的技术要求，从而延长机械的使用寿命。

大修时，机械应全部拆卸分解，更换或修复所有磨损超限的零件，修复工作装置及恢复机械外观。因此，大修的工作量大、费用高。

2)项修

项修是项目维修的简称(包括总成大修),是以机械技术状态的检测诊断为依据,对机械零件磨损接近极限而不能正常工作的少数或个别总成,有计划地进行局部恢复维修,以保持机械各总成使用期的平衡,延长整机的大修间隔期。

3)小修

小修是指机械使用和运行中突然发生的故障性损坏和临时故障的维修,故又称故障性维修。对于实行点检制的机械,小修的工作内容主要是针对日常点检和定期检查发现的问题,进行检查、调整、更换或修复失效零件,恢复机械的正常功能。对于实行定期保养制的机械,小修的工作内容主要是根据已掌握的磨损规律,更换或修复在保养间隔期内失效或即将失效的零件,并进行调整,以保持机械的正常工作能力。

机械大修、项修、中修的作业内容比较见表9.3。

表9.3　机械大修、项修、小修的作业内容比较

类别 标准要求	大修	项修	小修
拆卸分解程度	全面拆卸	对需修总成部分拆修和分解	拆修有故障的部位和零件
修复范围和程度	检查、调整基础,更换或修复所有磨损超限零件	对需修总成进行修复,更换维修不合格零件	更换和维修不能使用的零部件
质量要求	按大修工艺规程和技术质保检查验收	按预定修复总成要求验收	按机械完好标准验收
表面要求	表面除去全面旧漆	局部补漆	不进行

9.4.2　维修过程中的主要工艺

(1)机械的拆卸和装配

机械进行大修或对其内部零件维修和更换时,应先进行解体,将机械拆成零件。

1)拆卸的基本要求

为了防止零件的损坏、高工效和为下一阶段工作创造良好条件,拆卸时应遵守下列原则:

2)做好拆卸前的准备工作

工程机械的种类和型号较多,应通过查阅有关说明书和技术资料明确其结构、原理和各部分的性能,不要盲目拆卸;否则,会造成零件损坏。

3)根据需要确定拆卸的零部件

能不拆者尽量不拆,对于不拆卸的部分必须经过整体检验,确保使用质量;否则,会使隐蔽缺陷在使用中发生故障和事故。

4)应遵守正确的拆卸方法

应采取由表及里的顺序,即先拆除外部附件、管路、拉杆等;应按照先总成、后零件的顺序,先将机械拆成总成,再由总成依次拆为部件、组件和零件。拆卸时,所用的工具一定与被拆卸的零件相适应。

5)拆卸时应为装配工作创造条件

拆卸时,对非互换性的零件应作记号或成对放置,以便装配时装回原位,保证装配精度和减少磨损;拆开后的零件均应分类存放,以便查找,防止损坏、丢失或弄错。

(2)机械装配的基本要求

①做好装配前的准备工作,熟悉机械零部件的装配技术要求;清洗零部件;对经过维修和换新的所有零件,在装配前都应进行试装检查;确定适当的装配地点和备齐必需的设备、工具及仪器等。

②选择正确的配合方法,分析并检查零件装配尺寸链精度,通过选配、修配或调整来满足配合精度的要求。

③选择合适的装配方法和装配设备。

④采用规定的密封结构和材料,应注意密封件的装配方法和装配紧度,防止密封失败而出现"三漏"(漏油、漏水、漏气)现象。

(3)机械的清洗

清洗是维修工作中的一个重要环节,清洗质量对机械的维修质量影响很大。采用正确的清洗方法来提高清洗质量是维修工作必须考虑的问题之一。维修工作中的清洗包括机械的外部清洗和零件清洗。零件清洗包括油污、旧漆、锈层、积炭、水垢和其他杂物等的清洗。

9.4.3 常用的清除油垢的方法及应用

常用的清除油垢的方法及其应用特点见表9.4。

表9.4 常用的清除油垢的方法及应用特点

清洗方法	配用清洗液	主要特点	适用范围
擦洗	煤油、清柴油或水基清洗液	操作方便、简单,不需要作业设备,生产效率低,安全性差	单件、小型零件以及大型件的局部
浸洗	碱性BW液或其他各种水基溶剂清洗剂	设备简单清洗方便	形状复杂的零件和油垢较厚的零件
喷洗	除多泡沫的水基清洗液外,均可使用	零件盒喷嘴之间有相对运动,生产效率高,但设备较为复杂	形状简单且批量较大的零件,可清洗半固态油垢和一般固态污垢
高压喷洗	碱性液或水基清洗液	工作压力一般在7 MPa以上,除油污能力强	油污严重的大型零件
气相清洗	三氯乙烯、三氯乙烷、三氯三氟乙烷	清洗效果好,零件表面清洁度高,但设备复杂	对清洗要求较高的零件
电解清洗	碱性水基清洗液	清洗质量优于浸洗,但要求清洗液为电解质,并需配直流电源	对清洗要求较高的零件,如电镀前的清洗
超声波清洗	碱性液或水基清洗液	清洗效果好,生产效率高,但需要成套的超声波清洗装备	形状复杂并清洗要求高的小型零件

锈是金属表面与空气中的氧、水分和腐蚀性气体接触而产生的氧化物和氢氧化物。零件

维修时，必须将表面的锈蚀产物清除干净。表面除锈清洗可根据具体情况。

通常采用机械除锈、化学除锈或电化学除锈等方法。

(1)机械除锈

1)手工机具除锈

靠人力用钢丝刷、刮刀、纱布等刷刮或打磨锈蚀表面，清除锈层。此方法简单易行，但劳动强度大，效率低，除锈效果不好。一般在缺乏适当除锈设备时采用。

2)动力机械除锈

利用电动机、风动机等作动力，带动各种除锈工具清除锈层，如电动磨光、刷光、抛光及滚光等。应根据零件形状、数量、锈层厚薄、除锈要求等条件选择适当的除锈工具。

3)喷沙除锈

喷沙除锈就是利用压缩空气把一定粒度的沙子，通过喷枪喷在零件锈蚀表面，利用沙子的冲击和摩擦作用，将锈层清除掉。此法主要用于油漆、喷镀、电镀等工艺的表面准备。通过喷沙不仅除锈，而且使零件表面达到一定的粗糙度，以提高覆盖层与零件表面的结合力。

(2)化学除锈

化学除锈又称侵蚀、酸化，是利用酸性(或碱性)溶液与金属表面锈层发生化学反应使锈层溶解、剥离而被清除。化学除锈又称电解腐蚀，是利用电极反应，将零件表面的锈蚀层清除。

(3)二合一除油除锈剂

二合一除油除锈剂是表面清洗技术的新发展，可对油污和锈斑不太严重的零件同时进行除油和除锈。使用时，应选用去油能力较强的乳化剂。如果零件表面油污太多时，应先进行碱性化学除油处理，再进行除油、除锈联合处理。

9.4.4 积炭与水垢的清除

积炭是燃油和润滑油在燃烧过程中由于燃烧不完全而形成的胶质，常积留在发动机一些主要零件上。积炭可使设备导热能力降低，引起发动机过热和其他不良后果。在机械维修中，必须彻底清除积炭，通常采用机械法或化学法清除。

(1)机械法清除积炭

机械法简单易行，但劳动强度大，效率低，容易刮伤零件表面，一般在积炭层较厚或零件表面光洁度要求不严格时采用。机械法清除积炭有用刮刀或金属丝刷清除和喷射带砂液体清除两种方法。

(2)化学法清除积炭

化学法清除积炭是指用化学溶液浸泡带积炭的零件，使积炭与化学溶液发生作用，从而积炭被软化或溶解，然后用刷、擦等办法将积炭清除。化学法可分为有机和无机两大类。机械维修中，主要采用无机除炭剂清除积炭。

(3)水垢的清除

水垢是由于长期使用硬水或含杂质较多的水形成的。清除的方法以酸溶液清洗效果较好，但酸溶液只对碳酸盐起作用。当冷却系统中存在大量硫酸盐水垢时，应先用碳酸钠溶液进行处理，使硫酸盐水垢转变为碳酸盐水垢，然后再用酸溶液清除。

9.4.5 检验测试

对于已不符合使用要求但能修复的零件，应从技术条件和经济效果两个方面进行考察，有维修价值的，应力求修复使用，特别是对一些贵重零件更应加以重视。

(1)感觉检验法

感觉检验法是指通过人体器官的感觉定性检查和判断产品质量的方法。其检验的内容及作用如下：

①对零件进行观察以确定其损坏及磨损程度。

②根据机械工作时发出的声响来判断机械及其零件的技术情况。

③与被检验的零件接触，可判断工作时温度的高低。

④可判断配合间隙的大小。

(2)机械仪器检验法

它是通过各种测量工具和仪器来检验零件技术状况的一种方法。通常能达到一般零件检验所需要的精度，因此，机械仪器检验法在维修工作中应用最为广泛。

1)用量具测量零件的尺寸和集合形状

用各种通用量具或某些专用工具测量零件的尺寸和几何形状，如卡钳、直尺、游标卡尺、游标深度尺、分厘卡尺、百分表及齿轮量规等。测量零件的集合形状误差(锥度、椭圆度、同轴度等)除使用各种通用工具外，主要采用配有专用支架的百分表，其中垂直度的测量则使用角尺。使用上述量具测量所得的精度与所用量具本身精度有关，一般情况下，其误差可在0.01 mm内。

2)弹力、扭矩的检验

弹力检验通常采用弹簧检验仪或弹簧秤进行。在维修中，对各种弹簧的质量通常检查两个指标：一是自由长度，二是变形到某一给定长度时的弹力。内燃机活塞环的弹力也可在弹簧检验仪上检测，即在环口的对称两侧加载，环口刚好闭合是的载荷大小，即为所测定的弹力数据。在维修工作中，螺纹锁紧扭矩有其规定的指标，可采用简单的扭力扳手进行检查。对重要螺纹的锁紧，必须严格按标准扭矩进行锁紧。

3)平衡检验

高速转动的零件其动态平衡极为重要，否则会产生振动而导致机械的加速磨损和破坏。在维修工作中，如内燃机上的风扇、汽车的传动轴等的转动速度都很高，在经过维修后必须在动平衡机上作动平衡试验。有时，发动机的曲轴由于制造时平衡精度不高，经过几次维修后轴线会有所偏移，出现平衡超限现象，因此有必要进行检验。

4)密封性检验

①通常以2 ~4 个大气压的水压进行密封试验。在试验中，通过观察有无渗漏，以检查有无裂纹出现。

②通常充以1.5 ~2 个大气压的工期后浸入水中，观察有无气泡冒出，以检查有无渗漏。

③检查有机精密零部件应在专用设备上进行密封性能试验，以确定其技术状况。

(3)物理检验法

1)电磁探伤的原理

电磁探伤的原理是：当磁力线通过铁磁性零件材料时，如果内部组织均匀一致，则磁力线通过零件的方向也是一致和均匀分布的；如果零件内部有了缺陷，如裂纹、空洞、非磁性夹杂物和组织不均匀等，由于在这些有缺陷的地方磁阻增加，磁力线便会发生偏转而出现局部方向改变。

利用这一原理,在零件表面撒以磁性铁,可使本来不明显的缺陷清晰地显现出来。电磁探伤具有足够的可靠性,设备简单,操作容易,是维修工作中应用的很广泛的一种探伤方法。

2)荧光探伤的原理

荧光探伤的原理是利用某些物质受激发光的原理,利用紫外线照射发光物质,使其受激发光而发现缺陷。

3)超声波探伤

超声波探伤是利用超声波同构两种不同介质的界面产生折射和反射现象来发现零件内部的隐蔽缺陷。超声波探伤的可靠性在很大程度上取决于探测条件选择的合理性,主要与被探测材料的组织结构、超声波频率、探头结果及耦合剂4个条件有关。

(4)机械的磨合及其试验

大修后的主要总成必须进行磨合运转,使零件表面的尖凸部分被逐渐磨平,以增大配合面积,减少接触应力,提高零件承受能力,从而降低磨损速度、延长使用寿命。为达到磨合过程时间短、磨损量少的效果,磨合中必须注意下列要求:磨合过程的载荷和转数必须从低到高,首先经过一定时间的空载低速运转,然后分级逐渐达到规定转速和不低于75%~80%的额定载荷;针对新装组合件间隙较小和摩擦阻力较大的特点,磨合中应特别注意要正确选用流动性和导热性好的低黏度润滑油。

磨合的目的在于改善零件接触精度,提高运转的平稳性;同时,检查动力传递的可靠性、操作的灵活性以及有无发热、噪声、漏油等现象。

磨合试验应分别在空载和载荷两种情况下进行,加载程度应逐步递增,并尽可能达到正常的工作载荷程度,但加载时间不宜过长。一般空载磨合时间应在2 h以内,载荷磨合时间在20 min以内。

发动机的磨合可分以下3个阶段进行:

1)冷磨合

冷磨合是将不装汽缸盖的发动机安装在磨合试验台上,用电动机驱动进行磨合。开始以低速运转,然后逐渐升高到正常转速的1/3~1/2,但其中高速时间不宜过长。磨合持续时间根据发动机装配质量而定,一般为40~120 min。

2)无载荷热磨合

启动发电机,在无载荷情况下运转,从额定转速的1/2逐渐升高到3/4左右,总运转时间不超过0.5 h。

3)载荷热磨合

载荷热磨合的磨合时间,可参照下列范围:

①额定载荷的15%~20%,磨合时间为5~10 min。

②额定载荷的50%~70%,磨合时间为10~20 min。

③满载荷,磨合时间为5~10 min。

4)磨合后的检验,发动机全部磨合终了后,应进行检查。如发现有某些缺陷和故障时,应排除后按规定进行装复。

思考题与习题

9.1　建筑机械管理的主要任务是什么？

9.2　建筑工程机械的选型与购置原则是什么？

9.3　建筑工程机械的选型的方法是什么？

9.4　建筑工程机械的资产管理的主要工作是什么？

9.5　建筑工程机械的维修工程的主要工艺有哪些？

参考文献

[1] 张海涛,黄卫平. 建筑工程机械[M]. 武汉:武汉大学出版社,2009.
[2] 苏祥茂. 建筑施工机械[M]. 2 版. 重庆:重庆大学出版社,2012.
[3] 张清国,高春林. 建筑工程机械[M]. 4 版. 重庆:重庆大学出版社,2011.
[4] 常建业. 机械员:专业技能入门与精通[M]. 北京:机械工业出版社,2012.
[5] 中国建筑业协会建筑机械设备管理分会. 简明建筑施工机械实用手册[M]. 北京:中国建筑工业出版社,2003.
[6] 卢志文. 工程材料及成形工艺[M]. 北京:机械工业出版社,2005.
[7] 李炜新. 金属材料与热处理[M]. 北京:机械工业出版社,2011.
[8] 李松瑞,周善初. 金属热处理[M]. 再版. 长沙:中南大学出版社,2003.
[9] 孙桓,陈作模,等. 机械原理[M]. 7 版. 北京:高等教育出版社,2006.
[10] 彭熙伟. 流体传动与控制基础[M]. 北京:机械工业出版社,2005.
[11] 包昆. 建筑工程施工机械实例教程[M]. 北京:机械工业出版社,2012.
[12] 吴志强. 建筑施工机械[M]. 北京:北京大学出版社,2011.
[13] 李世华. 现代施工机械使用手册[M]. 广州:华南理工大学出版社,2001.
[14] 杨建华. 混凝土工:初级[M]. 北京:中国建筑工业出版社,2005.
[15] 杨建华. 混凝土工:中级[M]. 北京:中国建筑工业出版社,2005.
[16] 高文安,杨庚. 建筑施工机械[M]. 武汉:武汉理工大学出版社,2010.
[17] 纪士斌. 建筑机械基础[M]. 北京:清华大学出版社,2002.
[18] 寇长青. 工程机械基础[M]. 成都:西南交通大学出版社,2001.
[19] 线登洲,刘承. 建筑施工常用机械设备管理及使用[M]. 北京:中国建筑工业出版社,2008.